企业管理思想史系列

知识管理思想史

孙立新◎著

企业管理出版社
EMPH
ENTERPRISE MANAGEMENT PUBLISHING HOUSE

图书在版编目（CIP）数据

知识管理思想史 / 孙立新著. —北京：企业管理出版社，2022.5

ISBN 978-7-5164-2578-7

Ⅰ. ①知… Ⅱ. ①孙… Ⅲ. ①知识管理—思想史—世界 Ⅳ. ① G302-091

中国版本图书馆 CIP 数据核字（2022）第 040839 号

书　　名：知识管理思想史
书　　号：ISBN 978-7-5164-2578-7
作　　者：孙立新
责任编辑：于湘怡
出版发行：企业管理出版社
经　　销：新华书店
地　　址：北京市海淀区紫竹院南路 17 号　　**邮　　编**：100048
网　　址：http://www.emph.cn　　**电子信箱**：emph001 @163.com
电　　话：编辑部（010）68701638　　发行部（010）68701816
印　　刷：北京环球画中画印刷有限公司
版　　次：2022 年 5 月第 1 版
印　　次：2022 年 5 月第 1 次印刷
开　　本：710mm × 1000mm　1/16
印　　张：22 印张
字　　数：289 千字
定　　价：98.00 元

丛书序

中国企业近年来在钢铁、建材、石化、高铁、电子、航空、航天等领域通过锻长板、补短板、强弱项，大步迈向全球产业链和价值链的中高端，成果显著。2021 年，我国制造业增加值达到 31.4 万亿元，已经创造了连续 12 年制造业总量位列全球首位的佳绩。中国企业在联合国划分的工业 41 个大类、207 个中类和 666 个小类里辛勤耕耘，这在全世界是独有的。围绕中国企业取得的每一个成就、每一项进步，企业管理无不闪耀着骄人的光辉。当越来越多的中外学者和企业家倾心深入探求企业管理之道时，中外企业发展过程中管理大师每一步重要的理论开拓，管理思想的演变脉络，企业管理实践的成败得失，无不成为有待系统梳理展现的急迫之需。“企业管理思想史”丛书（以下简称“丛书”）的出版注定要成为中国企业管理领域的一件大事。

以知识部类划分，企业管理从属于管理类。管理是人类一项基本的实践活动，管理能力是人类生存和发展不可或缺的软实力，管理思想不仅是人类社会活动所积累的精神财富，也是人类文明的璀璨结晶。企业管理则是工业文明的产物，随着十八世纪末期机器化大生产的兴起与演进，企业管理逐步从随意化、个人化的形式向专业化、科学化的形式过渡。如果从四次工业革命的角度思考，每一次重大技术革命和产业变革之后，都带来一次管理理论以及企业管理模式的飞跃。站在当今发展之巅回顾与展望，以往工业革命进程中企业管理的创新性实践及理论探索弥足珍贵，每一簇思想的火光至今仍可作为借鉴；而面向未来新的攀登，古典管理理论、近代管理理论、现代管理理论，构成了继续向前探索的坚实阶梯和基础。

黑格尔说，历史就是时代观念外化的结果。企业管理思想史与一般思想史动辄煌煌百万言，呈现无所不包的百科全书全景式巨著不同，“丛书”冠之以“思想史”是力图承接前行者的伟大传统，使后来者得以站在巨人肩上，形成宏大开阔的视野和把握脚踏实地的方法，通览企业管理自诞生到辉煌的思想历程。“丛书”通过研究和揭示管理思想的产生、发展、演变的历史过程及其一般规律，包括记载管理的观点、见解，将其理论化、系统化，并论证管理理论产生、发展、演变的历史，进而归集到企业领域。

经典思想史的编撰一般会沿着历史的演进和思想家体系的构建两条主线展开，“丛书”充分体现自身的特点，又增加了企业管理实践的主线。相较二十世纪思想史领域最著名的偏重于哲学范畴的“施特劳斯学派”和偏重于历史学范畴的“剑桥学派”而言，“丛书”更加关注历史对今天的启示。用历史的方法研究思想，不是一般意义的注释考据和推演思辨，而是更注重对现实企业管理的真实关切能否有所裨益和借鉴。

可以看到，自十九世纪末，管理学成为一门相对独立的学科以来，管理思想史的发展相对缓慢，直到二十世纪中后期才成为一个比较独立的研究领域。美国管理思想史学家小乔治（Claude S. George）撰写的《管理思想史》于 1972 年正式出版，全面介绍了管理思想（主要是西欧和美国的管理思想）发展的过程；美国管理思想史学家雷恩（Daniel A. Wren）所著《管理思想的演变》于 1979 年出版，比较详细地介绍了西方管理思想发展演变的历程。

中国工业化的探索自清末洋务运动以来就没有停止，但国家层面的工业化建设还是从中华人民共和国建立开始。建国后企业的现代化管理在一开始即按照苏联模式，纳入计划经济的体系。尽管中国式企业现代化管理的尝试不断出现，有的也取得一定成效，但总体上仍没有摆脱计划经济的窠臼。自1978年12月召开的中国共产党十一届三中全会开始，中国走上了改革开放的全新进程。中国企业逐步甩开了计划经济时代的企业管理做法，探索与世界接轨又符合中国特点的企业管理之路。改革开放以来，适应我国企业改革发展和加强管理的需要，有关现代企业管理的研究和著作相继问世，标志着中国企业管理创新进入新的发展阶段。一批中国企业家矢志探索符合中国企业特点的企业管理创新之道，任正非、张瑞敏、宋志平等企业领军人物在带领企业争创世界一流的同时，形成了颇具特色的企业管理创新理论和专门论著。中国企业联合会已经连续28届审定了全国企业管理现代化创新成果逾4000项，展示了我国企业管理创新方面的进展和成果。一批企业家和中国学者也在管理学领域不遗余力地进行实践，并开展了管理思想史的研究。特别是我国学者周三多、杨先举、李明新、孙耀君、郭咸纲、唐任伍、赵志军、彭新武等先后撰写了管理思想史方面的多部专著，在管理思想史的研究上取得了一系列成果。但总的来看，现有管理思想史类著作多以研究西方管理思想为主，较少系统性地研究中国管理思想，也鲜有按管理学特别是企业管理分支学科进行深入研究的成果。“丛书”以此为切入点，以时间为经、以代表人物为纬，旁征博引、纵横推移，对中外企业管理思想各发展阶段的代表人物、见解观点、思想灵感、理论背景及其发展进程进行了系统阐释，以期读者能够从中把握中外企业管理思想的发展脉络和精髓，前瞻分析企业管理问题，更好地提出解决方案。

一、“丛书”的研究对象

“丛书”的研究对象既包括企业管理理论的思想继承、扬弃和创新，也包括企业管理实践，拓展性地研究以下问题。

一是，阐述企业管理思想的演化过程和发展规律。“丛书”不只是梳理企业管理理论的演化过程与发展规律，更多的是从唯物历史观出发，分析企业管理思想的产生背景、发展缘由、理论贡献与局限性等，并对比中外管理理论与思想，试图探索企业管理思想形成与发展的内在规律。

二是，关注社会生产方式的变革与企业管理思想演变的相互关系。厘清社会生产方式与企业管理思想之间存在“实践—理论—实践”的逻辑关系，提出与管理相关的命题，前瞻预见未来的发展与挑战。

三是，把脉不断发展的企业管理实践。从管理实践与管理思想的辩证关系入手，将中国传统文化中的管理思想与现代企业管理实践相融合，用理论不断指导实践，同时提供系统、全面的方案来应对企业管理实践中的复杂变化。

四是，把握中国企业管理实践与中外企业管理思想、管理理论的辩证关系。用辩证的思想将西方管理思想和我国传统的管理理念加以比拟融合，在实践中探索出一套符合我国国情且利于我国企业发展的管理理论。

二、“丛书”的研究内容和研究思路

“丛书”的研究以企业管理各主要分支学科为脉络，以前人管理思想史研究为基础，阐述各学科主要学派的代表人物、见解观点、产生背景及其发展进程，进而抵达管理思想研究前沿，提出企业管理中国化命题。“丛书”包括《管理思想史》《组织管理思想史》《知识管理思想史》《人力资源管理思想史》《营销管理思想史》《战略管理思想史》《财务管理思想史》《创业管理思想史》《商业模式思想史》《供应链管理思想史》《信息管理思想史》《公司治理思想史》《科技管理思想史》《商业伦理思想史》《企业管理思想史精读》《协同管理思想史》《质量管理思想史》《电子商务思想史》《组织行为学思想史》《公共管理思想史》《价值链管理思想史》《企业管理前沿理论》《运营管理思想史》《生产管理思想史》《旅游管理思想史》《跨国公司经营管理思想史》《项目管理思想史》《投资管理思想史》《创新管理思想史》《公司金融思想史》《物流管理思想史》《风险管理思想史》《成本管理思想史》《内部控制思想史》《企业文化思想史》《管理决策思想史》《系统管理思想史》《国际贸易思想史》《品牌管理思想史》《数字管理思想史》《服务管理思想史》《人力资本管理思想史》。

作为丛书，各分册共同的框架逻辑主要体现在以下四个方面。

一是，企业管理思想的形成与发展。以时间为主轴，以具体标志性事件为重要节点，系统地、完整地追溯和回顾企业管理各学科涉及的中外企业管理思想演变和自身成长的进化过程，探讨各学科如何随着企业管理实践的发展和技术的变革而演化发展。

二是，中外管理思想溯源。将企业管理各学科涉及的古今中外管理思想作为一个整体，包括早期管理思想、古典管理思想、现代管理理论和当代管理思想等，溯其源流、综其脉络、述其精华、探其内涵、究其本质，为后续深入剖析各学科流派提供理论基础和观点素材。

三是，主要学派述评。在介绍具体各学科管理思想学派及其分支学派的代表人物、见解观点、产生背景、发展进程的基础上，以生产力、生产关系和上层建筑的决定性作用和能动性作用为标准，评述在不同历史发展阶段和社会形态下，各学科管理思想学派及其分支学派的发展沿革、历史作用、局限性等，并对中外管理思想进行差异性比较。

四是，国内外研究前沿探讨。在生产力层面，数字技术创新及其应用创新使万物互联、信息共享、效率提升成为必然；在生产关系（经济基础）层面，数字化新业态、新模式、新机制层出不穷；在上层建筑层面，数字化新理论、新理念、新价值观不断涌现。数字经济的迅速崛起与国际竞争新态势迫切要求中国企业管理思想与时俱进、拥抱未来。“丛书”探讨国内外研究前沿理论和方法，源于实践、高于实践、引领实践，为中国企业提供前瞻性方案。

三、“丛书”的主要特色

“丛书”遵循辩证唯物史观的本质要求，以“古为今用，洋为中用，践行当下，引领未来”作为使命担当。

一是，突出时代呼唤、时代使命和时代要求，有助于有效填补中国企业管理思想研究的发展空白。“丛书”从专业和微观角度，按照企业管理各分支学科的发展演变分门别类地进行研究，构建具有中国特色的现代化管理思想体系。这一点可以说不仅填补了国内企业管理思想史的空白，在一定程度上也填补了国际企业管理思想史的空白。

二是，突出中国问题、中国元素和中国方案，有助于坚定增强走中国式企业管理道路的发展信心。“丛书”融汇了中国上下五千年管理思想史，对中国企业管理思想的研究上溯到先秦时期，弘扬中华优秀管理文化。“丛书”立足本土，总结凝练中国原创企业管理理论，建设性地提出现代化管理的中国方案，致力于提高中国管理研究在国际上的学术地位和影响力，为中国管理在世界舞台的崛起贡献力量。

三是，突出管理历史、管理研究和管理实践，有助于深入总结中国式企业管理的发展规律。“丛书”覆盖面广、核心内容扎实、重点突出，从中外古代文明的管理思想入手，着重探讨近代以来的企业管理思想，紧密结合相关理论产生的时代背景，紧扣其形成、发展的演进脉络，有利于读者更好地理解相关企业管理理论的缘起、应用与兴替。

四是，突出人文精神、人文道德、人文品格，有助于切实提升中国式企业管理的发展境界。“丛书”注重比较分析，强调企业管理智慧和道德融合统一，总结归纳企业管理实践的历史经验，为“商智”和“商德”的辩证统一关系正本清源，明确了商业主体应该遵守的商业行为原则和规范、应当树立的优良商业精神等商业道德问题，形成了商业群体最重要、最长远的约束机制，同时保证了商业群体的长盛不衰，为中国企业管理理论发展提供正信、正念和正能量。

五是，突出创新理念、创新模式、创新方法，有助于不断增强中国式企业管理的发展动能。“丛书”探讨企业管理创新，提倡学以致用，将中国特色企业管理与数字化创新相结合，在每一分支学科对应分册都有前瞻性研究成果，且重点论述了数字化技术发展对企业管理的促进作用，为中国企业提供新思路、新模式和新方法，助力中国企业用自己的方法解决自己的问题，使中国式管理拥有平视世界的底气和实力。

希望这套丛书能帮助中国企业家迈向世界企业管理的高水平殿堂，助力中国企业探索出具有中国特色的企业管理创新模式，为中国大专院校、科研单位开展企业管理的教学、科研和实践提供有价值的参考，成为向世界展示中国企业管理的窗口，促进中国企业健康可持续发展。

朱宏任

中国企业联合会、中国企业家协会党委书记、

常务副会长兼理事长

2022 年 3 月 26 日

推荐序一

管理思想作为人类对于管理实践过程规律和本质的思考，既是过去和现在的经济、社会、政治和文化的结晶，也是开拓未来的宝贵经验。“企业管理思想史”丛书以“学史明理、学史增信、学史崇德、学史力行”为目标和要求，探寻“上善若水、大制不割、和合共生”等中国传统哲学智慧精髓，探究“科学管理、人本管理”等西方经典管理理论与哲学思维，探讨“去中心化、自组织”等后现代管理前沿理论，探求“物联网技术、量子力学”等世界前沿科技的创新应用。同时，融入“中国元素”，努力创新，科学性、系统性、拓展性地探索中国企业管理面临的诸多普遍性和特殊性问题。

严格意义上讲，现代管理学发展历程不过百余年，但历史长河中的管理思想代表着不同时代、不同地域的管理特色。因此，“企业管理思想史”丛书秉承弘扬中西方优秀文化，以时间为主轴，以学科学派、代表人物、主要观点、研究前沿和发展趋势等为主要内容，突出中国元素，深入阐发、提炼和展示古今中外优秀传统文化的精神标识和具有当代价值、世界意义的文化精髓，廓清该学科理论的发展脉络和演化进程，批判与继承该学科相关研究的精华，具有较高的理论价值和社会效益。

第一，研究框架体系新颖，既梳理学科发展史，也明晰发展脉络。丛书以时间为经，以理论观点为纬，旁征博引、纵横推移，对中外管理思想各发展阶段的代表人物、见解观点、思想灵感、理论产生背景及其发展进程等进行系统阐释，梳理管理学及其主要分支学科的历史沿革和发展脉络。

第二，学派划分的独特性，溯源古今中外管理思想，萃取智慧结晶。将管理学及其主要分支学科涉及的古今中外早期管理思想、古典管理思想、现代管理思想和当代管理思想等作为一个整体（系统），溯其源流、综其脉络、述其精华、探其内涵、究其本质。

第三，研究的前瞻性，多视角地探索中外理论研究前沿，提出前瞻命题。丛书基于 TRIZ 理论（发明问题解决理论）、智慧管理理论、知识管理的视角，探讨未来企业管理的发展趋势，并从政府、学术界、业界、咨询界等多视角，提出中国管理未来的研究焦点和热点。

该丛书是一项庞大的系统工程，是历经多年潜心谋划，集众人心血和智慧之大成，不仅填补企业管理领域的研究空白，拓展相关学科研究的深度、广度和高度，也为管理学科学化、系统化、中国化的前沿研究奠定理论基础，必将成为学习企业管理理论的必备丛书。

该丛书之所以令人耳目一新，不仅源于独特的研究框架、严密的逻辑框架、完整的历史叙事和充实的背景描述，更主要的是裨益读者领悟“古为今用，洋为中用，践行当下，引领未来”之精髓。

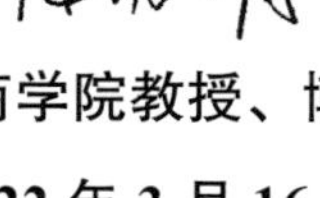

南京大学商学院教授、博士生导师

2022 年 3 月 16 日

推荐序二

“企业管理思想史”丛书以管理学分支学科为切入点，以丰富具有中国特色的现代企业管理思想体系为目标，系统研究古代、近代和现代的中外管理思想，比较中西方企业管理思想的差异，并分析造成这种差异的原因。在批判和继承中西方管理思想的基础上，尝试解决企业管理理论研究存在的突出问题：研究对象模糊、史料考证缺乏、忽视时代背景、各种管理思想间关系缺乏梳理等。同时，结合中国国情和实际问题开拓创新，为发展“中国管理”发展提供研究方向、思路和命题。

“企业管理思想史”丛书深入、全面地描绘了企业管理思想的历史画卷，系统梳理中西方管理思想的演化融合进程，不仅能让读者理解管理思想及其研究方法的起源、文化背景、发展过程，更有助于拓展读者思维边界，并为企业管理的实践提供良好的理论基础，具有较高的价值和社会效益。

第一，覆盖面广、核心内容扎实、重点突出，有助于“学史明理”。该丛书从中西方古代文明的管理思想入手，探讨工业革命前后的管理思想，包括科学管理、古典管理理论、行为科学、现代管理思想乃至于当代管理思想等；紧密结合相关理论产生的时代背景，紧扣形成、发展的演进脉络，有利于读者更好地理解相关企业管理理论的一脉相承、百家争鸣之妙。

第二，突出中国问题、中国元素和中国方案，有助于“学史增信”。该丛书各分册都设置“前沿命题和未来发展”章节，旨在提出企业管理理论研究前沿与中国化命题，为中国管理创新与变革提供新思路。

第三，注重比较分析，强调管理智慧和道德融合统一，有助于“学史崇德”。该丛书总结归纳企业管理实践创造和历史经验的启迪智慧，为“商智”和“商德”辩证统一正本清源，为中国管理理论发展提供正信、正念和正能量。

第四，探讨管理创新，提倡学以致用，有助于“学史力行”。企业管理思想史是企业管理实践最好的教科书，也是最好的清醒剂。不仅有助于读者把学习企业管理思想史同推动实际企业管理工作结合起来，也有利于读者将管理智慧同企业管理实际问题结合起来。

一部管理思想史，就是一部人类文明的发展史。以史为镜，可知兴替。管理思想史研究除了探索历史真相以正本清源，为现实管理实践提供历史借鉴外，更重要的是要通过历史映照未来，揭示管理思想的发展趋势。因此，学习该丛书，读者能够了解人类对管理的认知历程，管理者能够从中汲取历史经验与教训。“企业管理思想史”丛书是不可多得的管理智慧结晶，契合目前“中国元素”理论创新与变革的大趋势，为中国新管理理论突破与发展奠定坚实的基础，助力中华民族早日实现伟大复兴的中国梦。

中国企业管理研究会会长

中国社会科学院工业经济研究所研究员、博士生导师

2022 年 3 月 18 日

前　言

知识管理是过去 110 年（1911—2021）管理学中最重要的“大思想”之一，无论是对管理学者还是管理者（更不用说一大批顾问）都是如此。在理论领域，知识管理已不再是一种挑战传统企业及其管理分析的独特方法，它已经越来越多地被吸收到管理理论和管理实践的更广泛框架中；在实践中，知识管理的概念和见解已经被纳入组织设计、新产品开发、领导力、公司网络和企业联盟，以及许多其他管理理论领域的分析中。本书以知识管理的技术学派、网络学派、流程学派、商用学派、学习学派和战略学派等六个主要学派为纲，以思想纲要、思想渊源和思想贡献为目，纲举目张，以从宏观到微观、从时间到空间、从整体到局部、从共性到特殊性等视角来挖掘知识管理的思想。本书的特点体现在如下几点。

思想盛宴，贡献精神动力。赫伯特・乔治・威尔斯（Herbert George Wells）曾经说过：“全部人类历史从根本上说是思想的历史。”本书选取多位学者在知识管理思想史上产生过重大影响的经典著作，挖掘知识管理各学派代表人物非凡的思想历程和人格魅力，分析知识管理领域中震撼人心的关键性事件，传递管理实践中成功的经验和智慧，动态地反映科技和经济社会对知识管理的影响，为个人提供一场时代思想精华的盛宴、美的享受，以及催人进取的动力，为组织贡献思想史中最深邃的乐章，带来高贵的尊严、深沉的力量和前行的勇气。

原汁原味，意义深刻，文字朴实。虽然知识管理真正产生只有 30 多年的时间（1986—2021），主流原创思想又集中于 1989 年到 1998 年这

10 年中，但它融合了哲学、管理学、经济学、心理学、社会学、生物学等众多学科的思想而形成，要想真正弄懂、吸收这些思想还是有一定难度的。为此，本书尽量使用原作者的语言，请他们现身说法，保证思想纯正与原汁原味。对同一作者的每一篇文献精心推敲决定取舍，对深奥难懂的术语也用浅显朴实的词汇来表达。

结构完整，各章独立成篇。从整体上来说，以“总一分一总”的结构组织全书。首先是导论部分，从知识管理的认识论思想、本体论思想、形成与发展等方面进行总体概述；中间部分通过对知识管理文献的梳理，按照知识管理思想脉络，以“知其然，知其所以然，知其所以必然”的路线归纳为技术学派、网络学派、流程学派、商用学派、学习学派和战略学派等六个主要学派，从思想纲要、思想渊源和思想贡献等三个方面分别阐述；最后对知识管理的前沿命题、研究热点与未来发展进行概括性归纳。

本书之所以能够从众多思想中归纳出知识管理六个学派的共性和特殊性，是因为站在了巨人的肩膀上，在写作过程中，本书借鉴了众多理论学者和实践专家的成果，借此机会，向他们致以真诚的谢意，并向由于各种原因未能标识的文献作者致以深深的歉意。总之，知识管理思想博大精深，笔者仅是管中窥豹，本书亦只是抛砖引玉，期待以此为缘起有更多更好的思想问世。

2022 年 2 月 26 日

于滇南红园

目　录

第一章
导论

▲

CHAPTER 1

知识管理涉及跨专业领域、跨行业应用的理论、理念和思想，不同的理论学者和实践专家对其有不同的理解和认识。在信息科技领域，知识管理可能是信息管理、内容管理的延续和演化；在经济管理领域，知识管理与质量管理、战略管理、人力资源管理、财务管理等相似；在信息系统供应商看来，知识管理就是一种信息系统，可以帮助人们做好信息管理、计划管理、项目管理等方面的工作……

知识管理思想由来已久，首先是从定义知识开始的。古希腊时代以来，如何定义知识一直是哲学家关注的焦点，也是一个活跃的认识论主题，对知识定义的不同角度及其对知识管理影响的考察，形成了知识管理的起点，使研究者和实践者都能理解自己的立场与知识管理研究方向的关系。知识管理的认识论研究从理性主义和经验主义两个截然相反的观点拉开帷幕。

与认识论同等重要的是知识管理的本体论。在哲学上，本体论（Ontology）的原意是探究世界的本原或基质的理论。知识管理把本体论的哲学概念发展为分类法。在这其中，迈克尔·波兰尼（Michael Polanyi，1966）[1]的隐性知识和显性知识二分法被广为引用。显性知识指可以被编码并以各种格式存储的知识，如印刷手册或电子数据库，因此显性知识可以在没有损失的情况下转移。隐性知识存在于个体的判断和经验中，不能被表达或存储，也即波兰尼所说的“我们知道的比我们能说的要多”。尽管隐性知识是个人化的、嵌入式的、背景受限的，但仍然可以通过适当的方法来管理它。在知识层次的问题上，一些学者质疑隐性 / 显性二分法的一致性及其相互关系（Fuat & Ayşe）[2]。野中郁次郎和竹内弘高（Ikujiro Nonaka & Hirotaka Takeuchi）将其发展为组织知识创造理论的 SECI 模型。

知识管理的思想渊源可以追溯到 1911 年泰勒《科学管理原理》的发表，并由此经历了萌芽期、成长期、复兴期和创新期四个阶段。从知识管理的理论与实践角度看，中国的知识管理起步虽然稍晚一些，但基本保持与世界同步，也有其自身的特色，经历了孕育期、模仿期、规范期和创新期，最终汇入世界的洪流中。

同时，从思想渊源看，知识管理可以分为技术学派、网络学派、流程学派、商用学派、学习学派和战略学派等六个主要学派。本书第一章主要概述知识管理的认识论思想、本体论思想和知识管理思想的形成与发展历程；中间六章介绍知识管理的六个主要学派；最后归纳知识管理的前沿命题、研究热点与未来发展。

第一节　知识管理的认识论思想

知识管理的思想起源于西方认识论。西方认识论主要围绕三个问题展开讨论：一是知识的本质，二是知识的起源，三是知识的真实性，由此形成了两大互斥又互补的认识论视角：理性主义与经验主义。认识论（Epistemology）即个体的知识观，也就是个体对知识和知识获得所持有的信念。

一、理性主义的思想奠基：柏拉图

（一）《泰阿泰德篇》

1. 苏格拉底与柏拉图

苏格拉底（Socrates，前469—前399）是希腊哲学的转折点，由苏格拉底开始，希腊哲学关注的重点由宇宙的本原、世界的构成等“自然科学”问题转向人类本身的正义与非正义、勇敢与怯懦、诚实与虚伪，以及智慧与知识等“伦理哲学”问题的研究。

苏格拉底的学生柏拉图（Plato，前427—前347）是第一位从理性主义观点建立缜密知识体系结构的哲学家。如果说苏格拉底是一个谜一样的人，还可以猜测，那么，柏拉图则像一个符号，只能被想象，虽然他留下了不少作品，但主角却大多是苏格拉底，很少提及自己。

2. 苏格拉底式提问——什么是知识

关于什么是知识、知识与智慧的区别等与知识相关的内容体现在《柏拉图全集第 2 卷 · 泰阿泰德篇》[3] 中。

苏格拉底：我假定，智慧使人们变得聪明……知识与智慧是一回事吗？……请慷慨大方地告诉我，你认为知识是什么……

泰阿泰德：我认为，一个人能从塞奥多洛那里学到的东西就是知识，比如你刚才提到的几何，以及其他所有科学，此外还有皮匠和其他匠人的技艺。知识就是这些东西中的某一种或者全部，而不是别的什么。

…………

苏格拉底：但是，泰阿泰德，我问你的问题不是知识的对象是什么，也不是有多少种知识。我们不想数清知识的门类，而是想发现知识本身是什么。我的话是否没什么意思？

泰阿泰德：不，你说得很对。

…………

苏格拉底：那么，当有人问我们知识是什么的时候，用某些技艺的名称作答是荒唐的。这种回答是：知识是“关于某某事情的知识”，但这不是这个问题所需要的回答。

泰阿泰德：似乎如此。

…………

苏格拉底：所以，泰阿泰德，重新开始吧，试着解释知识是什么……

泰阿泰德：……就我现在的理解来说，知识无非就是感觉。

…………

苏格拉底：让我们来了解一下他的意思吧。有时候一阵风吹来，我们中间的一个人感到冷，另一个人感到不冷，或者一个人感到有点冷，而另一个感到非常冷……那么，在这个例子中我们可以说风本身是冷的或不冷的吗？或者我们得赞成普罗泰戈拉的看法，风对于感到冷的人来说是冷的，风对另一个人来说是不冷的？

…………

泰阿泰德：你说得非常正确，苏格拉底。

苏格拉底：这样一来，那些主张感觉就是知识、事物就是对某人呈现的那个样子的人还有什么论证剩下来呢？

…………

苏格拉底：那么，让我们再次从头开始，知识是什么？

…………

泰阿泰德：知识就是满意真正的信念。相信真实的事物确实不会有错，结果也总是令人满意的。

…………

苏格拉底：所以，泰阿泰德，感觉、真实的信念、真实的信仰加上解释，都不会是知识。

泰阿泰德：显然不是。

在这篇对话中，有三个人在讨论什么是知识，这三个人分别是苏格拉底、数学家塞奥多洛和他的学生泰阿泰德。苏格拉底通过提问告诉泰阿泰德什么不是知识，引发人们自己发现思考中片面的、不合逻辑的荒谬之处，这就是"苏格拉底式提问"。这篇对话讨论了"什么是知识"这个问题的三个答案：第一，知识是感觉；第二，知识是对真伪的判断；第三，知识是真实的信仰加上解释。

3. 美德即知识

苏格拉底最终没有直接给出知识的定义，但提出了一个重要的命题，即"美德即知识"，并对当时流行的智慧、正义、勇敢、节制等四种美德都进行了论述，认为每一种美德都离不开知识，知识是美德的本质。他认为，智慧是一种美德，但有智慧的人必须善于思考，而思考离不开知识，这种知识就是辨别是非、真假、善恶的能力。苏格拉底对美德十分关注，在他的学生柏拉图的早期著作中处处都表达着苏格拉底对美德概念的看法。美德一词，希腊文为 arete，其含义相当广泛，不仅指人的优良品质，也指任何事物的优点、长处和美好的本性。

美德既然是知识，那么美德和知识从哪里来？苏格拉底认为：“美德由教育而来。”美德不是天生的，知识也不是与生俱来的，所以，要实现人的美德，必须使人接受知识、理解知识和掌握知识，而人对知识的理解和掌握又离不开教育。苏格拉底把教育看成美德的来源，突出了教育对于人的发展的重要性。

（二）理念论

1. 理念与理念论

柏拉图以“理念”为基础，认为一切都要以“理念”为归依，“理念”是不可能通过感觉认知的，只能通过纯粹的推理来获得的。柏拉图解释，凡是若干个体有着一个共同名字的，它们就有着一个共同的“理念”或“形式”。因此，“理念”有时汉译为“相”，柏拉图使用的是 idea 和 eidos（艾多斯），它们均出自动词 idein（看），本义指“看见的东西”，即形状。

现在学界将柏拉图形上实体的 eidos（forms）称为理念，用以区别观念论的观念（ideas），观念由经验而来，但是柏拉图的理念，却不是由经验而来的。因此，理念论又译作“唯心主义”，是哲学中对思想、心灵、语言及事物等彼此之间关系的讨论及看法。

2. 三个隐喻

在《理想国》的第六卷、第七卷里，柏拉图用了三个隐喻来解释他的知识观点：日喻、线喻和洞喻。这些隐喻一起建构了理念论的基础：“至善的形式”（The Form of the Good）便是知识的终极目标，其他所有形式都源自这种至善的形式，如哲学的概念、抽象、属性等。

日喻。与通过听觉听到声音不同，通过视觉看到可见物是需要一种媒介的，这种媒介就是太阳发出的光。日喻就是把太阳比喻为善的理念，将眼睛比喻为人的理性，将可见世界比喻为理念（即知识和真理）。正如太阳给予可见世界以光明，使眼睛能够看到，善的理念给予可知事物以真理，使灵魂能够了解它们而产生理智。太阳与眼睛的关系就好像善的理念与灵魂的关系，正如眼睛能看到太阳一样，灵魂的理智能够使人洞察善的理念。柏拉图在《理想国》[4]的第六卷中对日喻进行了说明。

“在眼睛里存在着视觉功能，并且，具有这个功能的人也有意要去运用功能，而在被观看的事物里又存在着色泽，可是，如果不存在一个第三类事物，它在性质上是专门为此目的而存在的，你知道，视觉即将一无所见，而那种种色泽也将都是不为人所见的。”

“这，”他说，“你是指的什么？”

“这就是，”我说，“你叫作光的东西。”

“是，”他说，“你说得不错。”

“那么，由于这一类并非不重要的事物的存在，它使那能见的官觉和那被见的能力得以结合起来，和其他一切结合相比，它就不是一个小小的更可贵的纽带了，如果光，它不是一个什么等闲的东西。”

…………

“视觉，不论是它自身或是它之所在的器官，也就是我们所说的眼睛，都不是太阳。”

“可是，我想，眼睛是在我们的一切感觉器官中最近似于太阳的。”

“你说得完全对。”

“那么，它所具有的那种功能，是不是也是从太阳里汲取来的，就像从那里流溢出来的？”

“正是这样。”

“那么，是不是同样，太阳，固然它并不就是视觉，但是它是视觉的起因，并且，它正是由视觉本身所睹见的？”

“正是这样的。”他说。

“现在，”我说，“可以这样说，你可以把我的意思理解为：这就是我说的那善的孩子，善将它生育出来作为自己的类比，善在思维的领域里和理智与被思维的东西是怎样的关系，同样，这个儿子在眼目所见的世界里和视觉与所见的东西也就是怎样的关系。”

…………

“你且再从下面这个角度来观察一下关于善的譬喻。”

“什么角度？”

“太阳，”我说，“你要说，它对于那许多被见的事物来说，不但为它们提供了那被见的能力，而且它也为它们提供了产生、生长和养育，而它自己并不是产生出来的。”

“而同样，我们看到，你可以说，对于那些认识的事物来说，不但它们之所以被认识是从善那里得来的，并且它们的‘是’和它们之为‘是’的东西也是由于善而为它们所具有的，而善，它并非‘是’的东西，相反，它不论在尊严和力量上都更加超越于‘是’的东西之上的。”

日喻如图 1-1 所示。

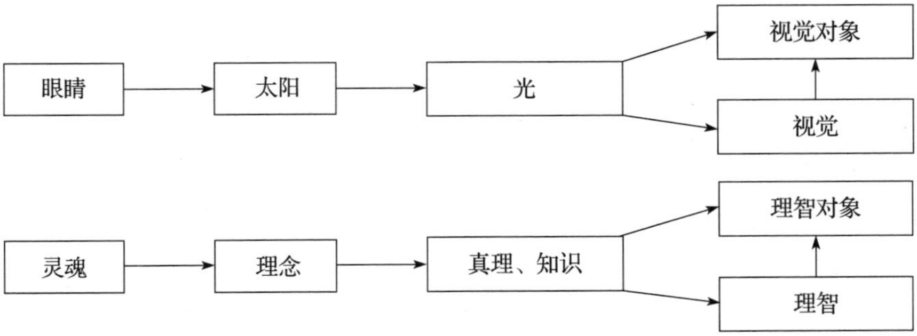

图 1-1　日喻示意

线喻。柏拉图用一条线段来表达自己的观点，他将这条线段一分为二且彼此不等。其中一部分意味着可感世界，另外一部分则意味着可知世界。根据一定的比例再进行划分，且一部分较为清晰，而另外一部分较为模糊。在柏拉图看来，可感世界的第一个部分为影响，第二个部分则成为影响的本原。这就好比意见之于知识。与认识对象的线段相对应，认识能力也有四个部分，由低到高分别是想象、信念、理智和理性。想象所获得的只是事物的投影，真实性最低，清晰性最低；信念是对原物的认识，但仍然属于意见的范畴；理智已经上升到可知理念世界，但还不算有真正的知识；理性是最高层次的认识能力，上升到以纯理念为对象的理性状态。柏拉图在《理想国》的第六卷中接着对线喻进行了解释。

“那么，”我说，“你且设想一下，就像我们说过的那样，有这么两个事物，一个是管辖可思维的类和领域的，一个是那可见的事物的，且不说是管辖那天宇的，以免你说我是在玩弄文字游戏了。可是你总知道这两种类别的东西吧，一种是可见的，一种是可思维的？”

“是，我知道。”

“现在，假设有一条线段被分割为不等的两段，然后，按照同一的比例，你再分割其中的每一段，也就是说，那属于可见一类事物的一段，在那属于被看见的事物的一段中，作为其中被分割出来的第一段，你得到的将是一些映像。所谓映像，我指的是，首先，种种影子，其次，水中的倒影，以及在一切密致的、光滑的、明亮的平面上的光鉴的投影，以及诸如此类的一切，如果你理解这个意思的话。”

“是，我理解。”

“而那另一段，你可以把它当作是被这一切映像所反映和模拟的原型，这是指我们周围的一切动物，全部模特，以及所有一切人造的东西。”

“是，”他说，“我这样看。”

“那么，”我说，“你是不是愿意这样说：这一段是由合乎或是不合乎真实或真理来区分的，就像作为意见的对象的东西和作为认识的对象的东西之间是怎样的关系，模拟的东西和它所模拟的原型之间也就是怎样的关系？”

“我愿意。”他说。

…………

“现在，相对于那四个分段，请你再相应地领悟这样四种灵魂的态势；相对于那最高的一段的是理性思维，相对于那第二段的是思想，请把信念归于第三段，而属于最末一段的是臆想。并且，请你按比例排比它们，凡是它们的对象具有多少真理和真实性，你就可以认为它们具有多少清晰和确切性。”

线喻如图 1-2 所示。

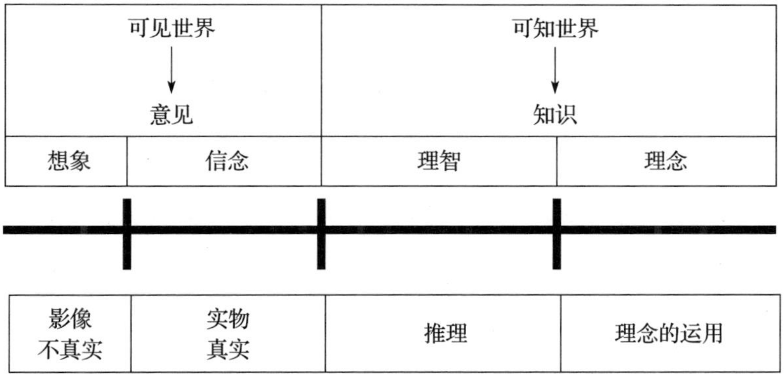

图 1-2　线喻示意

洞喻。柏拉图利用“洞穴”这个隐喻，意在描述人类和真实世界的关系。柏拉图不认为知识等同于知觉，因为知觉并不可靠，而真实的知识应该要绝对正确。他把心灵比作眼睛，正显示他认为知识运作机制和知觉类似。对柏拉图而言，理解是一种“A 借由 B 了解 C 的过程”，一定先有理解者和被理解之物，最后经由某个媒介，理解才得以发生。好比“洞穴”之外的太阳引发“洞穴”人类的知觉，是由于太阳所发射的光线，让洞穴里的人能够知觉事物。同理，也有一种事物引发知识的产生，经由某种理性之光，对心灵产生作用。柏拉图将此一诱因称为“善”，认为它是真实与理性之源。柏拉图在《理想国》的第七卷中对洞喻进行了描述。

“有很多人，他们就像是住在一个洞穴式的地下居处里，这个居处，沿着整个的洞穴，有一条进入的通道，巷口敞开着对着光亮；在这个居处里，这些人，从孩提时起，腿脚和颈项就处于捆绑中，从而只能呆坐在同一个地方直视着前方，因为他们的头，处于捆绑中，是不能四面转动的；有一堆火，火光在他们的上方和远处从他们身后照射过来，在火堆和这个囚人之间，有一条处于较高的水平上的路，沿着这条路，请你再设想看到有一道作为间隔而筑起来的小墙，就像对于演木偶戏的人那样，在观众前面横亘着一道屏障，而他们就在这道屏障之上演出他们的玩偶。”

“所有这些，”他说，“我都看到了。”

“请您试想再看到有一些人，沿着这座小墙，带来很多各式各样的器皿，高出于这座小墙之上，以及人像，以及其他一切石制的或木制的动物形象，以及各种人造的东西，并且，可以设想，在带来这些东西的人中，有的说着话，有的沉默着。”

“这可真是，”他说，“一个奇怪的图像和一些奇怪的囚人哩。”

“他们，”我说，“和我们正是一个样子的，因为这些人，首先，你认为他们，不论是关于他们自己或是相互之间，能够看得到任何别的东西吗，除非是那些影子，那些被那一堆火照射过来，映出在他们正对面的洞穴的底部的墙上影子？”

“怎么能呢？”他说，“如果他们终生都是被迫不能转动他们的脑袋的。”

“那么怎样？关于那些被带过来的东西呢，也是一样吗？”

“哪能不呢？”

“那么，如果他们能够互相对话的话，你是不是以为，他们将相信他们用名词所称谓的，是那些他们所看到的，在他们眼前过往着的东西？”

“这是必然的。”

“那么怎么样？如果，每当在那些过往的人中有谁发出一个声音，那座囚狱还会从它底部的墙上发出一个回声的话，那么，按你看，他们不认为这发出声音的不是任何别的，而就是那个在过往中的影子吗？”

“不，”他说，“凭宙斯的名，我不这样看。”

“因此，整个地说来，”我说，“这样的一些人，他们是不会把任何别的东西当作是真实的东西的，除非就是那些人工制作的东西的影子。”

“很明显，”他说，“只能是这样。”

3. 小结

柏拉图以“日喻”说明善的理念高于真理和知识，是真理和知识的源泉，是最高的理念；通过“线喻”指出知识在可见和可知两个世界中的不同阶段；通过“洞喻”实现从可见世界到可知世界的升华。这三个隐喻构成了柏拉图理念论的基础，也是整个西方哲学的模型，这个模型包括两个方面：洞穴里面和洞穴外面，一面是真的，一面是假的；一面是本体，一面是现象；一面是理性，一面是感性。这也是形而上学的基本特点——二元对立。通过这样的一个结构，洞穴外面的太阳所代表的“reality”，柏拉图称之为理念。比如我们看到的桌子都是实物，但是结构和原理才是桌子的“eidos”，才是实在的，才是最高的，才是“idea of idea”。这就是柏拉图的一个形而上学的基本模型。

（三）理念论的贡献

柏拉图的理念论是哲学发展史上的一个重要里程碑。理念论的产生标志着西方哲学的一个非常重要的进步，开创了强调共相、追求普遍性和形而上者的哲学道路。追求世界的本原、共相、绝对、形而上者是人类认识世界、改造社会的哲学认识实践活动具有的基本表现形式。柏拉图及其他许多古代思想家提出和强调共相问题以来，共相问题以各种不同的形式一直流传到今天，哲学本体论和认识论追求的问题其实质也就是共相问题。

理念论发现和提出了个别与一般的矛盾现象，指出了个体事物可以被人感觉到，一般事物不可以被人感到但可以被人知道的认识特征，揭示了同名可感事物是若干或许多、同名理念是一的客观事实，初步界定、区分和彰显了个别事物与一般事物，创立了现象和理念的基本概念，对人类对世界的认识做出了巨大贡献。

二、经验主义的思想奠基：亚里士多德

（一）第一哲学：亚里士多德的“形而上学”

1. 透过现象看本质

亚里士多德（Aristotle，前 384—前 322）是柏拉图最出色的学生，他在柏拉图学院学习了二十年。亚里士多德的知识认识论集中体现在有“第一哲学”之称的《形而上学》中。形而上学（Meta-physics），原意为“在‘物理学’以后”，有探究宇宙万物根本原理之意，就是“透过现象看本质”。比如，一把直尺插进水里，眼睛看见那把直尺是弯的，但关于直尺的知识与光学知识告诉人们：直尺不是弯的，是直的，人之所以看见它是弯的，是因为光的折射现象，这样就透过现象，看到了本质。

我们可以这样想，当我们用自己的感官去看世界的时候，这个世界是否也像那把直尺一样，不是把它的本质正确地呈现给我们，我们所看到的是不是只是这个世界的表象而我们对它的本质一无所知或有所误解？形而上学的研究对象就是世界的本质。对于世界本质的问题有各种回答，比如：认为世界的本质是物质的；世界的本质是某种观念、精神；世界是从上帝那里流出来的，等等。这叫作“本体论”，也就是狭义的形而上学。

形而上学，还有广义上的含义。既然说形而上学的任务是研究世界的本质，那么就存在这样的问题：我们有没有能力研究世界的本质？如果有能力，那么应该用什么办法去研究？对于前一个问题，有人回答“我们有能力研究世界的本质”，这是可知论；有人说“我们没有这个能力”，这是不可知论。对于后一个问题，有人主张必须通过理性的逻辑推演去认识世界的本质，这是理性主义；有人主张必须通过直观经验去把握，这是经验主义。这就是“认识论”，广义上的形而上学，包括本体论和认识论，是研究超越感性经验存在的学问。

2.“形而上者谓之道，形而下者谓之器”

“形而上学”由日本明治时期的哲学家井上哲次郎（1855—1944）根据《易经·系辞》中“形而上者谓之道，形而下者谓之器”翻译而成。其中，“形”是天象地形的简称。《系辞·上》说：“天尊地卑，乾坤定矣。……在天成象，在地成形，变化见矣。”“形而上”指的是无形的道体层面，是意识形态范畴，是一种用思维去认知世间万物的方式，是本原性的“思考”。西方所称“哲学”，研究的问题是“我是谁？我从哪里来？要到哪里去？”中国称之为“道”。“形而下”指的是万物各自的表层的相，已经到了物的表层方面，是具体的、看得见的、摸得着的、类似实物性质的，中国称之为“器”。《系辞》的“道”“器”关系如图 1-3 所示。

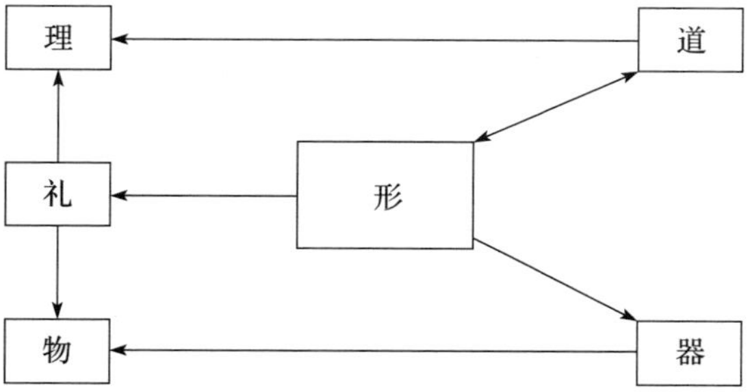

图 1-3 《系辞》的“道”“器”关系

“形而上”是“唯心”，“形而下”是“唯物”。马克思主义哲学提出“唯物主义辩证论”。唯物主义是一种有限论，与无限论（不可知论）和一神论对立。唯物主义承认世界是可知的，但是否认有全知者（神）存在。唯物主义认识到上述论断包含矛盾，但是不试图解决这个矛盾，而是把它承认下来，认为万事万物都是包含矛盾的，越矛盾就越真实。

（二）对理念论的批判

有一个说法是，亚里士多德把柏拉图飘在空中的哲学拉到了地面上。在一些重大哲学问题上，亚里士多德提出了完全不同于柏拉图的见解和理论。柏拉图形容亚里士多德就像一匹刚出生的小马驹，一生下来就用蹄子踢它的母亲。亚里士多德敬爱老师，他说：吾爱吾师，吾更爱真理。

根据理念论，一个具体的人是不完美的，是“分有”了完美的人的理念。“分有”只能是对“实体”的分有，因为只有“实体”才具有形式或理念，而柏拉图却让那些非实体性的东西也具有理念。例如，苏格拉底的理念既是“人本身”，也是“动物”，那么苏格拉底岂不是同时分有或模仿了两个理念？而在这些理念中，“人本身”是“动物”的摹本，同时又是苏格拉底的原本，这样一来，一个东西岂不是同时既是原本又是摹本了吗？这显然是自相矛盾的。

（三）知识论

1. 求知是人类的本性

亚里士多德在《形而上学》中开宗明义，首先提出了“求知是人类的本性”这一重要命题。这是亚里士多德关于人的本质观的三个重要命题之一（另外两个命题是“人是理性的动物”和“人是政治动物”），也是亚里士多德最重要的知识论观点。“求知是人类的本性”这一命题集中体现和概括了古希腊爱智慧的传统，亚里士多德的人的本质观是马克思、恩格斯人的本质观的一个古老的思想渊源。

亚里士多德终其一生都受一个不可遏止的欲望——求知的欲望所支配。他的整个生涯和各种活动都表明他最为关注的是发现真理、增加人类的知识量。同时他认为求知不只是他个人的欲望，他真诚地认为爱好知识，寻求真理乃是人所共有的本性。

亚里士多德认为知识有五个等级。一切生物都有感觉，但并不都有记忆。动物有记忆，但只有人才有经验。人能从记忆中得到经验，经验是最广义的知识，人通过经验得到知识和技术。经验只知道特殊，技术才知道普遍；有经验者只知道是什么却不知道原因，有技术者则知道原因，懂得为什么；技术能传授而经验不能，知与不知的标志就在于能否传授。所以，技术比经验更接近狭义的知识——科学。技术也有不同种类和等级，有的技术为生活所需，有的只供消磨时间并无实用价值。只有后一种技术中才有智慧，因为智慧是以本原为知识的对象。

为求知而求知，这是最纯正的古希腊精神。哲学的原意就是“爱智慧”，而求知就是“爱智慧”的一种体现。哲学植根于人的本性，也就是说，不管哲学有用没用，人都是离不开哲学的。单从“求知是人类的本性”这一角度看，每个人都是天生的哲学家（爱智者）。为求知而求知，显得单调，因而有人说哲学枯燥无味，谴责哲学无用。亚里士多德反对这种观点，他讲了一个故事：泰勒斯号称“科学之祖”、古希腊第一位哲学家，他四处游学，不置产业。一位老太婆嘲笑泰勒斯，言外之意是哲学家关心的问题没有用。看星星有什么好？看星星能挣钱吗？能的。泰勒斯说，哲学家只是不愿意把生命浪费在挣钱上，想挣钱还是能挣得到的。为了证明这一点，泰勒斯决定挣笔钱。他通过对天气的观察，预测来年会大丰收，当地盛产的橄榄将需要大量机器进行加工，于是提前囤积了所有榨橄榄机。来年橄榄果然大丰收，泰勒斯抬高价格把这些机器租售出去，就发了财。但是，泰勒斯并没有在经商挣钱的路上走下去。对哲学家来说，比起赚钱，探索宇宙的未知奥秘要有趣得多。

然而，求知的本性毕竟比不过生存的本能，人首先得有饭吃，然后才能求知。对于大多数人来说，谋生何其不易！终生劳碌，难有闲暇，哪有时间和精力去求知？所以，闲暇极其可贵。亚里士多德在《政治学》的第八卷中说了下面的话。

悠悠万事，闲暇乃第一原则。……闲暇比忙碌更可取，且是后者的目的。我们必须追问，闲暇时应该做些什么。显然不应该是嬉戏，否则嬉戏就会成为我们生活的目的。

为什么嬉戏不能成为我们生活的目的呢？在古希腊人看来，嬉戏是属于小孩子的，若是成人难得有闲暇，竟然只会嬉戏，也太失身份了！那么，闲暇时应该做些什么？在柏拉图学园里，那些“闲人们”在“悠闲地讨论”什么？哲学。亚里士多德把求知的欲望归结为人类的本性，说法不一定很确切，但绝无害处，只要我们正确理解，从积极方面去实践，于人类进步是会起促进作用的。

2. 三段论法

亚里士多德用他发明的三段论法来确定知识。就是用两个判断分别作为两个前提，一个大前提和一个小前提。通过对这两个前提分析得出一个结论，这个结论也是一个判断。这样得出结论就是知识亚里士多德所着重的让我们站在认识主体的立场，一方面承认感官作用，一方面承认思想的能力；然后让我们站在客体世界来看待问题，承认感官世界的真实性，理念世界也同样存在。这样，亚里士多德的知识论就将柏拉图的知识论利用和发展了，他的主要观点是只要人运用天生的认识能力，就能够把握外在的客体，进而加工成知识。亚里士多德知识论不同于柏拉图之处，在于重视从感觉经验中获得知识，为后来的经验主义提供了思想基础。

亚里士多德形而上学最重要的部分是实体论，他对共相问题的认识比柏拉图更具常识性。但是亚里士多德并没有真正解决这个问题。

亚里士多德的著作涉及面很广，他的书面作品只有大约 20% 幸存下来，其中大部分是以演讲和笔记的形式存在的，我们对他的认识不免是支离破碎的。亚里士多德的重要性是毋庸置疑的，日内瓦大学古代哲学教授、亚里士多德研究学者乔纳森·巴恩斯（Jonathan Barnes）用下面的话评价这位先贤。

他是一位孜孜不倦的学者，他的科学探索和他的哲学思考都是深刻的；一位激励并将继续激励一代又一代学生的老师；在动荡的世界里过着动荡生活的有争议的公众人物，他像一个知识巨人一样跨越古代（Barnes，1982）[5]。

三、理性主义与经验主义的继承：笛卡尔与洛克

（一）笛卡尔的二元论

1. 理性主义思考的四项原则

理性主义以勒内·笛卡尔（René Descartes，1596—1650）为代表，他认为，认知主体与所认知的客体是截然分开的，提出认知者与认知事物、精神与身体或精神与物体之间的二元论。笛卡尔提出了理性主义思考的四项原则[6]。

第一项原则：决不对自己并不清楚认识的东西信以为真，也就是说，小心地避免做出仓促和偏颇的判断，而只接受那些呈现在自己心中明白和明确而毋庸置疑的东西。

第二项原则：将要验证的每个难题尽可能细分成较小的部分，以便可以用最佳的方式来解决。

第三项原则：我的思维是以预定的顺序进行的。从最简单和最易于理解的地方入手，目的是一步一个台阶地进行积累；或者对于最复杂的知识，逐渐假定一个次序，即使是一个虚构的次序，而且彼此之间并不遵循自然的顺序。

第四项原则：在所有情况下，我尽可能采取完全列举并且一般性回顾的方式，这样就可以保证不会有任何遗漏之处。

2. 怀疑方法

笛卡尔质疑所有，试图从零开始创造他自己哲学的信念。他认为人的主观意识可以怀疑和否定一切。

我愿意假定，一切真理的源泉不是仁慈的上帝，而是恶魔……我愿意假定，天空、空气、土地、形状、色彩、声音和一切外在事物都不过是那欺人的梦境的呈现……我要这样来观察自己：好像我既没有双手，也没有双眼，也没有肉体，也没有血液，也没有一切的器官，而仅仅是糊涂地相信这些的存在。

笛卡尔哲学的起点是对人类认知能力最根本最彻底的怀疑。那么我们难道就没有一件事能够百分之百确定吗？笛卡尔认为是有的，有一样东西无法怀疑，那就是“我”现在正在怀疑。“我”现在正在怀疑，这一点确凿无疑，这一件事明确无误。怀疑就是思考，而思考就必然有一个执行“思考”的思考者，于是作为思考主体的“我”就是不容怀疑的。就这样，笛卡尔从极端的怀疑论出发，引出了他新的哲学起点，并在其上构建了他的哲学思想。“我思故我在”也可以精练地理解为：当我使用理性来思考的时候，我才真正获得了存在的价值。

3. 思考我

笛卡尔认为，终极真理只能从“思考我（Thinking Self)”现实存在中推导而知。“思考我”独立于身体或物体。身体或物体具有空间“外延”特征，或者说，是我们可以看到和触及的存在，但不会思考；精神没有外延，却可以思考。比如，蜂蜡的性质，包括味道、气味、颜色及形状，显然是对感觉而言的，如果把蜂蜡放在火炉附近，一切都会发生变化。因此，我们无法感觉蜂蜡本身，有关外部事物的真知无法通过感觉获得而只能通过内心来感悟。

（二）洛克的经验主义

1. 白板说：感受和反思

与笛卡尔相反，约翰·洛克（John Locke，1632—1704）认为，知识并不是早已存在于人的头脑之中，而应该是对客观事物的一种反映，由于外界的事物是客观的而人的精神是空白的，即使对事物的感觉是错误的，是虚幻的，但应该是能感受到的。他认为，唯有经验（包括感受和反思）才有可能提供理念。

洛克在《人类理解论》中提出了著名的“白板说”（Locke，2004）。人类没有感觉、经验之前（比如初生的婴儿）的心理状态就像一张白纸一样，上面并没有任何字迹，没有任何观念。洛克认为，人类的知识都是以经验为基础的，而且归根到底都是从经验中来的。洛克的白板论是针对笛卡尔的“天赋观念”论而发的，认为一切人类的认识和知识都是后天通过经验感觉和反思获得的。洛克认为，人类的理解和认识的最终来源是经验，人类通过感受和反思，在头脑中形成各种简单观念。这些简单观念经过各种组合产生复杂的想法。人类头脑中的想法和观念之所以能够反映客观事实，是因为外在事物具有两种性质，它们都可以在人的头脑中产生观念，这就保证了人类能够通过自己的理解得到关于外在世界的认识。洛克认为，人的理解活动有两种，一种叫“感觉”，另一种叫“反思”。

一切观念都是由感觉或反省来的——我们可以假定人心如白纸似的，没有一切标记，没有一切观念，那么它如何会又有了那些观念呢？

人的匆促而无限的想象既然能在人心上刻画出几乎无限的花样来，则人心究竟如何能得到那么多的材料呢？他在理性和知识方面所有的一切材料，都是从哪里来的呢？我可以一句话答复说，它们都是从“经验”来的，我们的一切知识都是建立在经验上的，而且最后是导源于经验的。我们因为能观察所知觉到的外面的可感物，能观察所知觉、所反省到的内面的心理活动，所以我们的理解才能得到思想的一切材料。这便是知识的两个来源；我们所已有的，或自然要有的各种观念，都是发源于此的。

洛克认为，感觉和反思在头脑中形成的简单观念，就是人类理解和认识的最基本单位，它们就像是心灵的窗户。

2.“主性质”和“次性质”

洛克还主张感官的性质可分为“主性质”和“次性质”。洛克相信世界是由物质构成的，物质的主性质包括形状、运动或静止、数目等和物质不可分离的那些性质；次性质包括颜色、声音、气味等其他各种性质。洛克认为主性质就在物体里，次性质只在知觉者中。在这个问题上洛克是追随笛卡尔的二元论学说，同意有些性质是可以用人的理智来了解的。

哲学家伯特兰·罗素批评洛克以“零碎的方式处理哲学问题”，认为洛克的哲学思想没有一贯性，并且有很多漏洞。不过洛克对后来的哲学家产生了很大影响，他开创的经验主义被后来的乔治·贝克莱（George Berkeley，1685—1753）和大卫·休谟（David Hume，1711—1776）等人继续发展，成为欧洲的两大主流哲学思想之一。

四、理性主义与经验主义的综合尝试：康德与黑格尔

康德与黑格尔对理性主义和经验主义进行了综合尝试。

（一）康德的综合

1. 先验唯心论

康德（Kant，1724—1804）接受知识的基础是经验，但不同意经验是知识的唯一源泉。康德认为知识是有界的“可能的经验”。相对于经验主义，康德的立场更接近理性主义。然而，康德相信，我们只能知道“现象”或知晓我们对“超先验的客体”或“物自体”先验的感官知觉。由于这个原因，他的哲学经常被称为先验唯心论。

康德认为只有在理性主义的逻辑思考和经验主义的感官经验共同作用时，知识才能产生。对于康德来说，人类精神不是被动的“白纸”（即没有任何先验的理念），而是在时间和空间上积极调整感官经验，并提供概念作为理解经验的手段（Russell，1961）[8]。在康德看来，不是让我们的认知去符合认知对象，而是反过来，让认知对象来符合我们的认知能力。

2. 二律背反

传统的思维方式，解决问题的思路是：是就是是，非就是非。所以，这个世界上如果不是先有鸡，就是先有蛋。然而，这种思维方式在这里陷入了窘迫之境。科学的回答是：这个世界上，鸡不是从来就是现在这样的鸡；蛋也不是从来就是现在这样的蛋，而是在生物漫长的进化过程中，逐渐形成这样的形态的。这就跳出了非此即彼的思维怪圈，完成了一个“对立统一”，解决了这个问题。传统的那种思维方式，叫作“知性思维”或“形式逻辑思维”，用这种思维考虑问题，就会不可避免地陷入像“先有鸡还是先有蛋”的两难处境，得出自相矛盾的、混乱的答案。

康德在《纯粹理性批判》中，提出了四个著名的二律背反，也就是类似于“先有鸡还是先有蛋”之类的问题。这类问题的特征就是：两个相反的答案都可以得到充分的证明。康德把出现这种问题的原因归结为：人类的理性不可以认识客观世界。

（二）黑格尔的综合

1.“绝对精神”

黑格尔（Georg Hegel，1770—1831）认为精神与物质都来源于“绝对精神”，是通过动态与辩证的过程实现的；知识始于感官，“绝对精神”的自我意识是知识的最高形式。黑格尔之所以被称为形而上学的集大成者，是他将主体与实体相统一，提出了主体即实体。从前的形而上学研究的实体都是静止客观的，隐秘在某处等着人去认识，而黑格尔认为实体自身具有能动性，实体自我运动、自我实现，实体的运动是正反合的辩证运动。黑格尔建立了一套逻辑学体系，将自然科学、艺术、哲学、宗教等人类知识全部整合到“绝对精神”的体系中。

2. 黑格尔辩证法

按照黑格尔的思想，辩证法是调和正题与反题来创造合题，或抛弃非理性的部分，保留合理的部分。对黑格尔来讲，知识始于感官知觉，通过感官的辩证纯化过程，成为主观和理性，最终达到“绝对精神”的自我知识阶段。“绝对精神”的自我意识是知识的最高形式。在这种意义上看，黑格尔的立场，与经验主义相对而言，比较接近于理性主义。利用这种理性主义，黑格尔试图克服主体与客体分离的笛卡尔二元论。

（三）理性主义与经验主义的知识管理视角演进过程

综合以上理性主义与经验主义的知识管理视角，阿肖克·贾夏帕拉（Asnok Jashapara）对知识管理思想的演进过程进行了归纳整理[9]。如图 1-4 所示。

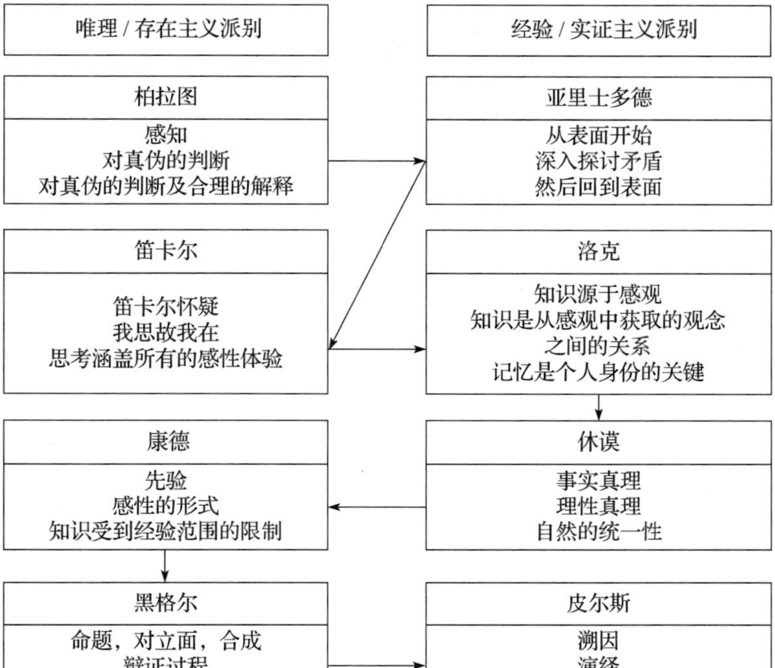

图 1-4　理性主义与经验主义的知识管理视角演进过程

说明：图中箭头指明了知识管理思想的演进过程。

资料来源：贾夏帕拉（2013）

第二节　知识管理的本体论思想

本体论（Ontology）一词最早于1613年由德国学者戈科列尼乌斯（Goclenius，1547—1628）使用。在哲学上，本体论一般被称为关于“有”或“存在”的学说[10]。在人工智能、计算机行业，本体论用于描述事物的本质，本体论是对概念化的精确描述。在知识管理领域，本体论主要指分类法，野中郁次郎和竹内弘高将其界定为组织知识创造的不同层次，如个人、小组、组织和组织间。本体论范畴包括知识和知识管理的定义、类型和特征等。

一、知识的思想起源

对知识的管理有着悠久的历史，比如几百年来，家族企业的所有者把商业智慧传给他们的孩子，工匠大师不吝于把手艺传授给学徒，工人们在工作中交流思想和技术诀窍。

（一）知识的JTB理论与盖梯尔问题

柏拉图在《泰阿泰德篇》中把知识定义为“得到确证的真实信念”（Justified True Belief，JTB），认为一个命题作为知识必须具备三个要素，而且只要具备了这三个要素，一个命题就成为知识。这三个要素是：事件E为真；某人P相信E为真；P有理由相信E为真。这三个要素被学者认为是一个命题成为知识的充要条件，人们称这个理论为 JTB 知识三要素理论。学者们对知识的三要素一直深信不疑，直到 1963 年，美国韦恩州立大学的爱德蒙德·盖梯尔（Edmund Gettier）迫于发表论文的压力写了一篇三页的短文《有理由的真信念就是知识吗？》才引起学者们对知识三要素的争论。在这篇文章中，盖梯尔写了两个反例[11]。

第一个例子的主人公史密斯和琼斯同时申请了一个职位。此时，史密斯被告知琼斯将得到这一职位，并且琼斯有 10 枚硬币。史密斯相信这一事实，因为他有足够的理由相信公司总经理会选择他的竞争对手琼斯，而他在此之前也亲眼看到过琼斯口袋里确实有 10 枚硬币。由此史密斯推出一个真命题——得到这个职位的人有 10 枚硬币。但是如果进一步假设，真实的结果是史密斯而不是琼斯将得到这个职位，因为史密斯口袋里也恰好有 10 枚硬币，只不过他不知道而已。因此，尽管史密斯所推出的命题是真信念且得到验证，但不是知识。

在第二个例子中，史密斯有很强的理由相信琼斯有一辆福特车，并同时相信他有个朋友布朗或者在波士顿，或者在巴塞罗那，或者在布勒斯特。然而实际上，琼斯根本没有福特车（比如是租用的），但碰巧布朗在巴塞罗那，因此史密斯相信的事情是真信念且得到验证，但也不是知识。

这篇短文因此意外地成为关于知识定义的最具影响力的论文之一，继而形成延续至今的盖梯尔问题。盖梯尔问题让人们知道所谓的 JTB 知识三要素并不是充分条件，因此 JTB 理论需要修正。

（二）自圆其说理论与对应理论

知识管理首先应探寻什么是知识，知识的最早来源是西方哲学认识论，经典的知识定义就是 JTB 理论所言“得到确证的真实信念”。对于确证的信念，出现了自圆其说理论（Coherence Theory）和对应理论（Correspondence Theory）。

自圆其说理论认为，真理的最终标准是真理的各个部分彼此之间和经验之间的一致性。自圆其说理论与逻辑自洽相近，与对应理论相反。逻辑自洽（Logic Self-Consistency）指的是一个语言学的原则，即一个理论在语言本身的陈述上是不矛盾的，人们通过仔细分析这个理论的文字符号，没有发现任何的矛盾，达到了自我的完备。对应理论认为真理是判断或命题与独立存在的现实之间的一致。

有效的知识管理现在被认为是竞争优势的重要来源和组织成功的关键。知识管理通常有三个核心组成部分：人员、流程和技术。一些知识管理方法以组织为中心，优化组织设计和工作流程；一些以技术为中心，将知识管理作为一种增强知识整合和创新的手段；还有一些以生态为重点，重要方面是与人的互动，知识和环境因素有关，是一个类似于自然生态系统的复杂适应系统。

尽管人们对知识可能为组织提供的竞争优势以及知识工作者和组织能力的重要性越来越感兴趣，但事实是，知识的概念是复杂的，它与组织理论的相关性还没有充分发展。对知识及其管理的方法也是受组织和文化背景影响的。因此，对知识下一个通用的定义也许是不可能也不合适的。

（三）看待知识的不同视角

知识可以从多个角度来看待，归纳起来包括五种：一种精神状态、一种对象、一种过程、一种获得信息的条件和一种能力。这些不同的知识观点导致了对知识管理的不同认识，每个视角都提出了管理知识的不同策略，以及支持知识管理的系统角色的不同视角。

1. 知识是一种精神状态

知识被描述为一种认识的状态或事实，是通过经验或学习而获得的理解的一种状态，是已被感知、发现或学到的东西的总和[12]。将知识作为一种精神状态的观点侧重于使个人能够扩展他们的个人知识并将其应用到组织中以适应组织的需要。

2. 知识是一种对象

如果将知识视为一种对象，或者将知识等同于信息访问，视为一种可存储和操作的东西，那么知识管理的重点应该是建立和管理知识储备。知识也可以被认为存在于个人或集体中，个人知识由个人创造并存在于个人中，社会知识由群体的集体行动创造并固有于群体的集体行动中。在解释这种分类时，一个潜在的问题是假定隐性知识比显性知识更有价值，这就相当于将无法清晰表达知识与其价值等同起来。除了博恩（Bohn，1997）[13]之外，很少有人冒险提出显性知识比隐性知识更有价值。此外，将知识作为一种商品或物质，而不是足球，因为它可以根据其供应和需求的特点进行交易（Abrahamson & Eisenman，2001）[14]。

3. 知识是一种过程

知识可以被视为一个同时了解和行动的过程（McQueen，1998）。如果知识是一个过程，那么隐含的知识管理焦点就是知识的流动和知识的创造、共享和分配过程。

4. 知识是一种获得信息的条件

组织知识必须被组织起来，以便于内容的访问和检索（Schubert，Lincke & Schmid，2016）。美国斯坦福大学的德雷茨克（Dretske，1981）[15]认为知识是一种由原材料 ± 信息制成的产品。布鲁门特里特和约翰斯顿（Blumentritt & Johnston，1999）[16]的知识信息模型很好地描述了这一观点，意味着可以在标准的信息技术上开发支持知识管理的工具。

5. 知识是一种能力

知识可以被视为一种可能影响未来行动的能力、一种增加实体有效行动能力的合理信念（Huber，1991）[17]。沃森（Watson，1999）[18]将知识的定义建立在能力观的基础上，认为知识与其说是一种特定行动的能力，不如说是一种使用信息的能力，学习和经验导致了一种解释信息的能力，并确定什么信息在决策中是必要的。知识作为一种能力的观点提出了一种以构建核心能力、理解专有技术的战略优势和创造知识资本为中心的知识管理观点。

从以上看待知识的不同视角可以归纳出三点结论。一是非常重视理解数据、信息和知识之间的差异，并从差异中得出含义。二是因为知识是个性化的，为了使一个人或一个群体的知识对他人有用，知识必须以一种能够被接受者解释的方式来表达。三是大量的信息没有什么价值，只有通过反思、启迪或学习的过程在个人头脑中积极处理的信息才是有用的。看待知识的不同视角和知识管理重点如表 1-1 所示。

表 1-1 看待知识的不同视角和知识管理重点

知识的视角	知识管理的重点和策略	代表
精神状态	使个人能够扩展他们的个人知识并将其应用到组织中以适应组织的需要	Schubert，Lincke 和 Schmid（2016）
对象	建立和管理知识储备；将知识作为一种商品或物质，而不是足球，因为它可以根据其供应和需求的特点进行交易	McQueen（1998）；Tsoukas（1996）；Abrahamson 和 Eisenman（2001）
过程	知识的流动和知识的创造、共享和分配过程	McQueen（1998）；Shin，Holden 和 Schmidt（2001）
获得信息的条件	组织知识必须被组织起来，以便于对内容的访问和检索	Schubert，Lincke 和 Schmid（2016）；Dretske（1981）；Blumentritt 和 Johnston（1999）
能力	构建核心能力、理解专有技术的战略优势和创造知识资本为中心	Carlsson 等（1996）；Huber（1991）；Watson（1999）

（四）知识的 DIKW“金字塔”层级结构

一些学者在知识管理流程文献中通过区分知识、信息和数据来解决定义知识的问题。这些学者假设如果知识与数据或信息没有什么不同，那么知识管理就没有什么新的或有趣的东西。由于混淆了数据、信息和知识是什么，它们之间有什么不同，以及它们的内涵是什么，在技术措施方面已导致了巨大的支出，但却很少提供企业所需的东西（Davenport & Laurence，2000）[19]。在这方面，存在着两种截然相反的观点。

传统观点认为，数据是原始的数字和事实，信息是处理过的数据，知识是经过验证的信息。然而，从数据到信息再到知识的这种结构层次假设在背景、有用性或可解释性等方面各不相同，很少能经得起严谨的评估。因此，有效区分信息和知识的关键不在于所假定的信息或知识的内容、结构、准确性或实用性。相反，知识是个人头脑中的信息：它是与事实、程序、概念、解释、想法、观察和判断相关的个性化信息，这些知识可能是新的、独特的、有用的甚至是不准确的。因此，要进一步了解知识的概念，就必须理解数据（Data）、信息（Information）、知识（Knowledge）与智慧（Wisdom）之间的关系，即所谓的数据－信息－知识－智慧之间的DIKW“金字塔”层级结构。如图1-5所示。

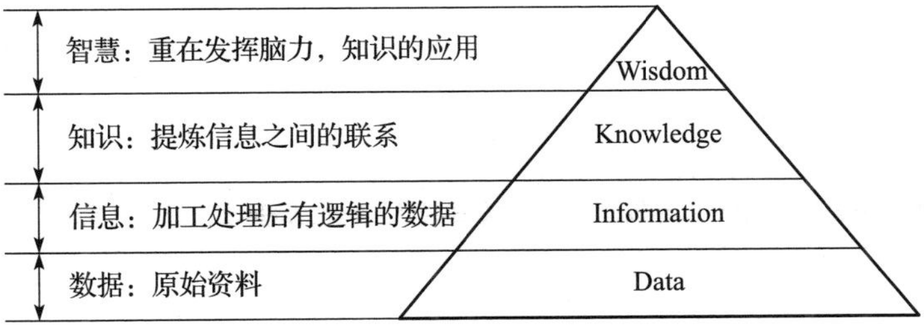

图1-5　DIKW“金字塔”层级结构

知识比数据或信息更复杂，因为它是主观的，往往基于经验，而且是高度临时的。美国东北大学的扎克（Zack，1999）[20]将新数据定义为观察或事实，将信息定义为有意义的有背景的数据，将知识定义为有意义的有组织的信息积累。得克萨斯A&M国际大学的科克和怀卡托大学的麦昆（Kock & McQueen，1998）[21]认为数据是信息和知识的载体，信息是与描述性和历史事实相关的，知识是新的或修正的洞察力或预测性的理解。埃森哲公司把数据作为信息的基础，是没有经过整理的资料；信息是根据数据所提供的资料进行加工来传达一定的资讯；知识是利用信息所提供的先机为企业创造价值的能力；智慧是综合以上三者的能力，对未来的一种预测[22]。

这些定义的共同因素是，“智慧”“知识”位于层次结构的顶部，这说明信息是知识的一种表示，但信息本身并不是知识。

托米（Tuomi，1999）[23]打破了传统观念的假设，认为从数据到知识的结构层次实际上是相反的：在信息能够被表述和数据能够被测量形成信息之前，知识必须存在。因此，“原始数据”并不存在——即使是最基本的“数据”也已经受到思想或知识过程的影响，这些思想或知识过程导致了对数据的识别和收集。托米认为，已存在的知识当被表达、口头化和结构化时就变成了信息，当被赋予固定的表示和标准的解释时就变成了数据。这一论点的关键在于，知识并不存在于主体知者之外：它不可避免地由一个人的需求和最初的知识储备所塑造。因此，知识是新刺激流入所触发的认知加工的结果。

与这一观点相一致的是，一旦信息在个体的头脑中被处理，它就转化为知识；一旦知识以文本、图形、文字或其他符号形式被表达和呈现，它就成为信息。这种知识观点的一个重要含义是，个人要对数据或信息达成相同的理解，必须共享一定的知识库。这个定义的另一个重要含义是，系统用来支持知识在组织中可能不会出现完全不同于其他形式的信息系统，但将面向用户分配意义信息和捕捉其一些知识信息和数据。

二、知识的本体分类思想

理解知识和知识分类的概念是重要的，因为知识管理领域的理论发展受到不同类型知识之间的区别的影响。知识分类可以通过引起对不同类型知识支持的需求以及这些不同类型之间的注意来指导知识管理系统的设计。知识管理可能为扩大以信息为基础的知识提供机会。

(一) OECD 的知识分类

联合国经济合作与发展组织（OECD）把知识分成两类四项：第一类是显性知识，包括事实知识和原理知识，即 Know-What 和 Know-Why，知道是什么和知道为什么。第二类是隐性知识，包括技能知识和人际知识，即 Know-How 和 Know-Who，知道如何解决问题和谁能解决问题。

(二) 中国国家标准的知识分类

中国的知识管理国家标准框架体系按照知识域不同，把知识分成两类。一类是来源于组织内部的内部知识，这类知识是企业正常运转所必需的，如内部控制的标准、产品技术、加工流程、销售网络、售后服务等。另一类是来源于组织外部的外部知识，如来自供应商、行业伙伴和政府等的知识。与此相关的知识资源晶体如图 1-6 所示。

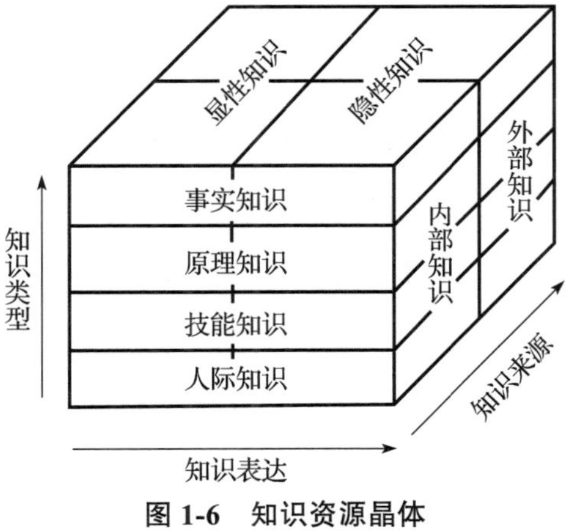

图 1-6 知识资源晶体

(三) 主要学者的分类

1. 波兰尼的“个人知识”分类

迈克尔·波兰尼被公认为是 20 世纪伟大的物理化学家和哲学家，最初从事医学研究，后来逐渐倾向于哲学，他的哲学思想在一定程度上受到康德思想的影响。1946 年波兰尼发表的第一本著作《科学、信仰与社会》奠定了他的哲学认识论基础，随后的《个人知识：迈向后批判哲学》涵盖了自然科学、社会科学和人文科学等多门学科的内容，一经发表即引起了西方学者的广泛关注，并再版至今。波兰尼所称的“个人知识”指知识的个人性和客观性的结合，与现在“个体层次”意义上的知识概念不同。他为了体现知识的动态性和逻辑性而杜撰出来一个词，具有动态性和逻辑性的知识（Knowledge）被波兰尼称为“识知”（Knowing），识知是对被认知事物的一种能动的理解。波兰尼重点论述了知识的客观性、个体性、盖然性、隐性性、整体性、工具性，并对科学知识的概念、本质、起源和形成过程进行了多方面阐述。关于知识理论，波兰尼的另外两本著作《识知与存在》和《科学思念与社会现实》同样影响巨大。

隐性－显性知识分类被广泛引用，尽管其他各种各样的知识分类都避开了隐性－显性维度的微妙之处。有些将知识称为陈述性的（已知或熟人所知的知识）、程序性的（专有知识）、因果性的（知道为什么）、条件性的（知道何时）和关系性的（知道）。对知识进行分类的实用方法只是试图识别对组织有用的知识类型。示例包括关于客户、产品、流程和竞争对手的知识，包括最佳实践、专有知识和启发式规则、模式、软件代码、业务流程和模型、架构、技术和业务框架、项目经验（建议书、工作计划、报告），以及用于实施流程的工具，如检查清单和调查等。借鉴波兰尼的显性知识（Explicit Knowledge）和隐性知识（Tacit Knowledge）的二分法，野中郁次郎和竹内弘高进行深入分析，认为显性知识是以文字形式或数字形式来显现的，是可存储的、可转移的；隐性知识是“只可意会、不可言传的”，它内化于个人头脑之中，很难转移和共享[24]。

2. 钱学森的“系统科学”分类

钱学森基于“系统科学”的概念，运用“解剖麻雀法”进行研究，认为对传统知识和现代知识应该应用不同的分类方法，并提出以研究对象来对传统知识进行分类，现代知识则采用发展的眼光从不同视角来进行分类。他先是把现代知识体系分成六大类，后来又扩充为九大类，包括：①自然科学、②社会科学、③数学科学、④系统科学、⑤思维科学、⑥人体科学、⑦文艺理论、⑧军事科学、⑨行为科学（王英，2000）[25]。在此基础上，提出了学科知识分类的“三个层次一个桥梁”结构模式，如图 1-7 所示。

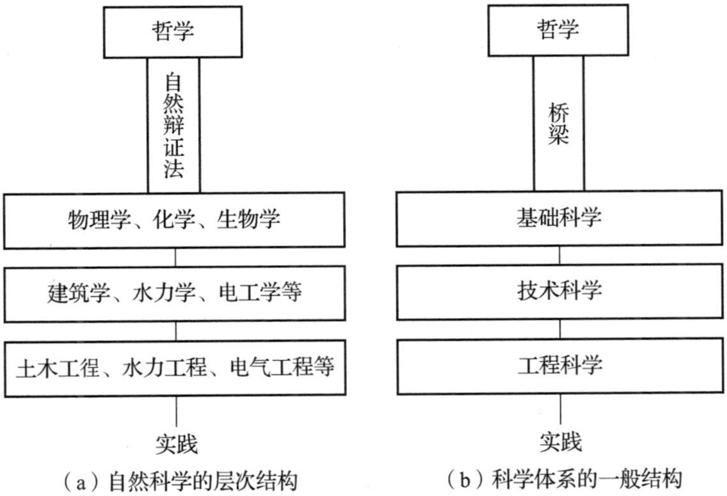

图 1-7 钱学森的现代知识体系分类

3. 洛林·安德森的分类

著名课程理论与教育研究专家洛林·安德森（Lorin Anderson，1805—1871）的分类体系有两大维度，一个是知识维度，另一个是认知过程维度。前者包括事实性知识、概念性知识、程序性知识、反省认知；后者包括记忆、理解、运用、分析、评价和创造[26]。

4. 让·皮亚杰的分类

瑞士认知心理学家让·皮亚杰（Jean Piaget，1896—1980）认为知识既不是来源于主体，也不是来源于客体，而是二者的综合作用。据此，他把知识划分为三类。一是关于社会约定俗成的知识——社会或习俗知识。

如一个杯子或一张桌子，最初没有人规定它必须称为杯子或桌子，只不过是约定俗成罢了。这类知识具有随意性，与特定的社会文化有关，如有些人庆祝中秋节而另有些人庆祝圣诞节，各国有各自的国庆日。这类知识依靠社会传递，不是由个人的探索而得。二是关于事物客观存在的知识——物理知识。这类知识不会因人而异，也不会因社会文化不同而不同。如一个苹果的颜色，亚洲人看是红色，美洲人、非洲人看也同样是红色，不具有随意性。这类知识是通过“简单抽象”的方式——由主体作用于客体而获得。比如对皮球，人们只需要摸一摸、看一看就可以了解。三是关于事物之间关系的知识——逻辑 - 数理知识。这类知识不是独立存在的，而是通过比较而抽象出来的——“反省抽象”。比如，如果没有参照物，就无所谓大小、多少、好坏、美丑等。这三类知识相互依存、彼此交织：社会知识是其他两类知识的再现，物理知识是其他两类知识的建构基础，而逻辑 - 数理知识最为重要，是智力发展的关键。皮亚杰是发生认识论的创立者，从认知心理学的视角来考察知识的来源，认为知识来源于个体与环境的交互作用[27]。对知识的不同分类如表 1-2 所示。

表 1-2 知识的分类

学者或机构	分类标准	类型
OECD	产生和作用机制	①显性知识（包括事实知识和原理知识） ②隐性知识（包括技能知识和人际知识）
中国国家标准	知识域、知识表达和知识来源	①来源于组织内部的内部知识 ②来源于组织外部的外部知识
波兰尼	知识的概念、本质、起源和形成过程	①显性知识 ②隐性知识
钱学森	以研究对象来对传统知识进行分类，现代知识则采用发展的眼光从不同视角来进行分类	现代知识体系九大类：①自然科学、②社会科学、③数学科学、④系统科学、⑤思维科学、⑥人体科学、⑦文艺理论、⑧军事科学、⑨行为科学

续表

学者或机构	分类标准	类型
洛林·安德森	知识的内容	①知识维度 ②认知过程维度
让·皮亚杰	认知心理学知识的来源视角	①关于社会约定俗成的知识——社会或习俗知识 ②关于事物客观存在的知识——物理知识 ③关于事物之间关系的知识——逻辑－数理知识

三、知识管理的本体分类思想

知识管理的定义大都强调组织导向和公司导向，也就是关于组织的或组织内的知识的管理，即如何捕获被组织中其他人所利用的存储在人们头脑中的、没有被显现出来的信息和知识。安达信公司（Arthur Andersen）把知识管理定义为：KM=（P + K）^{S}。这里的 P 指的是 Person，即员工；K 指的是 Knowledge，即组织知识；“+”指的是支持环境；S 指的是 Share，即分享。关于知识管理的学者定义有时相当令人困惑。如知识管理与系统和技术有关，知识管理是关于人和学习型组织的，知识管理是关于过程、方法和技术的，知识管理是关于管理知识资产的，知识管理是一项贯穿整个组织的全面行动，知识管理本身并不是一门学科，它应该是每个知识工作者日常职责的组成部分，等等。综合对知识管理概念的不同认识，可以归纳为基于信息、技术和文化等三种不同观点。

（一）基于信息的观点

基于信息的观点主要关注可执行信息、数据的分类整理、企业黄页、过滤的信息、自由文本和概念、人员信息档案、容易获得的信息等。这种观点把知识作为一种对象，认为“知识管理就是对信息的管理”。如拉里·普鲁萨克和托马斯·达文波特对知识的定义是：知识是“一种设定经验、价值、连贯信息和专家识见的流动混合体，它可以为估量和吸收新的经验与信息提供框架。它在知者的头脑中产生，并在其中得到运用。在组织内，知识不仅存在于文件或档案库里，还常常体现在日常管理、流程、行为和规范中”。这种观点也把知识管理作为对知识员工或知识资产的管理。如卡尔·斯威比认为，知识管理是利用组织的无形资产创造价值的艺术。彼得·德鲁克（Peter Drucker）认为，知识是知识经济社会的基础资源，知识管理是对知识工作者的管理。温迪·布克威茨和鲁思·威廉斯（Wendi Bukowitz & Ruth Williams）[28]认为，知识管理是组织运用其知识或智力资本产生财富的过程。昆塔斯等人（Quintas et al.，1997）[29]将知识管理视为一个过程，将知识管理与对资源和资产的关注区分开来，而资源和资产是许多对知识资本的解释的基础，因此，知识管理是对各种知识进行持续的管理，以满足现有和新出现的需求，识别和开发现有和已获得的知识资产，并开发新的机会的过程。

（二）基于技术的观点

基于技术的观点主要关注数据挖掘、数据仓储化、执行信息系统、专家系统、智能型代理、局域网、多媒体、搜索引擎、智能系统等。这种观点认为，知识管理呈现为提升企业竞争力的有效和策略。如美国生产力质量中心（APQC）把知识管理定义为一种能够使信息和知识获得增长、流动和增值的系统性的工作。这种体系涉及创造和管理某些程序来使恰当的人选在正确的时间获取恰当的知识，帮助人们共享信息并据此行动改善组织绩效[30]。

（三）基于文化的观点

基于文化的观点主要关注集体学习、后续学习、知识产权开发、学习型组织等。这种观点认识到“很多信息不是在计算机中而是在大脑中”这一事实。如彼得·圣吉认为：“大的趋势是，以前人们大都强调信息技术、数据库之类，那些都是信息，但信息不能称之为知识；以后则要注重在组织里创造一个良好的社会环境，让人们更愿意去帮助彼此、共同分享。事实上，我从来不用‘知识管理’这个表达方式。试问，你会愿意让知识被‘管理’起来吗？真的，想想看，知识，那些你头脑中所知道的东西。”[31]

总之，虽然知识管理的定义有很多，但最重要的是，一个组织对知识管理要有自己的定义，知识管理对你和你的组织有什么意义，还有就是你和你的同事对知识管理要有一个“共同的理解”。

知识管理的不同观点如表 1-3 所示。

表 1-3 知识管理的不同观点

基于信息的观点	关注问题	可执行信息、数据的分类整理、企业黄页、过滤的信息、自由文本和概念、人员信息档案、容易获得的信息
	管理职能	将大量的数据以一种可用的格式储存、避免用户负载大量不需要的数据、剔除错误数据和陈旧数据、确保顾客的信任感、保证信息能够流通
基于技术的观点	关注问题	数据挖掘、数据仓储化、执行信息系统、专家系统、智能型代理、局域网、多媒体、搜索引擎、智能系统
	管理职能	确定对基础设施的要求、保证技术的更新、互联网上数据的安全性
基于文化的观点	关注问题	集体学习、后续学习、知识产权开发、学习型组织
	管理职能	改变管理方式的深远意义、使个人自愿贡献自己的知识、使业务单元共享彼此的知识、证明商业价值、将不同部门的人员组织在一起、确定知识管理所应负的责任

第三节　知识管理思想的形成与发展

知识管理的历史是不断演变的。了解知识管理的发展历程，不仅有助于了解知识管理的历史，而且有助于了解什么是知识管理。

一、对知识进行管理的历程

基于知识管理演变视角的框架，把人类对知识的管理活动放在相应的经济发展阶段的背景下考察，可以把对知识的管理划分为四个典型的发展时期：①农业经济的图书管理时期；②工业经济的文献管理时期；③信息经济的信息资源管理时期；④知识经济的知识管理时期。

（一）农业经济的图书管理时期（1775 年以前）

农业经济时期，人类主要通过种植庄稼和驯养动物来创造食物供应，人的作用是为畜牧业、耕地、种植和收获提供体力劳动，知识本身可能没有得到普遍承认。成功和生存能力在很大程度上取决于农业技术。此时的焦点是农业，辅以手工业，劳动力和土地是主要的争夺对象。农业经济持续了几千年，其间的劳动生产率主要取决于劳动者的体力，因为从总体来看，人在智力方面的差别不太大。在低机械程度条件下，劳动者的体力支出和智力支出之比是 9∶1（李振文，2002）[32]，如图 1-8 所示。在农业经济时期，对知识的管理经历了从口头流传到图书馆收藏的转变。

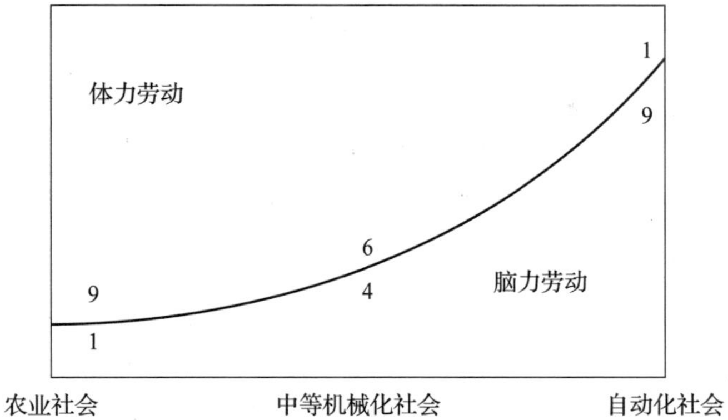

图 1-8 不同社会形态下的脑力劳动与体力劳动的比重

资料来源：李振文（2002）

1. 口头流传

口头流传是知识管理早期最典型的保存方式，口头流传的形式包括谚语、神话、传说、故事、歌谣、俗语、歇后语、说唱、戏曲等，如赫哲族的伊玛堪、凯尔特的吟游诗人等。

赫哲族伊玛堪大约起源于氏族社会末期，是中国东北部赫哲族人在神话、传说、故事、民间口头创作等基础上形成的徒口说唱艺术，没有乐器伴奏，以说为主，以唱为辅。赫哲族人以渔猎为生。赫哲族伊玛堪有家庭传承和社会传承两种传承方式，有萨满英雄故事、民间传奇故事和平凡的日常生活故事等三种内容形式。赫哲族没有书写系统，赫哲族伊玛堪以口头形式保存了古代赫哲族部落之间的联盟、部落战争、迁徙、英雄战胜恶魔和入侵者的故事，也保存了有关萨满仪式、捕鱼和狩猎的传统知识，具有“教科书”功能，在保护母语、赫哲族的传统习俗方面价值独特。赫哲族伊玛堪的代表有婚嫁时说唱助兴的《祝福歌》，歌颂萨满英雄故事的《满格木莫日根》《希特莫日根》，描写捕鱼的民歌《乌苏里船歌》等，现已被整理成文字出版：《伊玛堪》（1998）、《黑龙江伊玛堪》（2011）、《赫哲绝唱：中国伊玛堪》（2006）、《伊玛堪集成》（2014）等。赫哲族伊玛堪是世界民族民间文化遗产的重要组成部分，2011 年，被联合国教科文组织列入《急需保护的非物质文化遗产名录》。

凯尔特吟游诗人。古英语时期最早的诗歌是吟游诗人（Bard，Gleeman）以口头形式流传下来的。最早记载亚瑟王的《高多丁》即是由威尔士吟游诗人所作，还有英国的民族史诗《贝奥武夫》（Beowulf）等。吟游诗人的名称来自红头发的凯尔特人，凯尔特人长期迁徙，以部落形式横贯欧洲，与古罗马争战不休。公元前385年，凯尔特人洗劫了罗马城，罗马人引为奇耻大辱，直到300年后恺撒才打败高卢的凯尔特人。恺撒对凯尔特吟游诗人赞赏有加。

2. 结绳记事

语言产生以后、文字出现之前的远古时代的人们，记录本部落的风俗传统、传说和重大事件通常采用结绳记事的方式。因所记事不同，结有粗细大小、距离、颜色、材质、经纬主支的不同。

《周易·系辞下》记载："上古结绳而治，后世圣人易之以书契。"《春秋左传集解》记载："古者无文字，其有约誓之事，事大大其绳，事小小其绳，结之多少，随扬众寡，各执以相考，亦足以相治也。"东汉许慎在《说文解字·叙》中说："及神农氏，结绳为治而统其事。"

据说自称为"王中之王，诸国之王"的波斯王大流士给他的指挥官们一根打了60个结的绳子，并对他们说："爱奥尼亚的男子汉们，从你们看见我出征塞西亚人那天起，每天解开绳子上的一个结，到解完最后一个结那天，要是我不回来，就收拾你们的东西，自己开船回去。"

印第安人用一条包括各种颜色的贝珠穿成的绳带来记事，"这些贝珠条和贝珠带是易洛魁人唯一的文件；但是需要有经过训练的解释者，这些人能够从贝珠带上的珠串和图形中把记在带子上各种记录解释出来。"[33]

3. 泥板书

泥板书（Tablet Writing）是写在黏土板上的一种文字记录，两河流域苏美尔人最早使用，后扩展到伊朗高原以西广大区域，包括古代苏美尔、阿卡德、巴比伦、亚述、赫梯和波斯等地。书写方法是先将楔形文字刻在湿黏土板上，再晒干，呈坚硬之书版。所书内容广泛，包括法典条文、外交文书、经济文件、债务契约、历史记录、文学文献、天文资料及宗教典籍，还包括教学教育用的原始型字典及训练物品等。19世纪后，泥板书在巴比伦、拉格尔、乌尔、马里等古城废墟中被大量发现，是研究古代两河流域和西亚历史、文化的重要原始资料。其中，发现于尼普尔的《洪水篇》所记载的某些史实对圣经文学影响较大，为珍贵的宗教文学遗产。

4. 莎草纸

莎草纸是古埃及人广泛采用的书写载体，它用当时盛产于尼罗河三角洲的纸莎草的茎制成。埃及莎草纸在干燥的环境下可以千年不腐，大约在5000年前，古埃及人就开始使用莎草纸，并将这种特产出口到古希腊、古罗马等地。留存下来具有确切年代的莎草纸实物文件是一份1057年的教皇敕令和一卷书写于1087年的阿拉伯文献。拜占庭帝国直到12世纪依然在使用莎草纸，但是没能留下实物。

5. 印刷模式

纸最早用于包裹和衬垫器物，中国东汉初期开始用于书写（钱存训，1992；陈翔华，1993）[34][35]，纸比甲骨、简牍、金石和缣帛轻便、经济很多，但是抄写书籍还是非常费工的，远远不能满足需求。印刷术的发明使纸的使用和传播更广泛。最早的印刷是唐朝初期的雕版印刷，现存最早的雕版印刷实物是868年印刷的《金刚经》，现藏大英博物馆。宋仁宗庆历年间（1041—1049），毕昇发明了胶泥活字印刷术，这是有记载的世界最早的活字印刷术。

西方的印刷术起始于约翰·谷登堡（1397—1468），他出生于德国美因茨，小时原本家庭富裕，后因家族冲突，逃往斯特拉斯堡。早年迫于生计，谷登堡曾学过多种手艺，特别是曾做过金匠，为其以后研究活字印刷奠定了基础。1436 年谷登堡开始研究活字印刷，为此耗尽家财、负债累累，甚至因无法还债、诉讼败北而把所有的印刷机械、工具抵押给债主约翰·福斯特，最终由福斯特和其女婿完成了《圣经》的印刷。谷登堡的铅活字由铅、锑、锡三种金属按科学、合理比例熔合铸成，非常灵活好用。

6. 图书馆收藏

公元前 400 年苏格拉底时期已盛行通过书本传递知识，柏拉图学园和亚里士多德创办的吕克昂学校都建有私人图书馆。公元前 323 年，托勒密一世建成了古希腊亚历山大市最大的图书馆，收藏学者的 60 多万卷著作，其竞争者柏加图书馆收藏有 20 万卷著作。公元前 39 年，盖乌斯·阿西纽斯·波利奥（Gaius Asinius Pollio）建成古罗马第一家公共图书馆（Lerner，2002）[36]。基督教通过图书馆收集和存储知识，极大地影响了知识的本质，宗教信仰凌驾于其他知识之上，图书馆更多地与教堂和修道院联系在一起。

1545 年，瑞士博物学家、目录学家康拉德·格斯纳（Conrad Gesner）出版了他的《世界书目》，这是同类书目中的第一本，按字母顺序列出了大约 1800 位作者的作品名称、注释、评价。格斯纳试图在 21 个标题下调查记录世界知识，第 20 个是关于医学的，一直没有完成。

中国的图书档案文献馆，至少在夏代就已经出现了。《吕氏春秋·先识》记有："夏太史终古见桀迷惑，载其图法奔商；商内史向挚见纣迷惑，载其图法奔周；晋太史屠黍见晋公骄无德义，以其图法归周。"这表明我国在夏代已有图书典籍，商代当然也有典籍图书，而且这些图书最终又都被收录到周王室图书档案馆里（王振今，1997）[37]。《道德经》的作者老子就曾做过周代官方文献管理员的工作。

（二）工业经济的文献管理时期（1776—1944）

工业经济时期的到来以 1776 年詹姆斯·瓦特（James Watt）发明蒸汽机为标志，这个时期以经济增长为轴心，机器是资源，企业主是社会的统治人物。自然资源的转换和产品的制造越来越有组织性并通过机械化提高过程效率。企业和国家的市场优势在于能够利用人员和技术以可接受的质量和可负担的或最低的价格提供商品和服务。在操作上通常意味着工人使用高度标准化的程序生产尽可能多的产品。知识被认可，但仅限于行会和其他专家。此时关注的重点是通过效率实现卓越运营。

20 世纪上半叶，一个新的维度被加入观注焦点。制造商提供了更大的产品可变性，以尽可能低的成本生产，更多的重点开始放在产品的复杂性上。“改进产品”这一概念越来越被接受，市场优势基于产品在功能和经济上都适合特定的市场。专业人士和手艺人的角色正在发生变化，专业知识，特别是以技能的形式表现出来的专业知识变得越来越重要。但对广泛的个人知识价值的认识并没有改变，也仍然不明确。此时的新重点是通过多样性和复杂性实现产品领先。

这一时期着眼于文献的收藏管理，以记录型和印刷型文献管理为主要对象，其主要目的是管理一定范围内的文献，并不注重文献检索与利用，因此称为文献管理时期。

（三）信息经济的信息管理时期（1945—1986）

第二次世界大战后开始的新科技革命，以原子能技术、空间技术、电子计算机技术和生物技术的应用为代表，是继蒸汽技术革命和电力技术革命之后，人类文明史上的第三次技术革命，标志着信息经济的来临。

在这一阶段，卓越的运营和领先的产品继续成为焦点，市场优势仍然建立在以最佳价格提供最适用的产品和服务的能力上。信息技术（IT）

变得可用，并导致对制造、物流和营销的紧密控制。这些发展推动了企业、供应商和客户之间广泛的信息收集和交流，使许多重要的实践成为可能，如全面质量管理（TQM)、准时制（JIT）交付、销售点（POS）分析和自动过程控制。IT也使从金融服务（例如信用卡业务）到电信服务等以前不可能的新服务成为可能。人的角色逐渐从生产制造业的体力劳动转变为服务的“办公桌工作”。在这种新的环境中进行的脑力劳动的真正性质仍然没有得到很好理解。此时持续关注的是卓越运营和产品领先。

1986年，卡尔·维格（Karl Wiig）在由联合国国际劳工组织主办的欧洲管理会议上的主题演讲中首次提出“知识管理：新机遇的视角”的概念。这预示着人类对知识的管理进入一个新阶段。

（四）知识经济的知识管理时期（1987—今）

1987年1月，有着“知识管理之父”之称的瑞典学者卡尔·斯威比在欧洲出版了第一本与知识管理有关的书——《管理诀窍：通过重视创造力来增加价值》①（与劳埃德合著），标志着知识管理时期正式到来。然而，由知识管理直接或间接催生的知识经济姗姗来迟。1996年，联合国经济合作与发展组织（OECD）在其《以知识为基础的报告》中提出：以知识为基础的经济是建立在知识和信息的生产、分配和使用之上的经济。OECD强调了以知识为基础的经济的重要性以及知识在第三个千禧年对经济发展的作用[38]。1997年2月这一观点被克林顿修改为“知识经济”。这一概念指通过应用直接或嵌入的人类专业知识为产品和服务增加竞争性价值，这与以往依靠自然资源或操作效率提供价值相比，发生了相当大的变化。与此同时，联网计算机的兴起使编码、存储和分享某些

① 该书原文为德文版。

种类的知识比以往任何时候都更容易、更便宜成为可能（Hansen，Nohria & Tierney，1999）[39]。人们普遍认为，知识已成为可持续社会经济发展的一个关键组成部分。1998 年，世界银行发布的《世界发展报告》强调："对于世界经济的先锋国家，知识和资源之间的平衡转移到目前为止可能超前，知识已经成为继土地、工具、劳动之后决定生活标准的最重要因素。"[40]知识经济强调的是经济、工业和文化发展的自然结果（Wiig，1997）[41]。

此时，有影响力的商业专家观察到，竞争的真正基础已经开始转变。特别是，竞争已经转向如何充分利用知识和其他知识资产使企业的客户成功。这种认识促使许多组织采取策略，积极而明确地管理知识。他们需要确定，在工作的各个领域获得更新和使用尽可能好的知识。他们还必须继续将其嵌入产品、服务和内部运营中。除了控制成本和创造创新的产品和服务，现在的市场优势是基于如何最好地服务个人客户，以帮助其成功。这种变化使得组织必须与客户密切合作，以了解业务和环境。人的角色也发生了变化。领导型组织认为，其员工不是可替代的商品，而是整个存在和成功背后的基本能力——盈利的来源和持续生存的动力。知识渊博的人的多才多艺和聪明的行为成为组织的驱动力，可满足广泛的个人客户要求和成熟、现代的市场需求。此时的新焦点是客户亲密度。在企业内部集中管理知识的需要，是由客户需求和国际竞争所产生的经济和市场驱动的要求的结果。

人类对知识的管理活动发展的各个阶段及特征如表 1-4 所示。

表 1-4　人类对知识的管理活动发展的各个阶段及特征

时期	背景	对象	措施	象征	学科
图书管理（1775 年以前）	农业经济	口头流传、结绳记事、泥板书、莎草纸	人类记忆、抄写、印刷模式	图书馆	神学、目录学

续表

时期	背景	对象	措施	象征	学科
文献管理（1776—1944）	工业经济	以纸为载体的文献	手工方式、印刷模式	图书馆、档案馆	目录学、文献学、图书馆学、档案学
信息管理（1945—1986）	信息经济	数据、信息资源	单纯依靠计算机，技术、经济和人文三位一体	管理信息系统（MIS）和办公自动化系统（OA）、信息总监（CIO）	情报学、信息管理学
知识管理（1987—今）	知识经济	知识资源	人文、组织、技术三位一体	知识总监（CKO）	知识管理科学

资料来源：部分参考廖开际（2010）

二、知识管理的发展历程

知识管理古已有之，现代意义上的知识管理经历了萌芽期、成长期、复兴期和创新期等四个阶段。

（一）萌芽期（1911—1986）

1. 关键的共性

长期以来，以知识管理知识一直是管理理论和管理实践的中心。20世纪初，弗雷德里克·泰勒（Frederick Taylor）的“科学管理”关注的是如何将管理者的组织和决策知识应用到工人的生产操作知识中，以提高工人的生产率（Taylor，1911）[42]。在20世纪的最后十年，不同的管理领域认识到一个关键的共性：所有这些领域都从事组织内部的知识管理，由此出现了一个显然是新的管理领域——知识管理。它包括公司其他职能领域的许多活动：信息系统的设计、最佳实践、人工智能、管理发展和知识产权发展的管理。知识虽然多样，但管理它们的活动具有一些共同特征，所有这些组织活动都涉及知识识别、知识定位、知识吸收、知识创造、知识评估和知识共享等共同任务。

第二次世界大战之后，社会经济和商业环境导致了对知识型产品和服务需求的变化。20 世纪 50 年代末，信息技术（IT）的出现使人工智能（AI）实现智能行为自动化的第一步——既是研究，也是为了经济收益。20 世纪 60 年代，以运筹学（OR）和管理科学、战略规划、应用控制论和“系统思维”的形式更好地建立了对商业运营的理解。这使我们能够以以前没有的方式来考虑“业务流程”及其交互、内部操作和动态特征。我们对人们如何思考和推理的理解也在多年来逐渐改善，但这是在 20 世纪 70 年代和随后几年的认知科学工作中提出的。

20 世纪 70—80 年代，开始出现一些超文本 / 群件应用系统，依赖人工智能和专家系统的知识管理系统（KMS），以及诸如“知识获取”“知识工程”“以知识为基础的系统”和“基于计算机的存在论”等观点。20 世纪 80 年代，对个人和群体决策等知识型组织行为的理解被称为知识管理的衣橱，让我们考虑如何有效管理知识和系统支持企业目标。20 世纪 80 年代中期，尽管古典经济学理论忽视知识作为资产的价值，而且多数组织缺乏管理知识的战略和方法，但知识以及它以专业能力形式的表述作为竞争性资产的重要性已经明确化。1986 年，在一个由联合国国际劳工组织主办的欧洲管理会议上，卡尔·维格的主题演讲中首次提出“知识管理：新机遇的视角”的概念。这个主题演讲意义重大，标志着“知识管理”的基础已经建立，它自然而然地成为许多组织和不同形式的概念出现的基础。在此阶段发生了许多与知识管理有关的重要事件，通过这些重要事件，知识管理显然已获得相当大的发展势头。

2. 术语起源贡献

虽然有人认为知识管理可能发轫于更传统的学科，如战略管理、组织学习等，但更多的学者倾向于知识管理起源于管理咨询业（Wilson，2002）[43]，包括著名咨询公司麦肯锡公司、普华永道公司、安永公司、波士顿咨询公司、安达信（埃森哲）公司等。

第一个使用知识管理术语的是管理咨询业的领导者之一麦肯锡公司（McKinsey & Company）。麦肯锡公司由芝加哥大学的詹姆斯·麦肯锡（James McKinsey，1889—1937）创立于1926年，并逐渐被打造成一个为企业解决重大管理问题的精英荟萃的“企业医生”，为客户提供一流的服务，到20世纪60年代已成为国际上享有盛誉的管理咨询公司。然而，20世纪70年代石油危机导致欧洲和北美各国经济衰退，特别是与波士顿咨询公司的竞争失利，导致麦肯锡逐渐意识到原有的经营模式已不适应管理咨询行业的需要，在成功抵制与说服公司内部合伙人和咨询专家之后，把知识的积累和提高确定为公司的核心任务，并把知识贡献率作为部门和员工的评价标准。

对咨询公司而言，知识本身是最重要的企业资质。因此，对咨询公司内部知识的管理是每一个咨询公司需要考虑的核心议题。在很大程度上，埃森哲公司（Accenture）的成功亦得益于其强大的知识管理系统。埃森哲公司起初是安达信①（Arthur Andersen）会计师事务所的管理咨询部门，1953年给通用电气公司（GE）安装了美国第一台商用电脑以提高薪资处理效率，从此开启了数据处理时代，当时的项目领导人是乔·格里克夫（Joe Glickauf）。这个项目为管理咨询开创了使用电脑和高科技解决问题的先河，标志着安达信咨询业务的开始，随着咨询业务的利润最终超过了审计部分，膨胀的咨询部门已经不甘寄人篱下，1989年成立安盛咨询公司（Andersen Consulting），2001年公司更名为埃森哲。埃森哲建立了自己的知识管理系统——全球知识共享网络（Knowledge Xchange），能够

① 原国际五大会计师事务所之一，2002年因安然事件倒闭。安达信倒闭后五大变为四大，分别是普华永道、毕马威、安永、德勤。

提供业务文档、业务管理、专业研究、培训学习、沟通交流，以及获取外部资源等功能。埃森哲的业务主要集中在技术信息咨询领域，与 IBM 业务有些类似，它们也是直接的竞争对手。

1992 年，安永公司（Ernst & Young）在美国波士顿组织了知识管理的第一次会议（Prusak，1999）[44]。2003 年 1 月，美国商务界在上海举办知识管理论坛，安永的商务知识中心董事杰夫·特罗特（Geoff Trotter）说，安永的知识管理就是把恰当的信息在恰当的时候传递给恰当的人。普华永道咨询公司（Pricewaterhouse Coopers Consulting）智力资产管理小组的成员温迪·布克威茨和鲁思·威廉斯根据工作经验所著的《知识管理实务工作手册》广为业界称道（Bukowitz & Williams，1999）[45]。

（二）成长期（1987—2001）

1. 咨询行业

在咨询和专业服务行业，知识管理的先驱包括安永、安达信、普华永道等，知识管理对它们不仅是战略性的知识管理，也是一项核心且蓬勃发展的业务。1990 年，麦肯锡公司成立了麦肯锡全球研究院（McKinsey Global Institute，MGI），着手研究世界各地企业和政府面临的关键经济问题。普华永道国际会计公司（Coopers & Lybrand）的福伊（Foy，1999）[46] 强调了一些咨询和专业服务公司的成功故事。这些成功故事包括通过数据库和虚拟图书馆分享最佳实践的成功，以及鼓励员工分享理想和经验的创新实践。研发和技术密集型企业，如 3M、微软、惠普和施乐也是实施知识管理的先驱，主要是为了交流经验和转移知识，并促进创造性和创新的工作环境。此外，它们一直在提供知识管理解决方案。福伊指出，罗氏生物制药公司（Hoffmann-LaRoche）、强生（Johnson & Johnson）和默克（Merck）等研发公司通过“更好的文件”和“知识共享系统”，加快了药品审批流程，从而从其知识管理项目中获益。

2. 思考人力资本和文化维度

当简单地应用新技术不足以充分有效地使信息和知识共享时，知识管理开始思考人力资本和文化维度。很明显，知识管理的实现需要企业文化的变化，在许多情况下需要显著变化。正如医药销售代表的收入主要是根据销售业绩提取的奖金而不是工资，销售代表在分享其新发现后最可能的结果是明年他的奖金会大大减少。如果人的因素没有被充分考虑进去，知识管理可能面临一些非常尴尬的境地。知识管理远远不是结构化一些信息和知识并使之更容易获取那样简单，它还需要企业文化的改变以促进和鼓励信息和知识的共享。随着这种认识的深入，出现了知识管理的两大主题内容：美国学者彼得·圣吉的学习型组织工作和日本学者野中郁次郎的"隐性"工作知识。这两位学者不仅把人力因素引入知识管理，还探讨了知识创造、知识共享和交流。1998 年的知识管理委员会会议上第一次出现了人力资源部门的参加者。

3. 出现内容管理和分类法

2000 年内容管理首次在知识管理世界大会上出现，2001 年内容管理已经在知识管理世界大会上占据主导地位。内容管理的兴起来自对内容重要性的认识，特别是内容可回收性的重要性以及由此产生的内容安排、描述和结构的重要性。2001 年 10 月，首席知识官峰会第一次报道了英国 TFPL 公司的报告《TFPL 2001——企业战略与知识战略》，由此，分类成为这个会议的一个主题，分类法兴起。2001 年 7 月，埃森哲启用一个公司内部网门户——全球知识共享网络（Knowledge Xchange），作为员工访问公司内部知识资源的通路。

4. 维基站点的创建

1995 年，美国人沃德·坎宁安（Ward Cunningham）在波特兰模式存储库（Portland Pattern Repository）创建了第一个维基站点（Wiki），致力于"人、项目和模式"。Wiki 是一种在网络上开放且可供多人协同创作的超文本系统。沃德·坎宁安将 Wiki 定义为"一种允许一群用户用简单的描述来创建和连接一组网页的社会计算系统"，它是 Web2.0 的一种典型应用，是知识社会条件下创新 2.0 的一种典型形式。

（三）复兴期（2002—2006）

1. 黑暗时期

知识管理经历过一个黑暗时期，来自信息科学领域的批评者开始对其进行攻击（Ponzi & Koenig，2002）[47]。当时，最大的攻击来自信息科学领域，其最大的担心可能来自知识管理的发展会使该学科边缘化。主要的反对意见有以下三点。

（1）认为知识管理只是一种管理时尚

第一种反对的声音认为知识管理只是流行时尚或流行趋势，就像全面质量管理、流程再造等许多管理理论一样，只是保留一段时间的兴趣，然后就销声匿迹了。这当然与事实相违，此后不但知识管理的文献呈几何级数增长，全面质量管理、流程再造等管理理论也没有消亡。批评者指出，知识管理这个概念看起来如此吸引人，以致许多组织在赶时髦。对于许多组织来说，知识管理对组织形象有着积极的影响，特别是对于许多 IT 供应商和管理顾问来说，知识管理是一种商业机会。对于许多文档管理供应商来说，向知识管理的转变是很自然的，因为文档管理是管理显式或文档化知识的基本组件。但是对于许多赶时髦的供应商来说，知识管理只不过是用"知识"这个词来代替"文档"。许多供应商和管理顾问甚至在不了解知识管理是什么的情况下就举起了知识管理的旗帜，这不免引起人们的怀疑，并导致许多人相信知识管理只不过是一种管理时尚。

（2）认为知识管理经不起科学分析

第二种反对的声音认为知识管理经不起科学分析，特别是它来源于咨询业。事实上，知识管理理论的来源非常广泛，如西方哲学的认识论和本体论，管理学中的组织学习、学习型组织，经济学中的人力资本、增长理论，以及社会学中的社会资本和社会网络等。哈兹莱特等人（Hazlett et al.，2005）[48]认为，知识管理陷入了一种“预见性”的状态，因为知识管理的基本问题存在分歧，阻碍了该领域的进展。

（3）认为出现“不良”行为

第三种反对的声音认为知识管理只是某些企业营销的结果，只是为了抢占更多的市场。特别是在知识管理理论与实践高度发展并逐渐趋于成熟之际，出现了“不良”行为，一些公司把自己的软件贴上“知识”“知识管理”的标签而“挂羊头卖狗肉”。有些人把知识管理作为主流的技术，当作“包治百病”的灵丹妙药大肆炒作，如 Lotus Notes 软件被贴上“智能软件”的标签而不是“群件”，遭到一些知识资本怀疑论者的挑战和攻击。一些较有影响的期刊，以及新闻部门纷纷发表评论，声称知识管理是一个不合时宜的概念术语，是“新瓶装旧酒”，就像爱丽丝仙境一样。当然，确实存在这样的事实，但这不是知识管理自身的问题，而是利用知识管理的“人”的问题。

2. 复兴运动

知识管理的复兴运动与黑暗期同时存在。尽管关于知识管理是否会继续存在的争论仍在继续，大多数对知识管理感兴趣的人更关心他们的组织面临的实际问题，并准备为知识管理解决方案付费。而且，作为一种前沿的管理思想，知识管理有其顽强的生命力，一些知识管理理论学者和有识之士从正面进行了引导。2004 年，世界顶级期刊《哈佛商业评论》（中文版）[49]发表了以德鲁克为主的一些学者的文章，那些消极声音并没有持续多久就逐渐被知识管理的滚滚洪流淹没。2004 年，管理学界影响较大的、全球公认的加拿大麦克马斯特（McMaster）国际会议在其第25届年度会议上将会议主题确定为知识资本与创新管理，引发了对知识资本的热烈讨论。知识管理被学术界和实务界重新认识并接受，出现了研究知识资本理论与实践应用的热潮，许多学者运用相关数据对知识资本理论进行检验。世界500强中的多数企业开始设立首席知识官、首席信息官对企业的知识资本进行管理。

麦肯锡特别把隐性知识的发掘、利用和传播作为工作的重点，其咨询专家把一些有创造性的思想和见解发表在《哈佛商业评论》等期刊、报纸上，同时也出现了一些畅销著作，如汤姆·彼得斯和罗伯特·沃特曼的《追求卓越》[50][51]等，受到了学术界和企业界的欢迎，但相对于储藏在咨询专家头脑当中的隐性知识，这些只是冰山一角。

3. 知识管理活动

知识管理活动即使在知识管理的黑暗时期也没有停止。2003年欧洲标准化委员会出版《欧洲知识管理良好实践指南》。2006年，知识管理世界大会添加了一个为期两天的分类训练营研讨会。知识分类法有两种：一种是专家分类法（Taxonomy），即由专家对所知的世间万物进行分类；二是大众分类法或分众分类法（Folksonomy），Folksonomy由Folks+Taxonomy组成，即大众群体行为的分类法。

（四）创新期（2007—今）

1. 2007年全球语义网大会

以大数据、人工智能等技术为基础的KM 3.0时代开始到来。KM3.0的概念来源于Web的发展，特别是Web3.0的语义网概念。语义网是由万维网的发明者、麻省理工学院教授蒂姆·伯纳·李（Tim Berners-Lee）在他的里程碑式的文章《语义网》中构想出来的。2007年全球语义网大会上提出，通过“增长的社会关联度”和“增长的知识关联度和推理”两个维度，可以把 Web 发展分为四个象限，分别为 Web1.0、Web2.0、Web3.0 以及 Web4.0（Davis，2008）[52]。如图 1-9 所示。

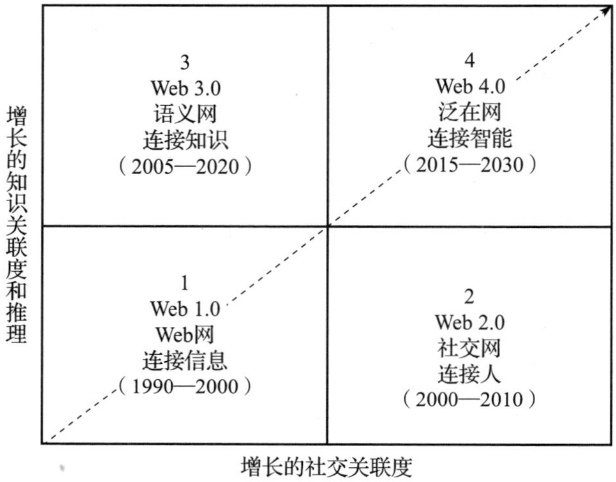

图 1-9 Web 发展的四个象限

资料来源：Davis（2008）

2. 知识资本成为热点

一些学者和企业更将知识资本从企业层面扩大到城市、国家层面。2016 年 9 月，普华永道公司的《机遇之都 7》调研报告将知识资本作为城市发展的十大维度之一，对世界城市综合实力进行了排名，伦敦以其均衡优势蝉联第一，中国的香港、北京和上海也入围其中。

三、中国知识管理的发展历程

由于知识管理出现的时间并不是很长，借助于互联网和信息技术的发展，以及中国改革开放进程的加快，特别是知识管理学者和实践者的大力推动，中国知识管理的发展历程基本与国外同步，如国外的知识管理和著作很快得到译介。中国的知识管理历程本身也具有自身的特点，经历了孕育期、启动期、规范期和创新期。

（一）孕育期（1984—1997）

1. 标志性事件

1984 年被认为是中国知识管理孕育期的开端。在这一年里，王石创办万科；张瑞敏任青岛日用电器厂（后改名海尔）厂长；柳传志在中关村的一间传达室内创立了联想公司。

中国知网最初两篇以知识管理为主题的文献是对个人的知识进行管理的探讨（德康，1985；文建新，1986）[53][54]。1987 年的《从数据管理到知识管理》(Kellogg 和李北星，1987)[55]已经具有了现代意义知识管理研究的雏形。

2. 主要特点

这一阶段的管理实践更多地表现为国外公司在中国的知识管理活动对中国企业的影响，以及中国本土企业无意识状态下或者原始朦胧下的知识管理。

3. 理论研究

1997 年 5 月，联合国经济合作与发展组织（OECD）1996 年的年度报告《以知识为基础的经济》在国内翻译出版[56]。1997 年，中国科学院《迎接知识经济，建设国家创新系统》报告发表。

4. 管理实践

20 世纪 80 年代，一些本土高科技公司开始出现。一些具有前瞻性的领导者敏感地捕捉到未来社会即将发生的变化，纷纷创立公司迎接这样的机会，这些高科技公司为知识管理在中国的发展奠定了物质基础，如表 1-5 所示。

表 1-5 孕育期本土高科技公司的创立（1980—1997）

时间	公司名称	创始人	业务范围
1984	北京计算机新技术发展公司（联想前身）	柳传志	把科研成果转化为产品推向市场
	现代科教仪器展销中心（1988 年改为万科）	王石	经营从日本进口的电器、仪器产品，同时经营服装厂、手表厂、饮料厂、印刷厂等
	四通新兴产业开发公司	万润南	电子元器件、电脑技术
1987	华为公司	任正非	生产销售通信设备
1991	东软公司	刘积仁	软件
1993	长城企业战略研究所	王德禄	战略咨询服务
1997	清华同方	陆致成	应用信息系统、计算机系统和数字电视系统

（二）启动期（1998—2008）

1. 标志性事件

1998 年被称为“知识经济年”。1998 年 5 月 9 日，中国国家主席江泽民在庆祝北京大学建校 100 周年大会上的讲话中指出，“当今世界，科学技术突飞猛进，知识经济已见端倪，国力竞争日趋激烈。”知识经济在中国开始发展，中国知识管理进入启动期。1998 年 6 月 9 日，朱镕基总理担任组长的国家科技教育领导小组首次会议指出，国家教育领导小组要面向 21 世纪发展知识经济的机遇和挑战，促进国家经济和社会发展。

2. 主要特点

第一，出现大量国外知识管理经典文献的译介著作。此阶段的最大特点是大量引入、翻译、借鉴、模仿西方知识管理的概念和理论，为中国理论与实践服务。特别是野中郁次郎、斯图尔特、斯威比的著作。如表 1-6 所示。

表 1-6 启动期国外知识管理经典文献的译介著作

时间	原著者	译者	著作名称	出版社
1998	德鲁克	张星岩	《后资本主义社会》	上海译文出版社
1999	达文波特，普鲁萨克	王者	《营运知识：工商企业的知识管理》	江西教育出版社
2000	阿普尔汉斯，格洛博，劳杰罗	冯国扶	《知识管理：网络应用实作指南》	清华大学出版社
2000	弗朗西斯·赫瑞比	郑晓明，等	《管理知识员工》	机械工业出版社
2001	弗鲁因	余昌楷	《知识工厂：东芝公司智力资本管理》	华夏出版社
2002	科洛波洛斯	陈岳，管新潮	《知识管理》	上海远东出版社
2002	斯威比	梁立新	《知识型企业的管理：通过鼓励创造性来增加价值》	海洋出版社
2003	埃蒂纳·温格，等	边婧	《实践社团：学习型组织知识管理指南》	机械工业出版社
2003	斯图尔特	邵剑兵	《“软”资产：从知识到智力资本》	辽宁教育出版社
2003	科里逊	李准	《英国石油公司组织学习最佳实践》	机械工业出版社
2004	蒂瓦纳	董小英，等	《知识管理十步走：整合信息技术、策略与知识平台》	电子工业出版社
2004	德鲁克，等	杨开峰，等	《〈哈佛商业评论〉精粹译丛：知识管理》	中国人民大学出版社
2004	弗莱保罗	徐国强	《知识管理》	华夏出版社
2004	巴恩斯	阎达五	《知识管理系统：理论与实务》	机械工业出版社
2004	德普雷，肖维尔	刘庆林	《知识管理的现在与未来》	人民邮电出版社
2004	马丁，海森格，沃贝克	赵海涛，彭瑞梅	《知识管理——原理及最佳实践》	清华大学出版社
2005	博伊索特	张群群，陈北	《知识资产：在信息经济中赢得竞争优势》	上海人民出版社

续表

时间	原著者	译者	著作名称	出版社
2005	布克威茨，威廉斯	杨南该	《知识管理》	中国人民大学出版社
	奈特，豪斯	蔺雷，李素真	《知识管理——有效实施的蓝图》	清华大学出版社
2006	沙利文	陈劲，等	《智力资本管理：企业价值萃取的核心能力》	知识产权出版社
	野中郁次郎，竹内弘高	李萌，高飞	《创造知识的企业：日美企业持续创新的动力》	知识产权出版社
	野中郁次郎，竹内弘高	李萌	《知识创造的螺旋：知识管理理论与案例研究》	知识产权出版社
	野中郁次郎，胜见明	林忠鹏，谢群	《创新的本质：日本名企最新知识管理案例》	知识产权出版社
	约翰·贝利	陈江华	《无形资产的有形战略》	知识产权出版社
	麦丽塞·克莱蒙，斯·卢米赞	迟文成	《知识管理：完全傻瓜指导系列》	辽宁教育出版社
	史密斯	黄建江，吴春晖	《管理知识员工并不难》	中国水利水电出版社
2007	斯威比	王鄂生	《知识探戈：管理与测量知识资本的艺术》	海洋出版社

第二，出现一些知识网络平台。社交平台如QQ（1999）、人人网（2005）、集思网（2005）、开心网（2008），以及稍晚一些的新浪微博（2009）、微信（2011）。学习平台如中国学习型组织网（1998）致力于推动学习型组织在中国的研究与实践；清华大学历时8年建成“中国知识资源总库”网络资源共享平台（CNKI平台）。还有一些提供知识管理服务的公司也开始出现，如上海AMT咨询（1998）、深圳蓝凌（2001）、北京深蓝海域（2005）、浙江金华孙行者网（2008）等。

第三，企业知识管理以建设知识库、IT系统为主。以文档管理、知识分类、权限设置、知识搜索、知识门户等为突破点，较多使用知识管理工具，如知识库、知识地图等，基本上是一种静态的方式。

第四，掀起知识资本的讨论热潮。2008 年 12 月，第四届中国 – 东盟企业家交流研讨会在北京召开，会议主题为“携手推动知识资本管理”，集中讨论了如何利用知识资本应对金融危机的问题。我国学者成思危在会上发表了题为“金融资本和智力资本之间的关系”的讲话，将知识资本与信用资本、社会资本并称为虚拟资本的三种形式。

3. 理论研究

重点关注知识发现、知识链、知识挖掘、学习型组织、智力资本的研究。一些高校学者开始发表与知识管理相关的学术论文与著作，在图书情报领域有北京大学的董小英，信息技术领域有中国人民大学的左美云、张斌，计算机软件及计算机应用领域有浙江大学的顾新建，自动化技术领域有大连理工大学的王众托等。2000 年国家自然科学基金科学部开始鼓励和支持企业进行知识管理问题的研究。

出现了一些研究知识管理的本土著作，这些著作多以介绍为主，多多少少都有西方理论的影子。申明所著《知识资本运营论：第三个千年的企业管理核心》（1998）是从知识资本视角阐述知识管理思想的最早一本著作。其他著作还有长城企业战略研究所所长王德禄的《知识管理：竞争力之源》（1999），《知识管理的 IT 实现：朴素的知识管理》（2003），侯贵松的《知识管理与创新》（2002），夏敬华、金昕的《知识管理》（2003）等。

4. 管理实践

在企业内部管理方面多强调规范化管理、标准化管理、一体化管理。不同组织结合自己的业务特点，都在探索如何把知识管理更好地进行落地实施，一时间呈现百花齐放、百家争鸣的局面。蓝凌、中国知识管理中心、CKO 网站等开始在国内提供与知识管理相关的教育培训、咨询辅导、软件实施等服务。同时，中国知识管理理论与实践专家研讨会于 2003 年在北京举办，人们对于如何把知识管理理论导入管理实践的话题非常感兴趣。

在知识管理实践上，一些领头羊企业开始以系统和以技术的模式导入知识管理。2001 年神州数码已经实施知识管理；2003 年联想成立知识管理部；首都机场公司、新华信等企业也开始探索知识管理。

一些国际知名的 IT 厂商（如 IBM、微软等）和管理咨询公司（如麦肯锡、贝恩、埃森哲等）进军中国市场并大力倡导知识管理。惠普在中国设立了“首席知识官”（Chief Knowledge Officer，CKO)，高建华成为首任 CKO。国内的一些领头羊企业（如联想、海尔、TCL、三九、东软等）在这个时间纷纷开始偿试进行知识管理。

一些本土知识管理服务厂商也开始成立。1998 年，北京市长城企业战略研究所开始涉足知识管理的研究领域，在多年实践的基础上，率先提出“朴素的知识管理”理念；2000 年提出知识管理的电子政务模式，总结多项电子政务咨询实践案例。1998 年，上海企源科技公司（AMT）创立，致力于“成为一家中国人创办的世界级咨询服务企业”；2003 年，AMT 咨询服务公司的《前沿论丛》创刊，致力于打造中国知识管理领域的《哈佛商业评论》，展示“管理 + IT”领域的理论前沿及中国本土企业的管理创新。

（三）规范期（2009—2014）

1. 标志性事件

2009 年 5 月，发布《知识管理 第 1 部分：框架》（GB/T 23703.1—2009），标志着我国知识管理由学术层面、实践层面上升到国家层面，标志着中国知识管理进入规范期。

2. 主要特点

对模仿进行反思，实行中国式知识管理。前一阶段大多数企业是从西方国家引入概念，或者是说模仿西方的知识管理。但是后来发现存在很多问题，应该按照积累的丰富知识管理的实践经验和自己的想法，或者说根据中国企业文化的特点来做中国的知识管理，做中国式知识管理。

强调知识管理和业务流程的融合。很多企业觉得技术导入、系统导入模式与组织的业务流程的融合不够，不是最有效方式，所以在此阶段特别强调知识管理和业务流程的融合。

掀起研究、学习海底捞的热潮。2009 年，黄铁鹰的《海底捞的管理智慧》一文成为《哈佛商业评论》中文版进入中国八年来影响较大的案例研究，2010 年被《哈佛商业评论》授予中国最佳商业案例研究奖，由此掀起研究、学习海底捞的热潮。

3. 理论研究

2016 年，由中国科学院主办的纯网络学术期刊《知识管理论坛》全新改版并组建全新编委会。

4. 管理实践

在企业层面上，以中国三大互联网公司百度公司（Baidu）、阿里巴巴集团（Alibaba）、腾讯公司（Tencent）为首，更多的企业开始搭乘知识管理的顺风车，以知识社区、员工网络、专家黄页、团队空间、百科词条等新的方式，继续实践并探索知识管理模式。随着企业间的标杆效应，中国知识管理从业者自发形成联盟。

在平台层面上，从 2014 年开始，通过众筹、众包等方式举办知识管理从业者论坛。2015 年，中国知识管理联盟（CKMA）成立，知识管理最佳案例集《知识 + 实践的秘密》以众包形式出版发行。2016 年 1 月，首期央企 CIO 论坛在北京大学燕园大厦举行。2016 年，孙行者知识网络平台发布测试版。以中国为代表的发展中国家的知识型创新活动将更多地依赖于众包等开放式创新模式（Cassiman & Valentini，2016）。2017 年 4 月 27 日，在北京国家会议中心举行的全球移动互联网大会上（GMIC），著名物理学家斯蒂芬·霍金通过视频发表了“让人工智能造福人类及其赖以生存的家园”的主题演讲。他表示，人工智能的崛起可能是人类文明的终结：“在我的一生中，我见证了社会深刻的变化。其中最深刻的，同时也是对人类影响与日俱增的变化，是人工智能的崛起。简单来说，我认为强大的人工智能的崛起，要么是人类历史上最好的事，要么是最糟的。我不得不说，是好是坏我们仍不确定。但我们应该竭尽所能，确保其未来发展对我们和我们的环境有利。我们别无选择。我认为人工智能的发展，本身是一种存在着问题的趋势，而这些问题必须在现在和将来得到解决。”2018 年，创新与知识管理联盟（Innovation & Knowledge Management Alliance，IKMA）成立。

在国际层面上，更多地积极参与对接国际知识管理事务。被称为知识管理行业的“奥斯卡”——“最受尊敬的知识型组织”（MAKE）奖，于 2011 年引入中国，中国企业开始参与国际知识管理话语权的角逐，招商银行、福建网龙、西门子（中国）等三家企业获得了 2011 亚洲 MAKE 奖。

（四）创新期（2015—今）

1. 标志性事件

（1）《中国制造 2025》

中国知识管理进入创新期的重要标志首先是在传统制造业的产业升级创新发展，并且由国家主导。2015 年 3 月 5 日，李克强在全国两会上做《政府工作报告》时首次提出“中国制造 2025”的宏大计划。2015 年 5 月，国务院正式印发《中国制造 2025》[57]。

围绕重点行业转型升级和新一代信息技术、智能制造、增材制造、新材料、生物医药等领域创新发展的重大共性需求，形成一批制造业创新中心（工业技术研究基地），重点开展行业基础和共性关键技术研发、成果产业化、人才培训等工作。

…………

强化知识产权运用。加强制造业重点领域关键核心技术知识产权储备，构建产业化导向的专利组合和战略布局。鼓励和支持企业运用知识产权参与市场竞争，培育一批具备知识产权综合实力的优势企业，支持组建知识产权联盟，推动市场主体开展知识产权协同运用。

（2）《国务院关于积极推进“互联网+”行动的指导意见》

在全球新一轮科技革命和产业变革中，互联网与各领域的融合发展具有广阔前景和无限潜力，已成为不可阻挡的时代潮流，2015年7月，国务院印发《国务院关于积极推进“互联网+”行动的指导意见》[58]。

依托互联网平台提供人工智能公共创新服务，加快人工智能核心技术突破，促进人工智能在智能家居、智能终端、智能汽车、机器人等领域的推广应用，培育若干引领全球人工智能发展的骨干企业和创新团队，形成创新活跃、开放合作、协同发展的产业生态。

（3）《新一代人工智能发展规划》

人工智能的迅速发展将深刻改变人类社会生活，改变世界。为抢抓人工智能发展的重大战略机遇，构筑我国人工智能发展的先发优势，加快建设创新型国家和世界科技强国，2017年7月，国务院印发《新一代人工智能发展规划》，指出，“人工智能发展进入新阶段”“人工智能成为国际竞争的新焦点”“人工智能成为经济发展的新引擎”“人工智能带来社会建设的新机遇”“人工智能发展的不确定性带来新挑战”[59]。

布局前沿基础理论研究。针对可能引发人工智能范式变革的方向，前瞻布局高级机器学习、类脑智能计算、量子智能计算等跨领域基础理论研究。高级机器学习理论重点突破自适应学习、自主学习等理论方法，实现具备高可解释性、强泛化能力的人工智能。类脑智能计算理论重点突破类脑的信息编码、处理、记忆、学习与推理理论，形成类脑复杂系统及类脑控制等理论与方法，建立大规模类脑智能计算的新模型和脑启发的认知计算模型。量子智能计算理论重点突破量子加速的机器学习方法，建立高性能计算与量子算法混合模型，形成高效精确自主的量子人工智能系统架构。

2. 主要特点

大数据驱动的知识管理。随着大数据（BD）和人工智能（AI）技术的发展，如何提高从海量非结构化数据中获取和利用知识的能力已成为一个热门话题。很多企业关注和讨论 BD/AI 技术，认为这种能力将成为重要的、不可或缺的竞争优势。

主要关注如何将大数据转化为知识，如何利用人工智能开发知识，以及在全球经济转型背景下如何有效管理知识。KM3.0 的关键问题正在转变为“如何从分布在世界各地的数以百万计的微型创新者中聪明而准确地找到高价值的合作伙伴”，而不是“如何提高与大公司的固定合作伙伴之间的知识转移效率”。

3. 理论研究

2020 年 9 月 18—20 日，第三届信息与知识管理国际研讨会（DIKM 2020）在西安举行。2021 年 1 月，咨询机构众诚智库和工信部直属事业单位中国电子学会联合航天信息系统工程（北京）有限公司等 16 家企业和机构，经过全面的调研和梳理，共同发布了国内信息技术应用创新产业领域首本《中国信创产业发展白皮书（2021）》。

4. 管理实践

大数据技术的利用成为关键问题。与大企业相比，中小企业还不够成熟，在管理和人才方面还不完善，最重要的是没有足够的资金。因此，这些企业在信息技术的应用上面临着巨大的障碍。由于缺乏信息支持，大多数中小企业难以识别知识伙伴，这极大地阻碍了中小企业的进一步发展。因此，如何利用低成本的技术（如云计算）来建立中小企业和高潜力人才的敏捷知识共享模式，成为 KM 3.0 时代的关键问题。

中国知识管理发展历程中的重要事件如表 1-7 所示。中国知识管理进程中的重要事件如图 1-10 所示。

表 1-7 中国知识管理发展历程中的重要事件

时间	与知识管理有关的重要事件
1998	• 5 月 9 日，中国国家主席江泽民在庆祝北京大学建校 100 周年大会上的讲话中指出，“当今世界，科学技术突飞猛进，知识经济已见端倪，国力竞争日趋激烈。” • 6 月 9 日，朱镕基总理担任组长的国家科技教育领导小组首次会议指出，国家教育领导小组要面向 21 世纪发展知识经济的机遇和挑战，促进国家经济和社会发展
2000	• 国家自然科学基金科学部开始鼓励和支持企业知识管理问题的研究
2004	• 清华大学历时 8 年建成“中国知识资源总库”网络资源共享平台（CNKI 平台）
2005	• 北京大学 CIO 班开班
2008	• 12 月，第四届中国－东盟企业家交流研讨会在北京召开
2009	• 5 月，发布《知识管理 第 1 部分：框架》(GB/T 23703.1—2009）
	• 黄铁鹰的《海底捞的管理智慧》一文成为《哈佛商业评论》中文版进入中国八年来影响较大的案例研究
2010	• 实践社团 COP 成为热点
2011	• “最受尊敬的知识型组织”(MAKE）奖引入中国
2015	• 中国知识管理联盟（CKMA）成立
	• 2 月，全国知识管理标准化技术委员会成立
	• 5 月 8 日，国务院正式印发《中国制造 2025》
	• 7 月 4 日，国务院印发《国务院关于积极推进“互联网 +”行动的指导意见》
2016	• 1 月，首期央企 CIO 论坛在北京大学燕园大厦举行
2017	• AMT 发布《产业互联网白皮书（2017 版)》
	• 7 月 8 日，国务院印发《新一代人工智能发展规划》
2018	• MIKE 奖首届大会携手第 9 届亚太 IKMAP 峰会在杭州举办
2020	• 9 月，第三届信息与知识管理国际研讨会（DIKM 2020）在西安举行
2021	• 国内信息技术应用创新产业领域首本《中国信创产业发展白皮书（2021）》发布

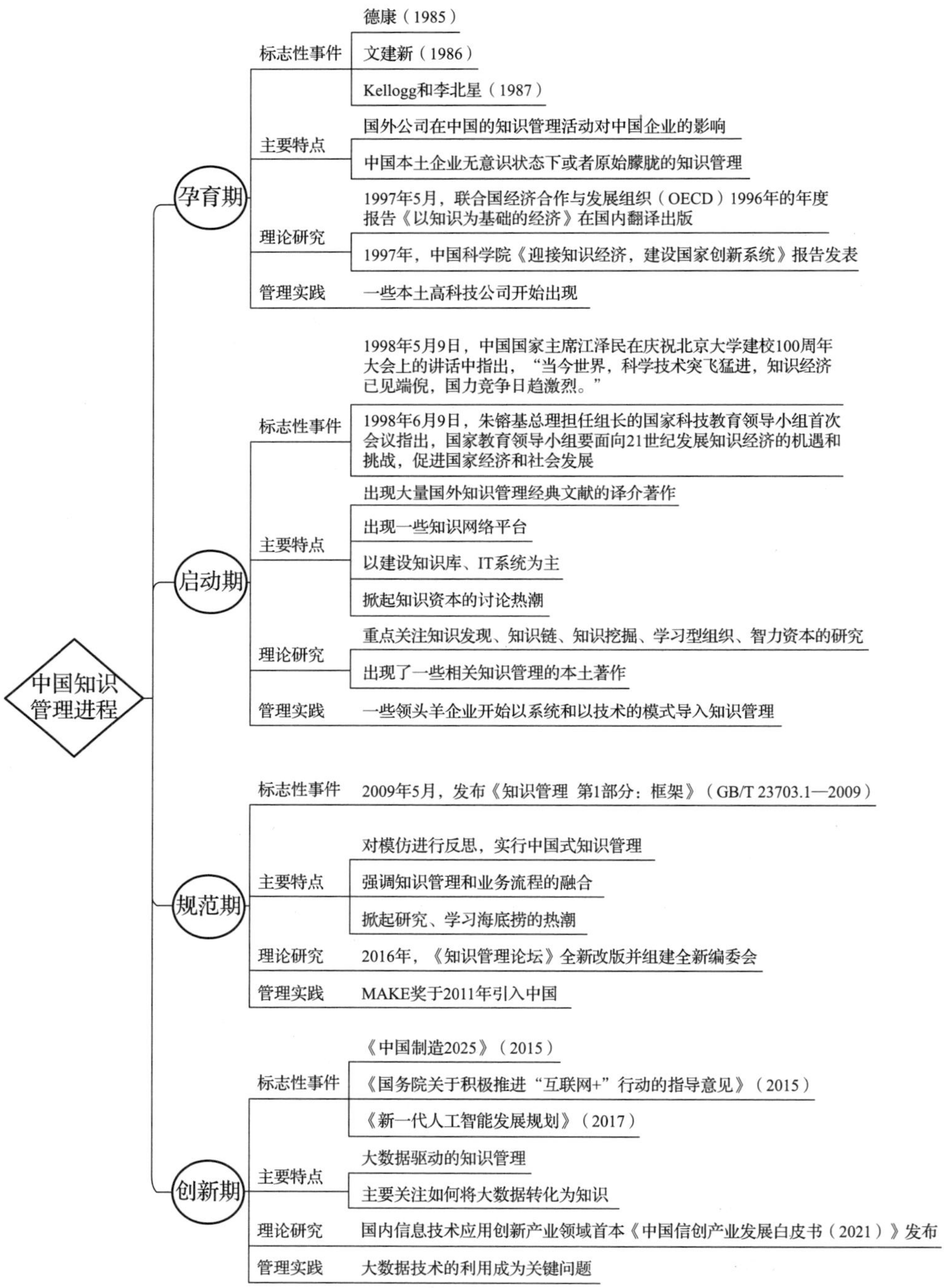

图 1-10 中国知识管理发展历程中的重要事件

四、知识管理的学派丛林与本书结构

知识管理日益被视为竞争成功的关键因素，与此同时，如何最好地区分知识管理的学派成为一个活跃的辩论主题。随着知识管理理论的发展，以及在实践中的应用越来越广泛，一方面出现了知识管理理论和实践百花齐放、百家争鸣的局面，另一方面，也令人们无法选择、无所适从。知识管理作为一门学科，分享了来自其他各学科的思想和概念。法国马恩拉瓦莱大学（University de Marne-la-Vallée）教授阿莫德·波尔弗（Ahmed Bounfour）表示，在知识管理这个主题上，并非没有理论，而是处于一种混合理论的状态。因此，国内外众多学者尝试对知识管理理论学派从多个方面进行区分。

（一）国外学者对知识管理学派的分类

迈克尔·厄尔（Michael Earl）是伦敦商学院信息管理教授。他在战略信息系统规划、IT运作管理、知识管理和电子商务等领域撰写了多篇文章，发表在《管理信息系统季刊》（*MIS Quarterly*）、《管理信息系统学报》（*Journal of Management Information Systems*）、《哈佛商业评论》（*Harvard Business Review*）和《斯隆管理评论》（*Sloan Management Review*）等期刊上。厄尔根据每个学派的重点、目标、单位、成功因素等属性，把知识管理理论分成三大导向和七大学派，即技术导向（系统学派、制图学派、流程学派）、经济导向（商用学派）和行为导向（组织学派、空间学派、战略学派）。厄尔的数据来源于对六家公司的案例研究，包括公司知识管理项目的研讨会讨论；对20位首席知识官的采访，包括他们的角色、经验以及他们的知识管理计划；以及公司在专业学术期刊上发表的知识管理项目等（Earl，2001）[60]。厄尔对知识管理学派的分类最为典型，逐渐被接受，后来的分类法多是建立在其基础之上的。如表 1-8 所示。

表 1-8　厄尔的知识管理三大导向七大学派

学派 属性	技术导向			经济导向	行为导向		
	系统学派	制图学派	流程学派	商用学派	组织学派	空间学派	战略学派
重点	信息技术	知识地图	流程的知识管理	知识的价值收入	知识的学习网络	讨论知识的空间	组织核心能力
目标	知识库的建立	知识目录的建立	知识流的流畅	无形智力资产管理	知识收集和分享	交换知识的空间	知识能力
单位	特殊领域的知识	企业集体的知识	知识管理流程流动	知识产权	知识学习群体	提供资源与地点	企业竞争优势
成功因素	知识内容与分享机制	分享动机和人际关系完整	知识学习和知识的传递	正式的智力财产管理制度	互动文化和知识中介	鼓励参与有目的的知识讨论	知识化核心能力
信息技术的贡献	知识库专家系统	企业内部网络上的知识地图	分享知识库和资料库	智力财产管理系统	群体软件和企业内部网络	知识呈现和获取系统	促进知识的综合绩效产生
哲学观	知识编码	知识连接	知识能力	知识的商业价值	知识的协同合作	知识的接触	知识的意义

迈克尔·厄尔对每个学派都提出了一个理想的类型。每个学派的属性，即重点、目标、单位、成功因素等都非常突出。每个学派都代表着一种特定的方向，一种不同的组织干预。他认为，这些学派并不是相互排斥的，没有任何一个学派比其他学派更好。事实上，其中两三个学派的属性

有时在同一组织中被观察到。

剑桥大学的明苏信、霍尔顿和曼彻斯特城市大学的施密特（Shin、Holden & Schmidt，2001）[61]等人通过对知识定义的归纳，批判性地对比了关于知识的三个主要学派，它们分别将知识概念化为位于头脑中、过程中和对象中，即知识是一种认知状态、一种过程、一种对象。在这三种观点中，自动/具身/默会学派认为知识位于头脑中；意识/嵌入/非正式/偶然性和集体/文化/元/偶然性观点将知识视为一个过程；客观化/编码/形式视角将知识视为一个对象。这几位学者倾向于将组织理解为一种知识系统，把知识管理描述为一种过程。这种观点考察了个体知识和集体知识的本质，以及它们之间的相互作用。

（二）国内学者对知识管理学派的分类

国内学者也参与了对知识管理学派分类轰轰烈烈的讨论。中国人民大学的左美云将知识管理归纳为三个学派：技术学派、行为学派和综合学派（左美云，2000）[62]。技术学派把知识等同于对象，可以在信息系统当中被标识和处理，从而认为“知识管理就是对信息的管理”，这个领域的研究者和专家一般都有计算机科学和信息科学的教育背景。行为学派把知识等同于过程，是对不断改变着的技能等的一系列复杂的、动态的安排，从而认为“知识管理就是对人的管理”，这个领域的研究者和专家一般都有哲学、心理学、社会学或商业管理的教育背景。综合学派认为“知识管理不但要对信息和人进行管理，还要将信息和人连接起来进行管理，知识管理要将信息处理能力和人的创新能力相互结合，增强组织对环境的适应能力”。

天津大学的奉继承、赵涛认同左美云的分类，即知识管理分为技术学派、行为学派和综合学派三大学派，并进一步指出，各种学派并无本质上的矛盾，因为知识管理的内涵如此丰富，外延也如此广泛，以致经常论述的知识管理实质上都是在整个知识管理空间中的一个视图而已（奉继承和赵涛，2005）[63]。

中国科学技术信息研究所的陈建东将上述较为笼统的综合学派按照社会功能的不同进而明确地细分为两个学派，即经济学派和战略学派，从而把知识管理理论学派分为技术学派、行为学派、经济学派和战略学派四大学派（陈建东，2007）[64]。

（三）本书的知识管理学派分类与整体结构

1. 本书的知识管理学派分类

虽然迈克尔·厄尔对知识管理学派的分类最为典型，但本书依据思想史的观点，把知识管理学派分为技术学派、网络学派、流程学派、商用学派、学习学派、战略学派。①技术学派强调知识管理的技巧性和便利性。支分领域包括系统领域、人工智能领域和图书情报领域。技术学派的思想冲击了知识垄断，降低了知识壁垒，主要注重显性知识的积累、传递和便捷提供。②网络学派主要关注隐性知识的学习、创造和灵活应用。支分领域包括空间领域、绘图领域、知识社团领域。③流程学派主要关注知识管理的各个环节。支分领域包括流程领域和集成领域。④商用学派强调知识管理效果的实用性和收益性，主要关注显性知识和隐性知识的积累、学习和价值发现，认识知识财富。支分领域包括组织知识资本领域、员工知识资本领域和无形资产学派。⑤学习学派强调知识管理的继承性和排他性，主要关注发挥人的积极性，重点通过人类个体技能或行为改变或改进过程，热衷于学习、个人管理和组织方面的能力，是一套复杂的、动态的、不断变化的技能安排。支分领域包括组织学习领域和学习型组织领域。⑥战略学派强调知识管理的组织目标要有灵活性，主要关注各种战略目标的积累、转化和最终完成，包括显性知识和隐性知识的价值发现。战略学派思想启发了知识战略，强化了知识决策，主要针对不同组织的不同目标。支分领域包括知识流程战略领域、知识创造战略领域。事实上，这些学派在指导知识管理实践方面并不是完全分开或对立的，而是辩证统一，各有侧重的。

2. 分类依据

之所有以上分类，主要基于两点考虑。第一，迈克尔·厄尔的文章发表于2001年，20年来知识管理已经发生了一些变化，出现了新的研究动向。如我国学者廖开际在迈克尔·厄尔七大学派分类的基础上又增加了一个组织学习领域（廖开际，2010）[65]。第二，与迈克尔·厄尔关注知识管理属性不同，本书关注的是知识管理不同学派的思想纲要、思想渊源和思想贡献。

尽管如此，迈克尔·厄尔及其他学者对知识管理学派的分类依然是本书分类的重要参考。正如迈克尔·厄尔所说："由于知识管理本身是战略管理的具体内容之一，因此不能简单地从技术、行为或经济学的角度来审视知识管理，而应该从战略管理的认识论基础上来重新审视知识管理，并结合当代跨科学研究的最新成果。灵活运用多种立体思维、交叉科学和技术融合的方法，将为进一步的理论研究开辟新的视野和拓展新的方向，有效地指导知识管理的具体实践活动。"

3. 本书的整体结构与研究方法

本书以知识管理思想学派分类为主体，采取"一体两翼"的"总－分－总"三分结构。"一体"即一个主体——中间正义，思想渊源是本书的核心，以"知其然，知其所以然，知其所以必然"的路线论述知识管理六大学派的思想纲要、思想渊源和思想贡献。在时间维度上，体现的是"现在"。"两翼"即两个侧翼，初义导论和末义展望。初义导论，描述知识管理的认识论、本体论和发展历程；末义展望，提出知识管理的思想前沿、研究热点与未来发展。在时间维度上，体现的是"过去"和"未来"。

在研究方法上，采用归纳的方法对文献进行系统追踪，描述人类对知识的管理历程、知识及知识管理的概念渊源和认识论；通过应用扎根理论和内容分析方法确定知识管理各学派的思想纲要、思想贡献及重要的核心主题，提出知识管理的前沿命题和未来研究方向。为了打破“学科陷阱”、避免建立“象牙塔”，以跨学科视角挖掘知识管理六大学派的思想渊源。

本书结构体系框架如图 1-11 所示。

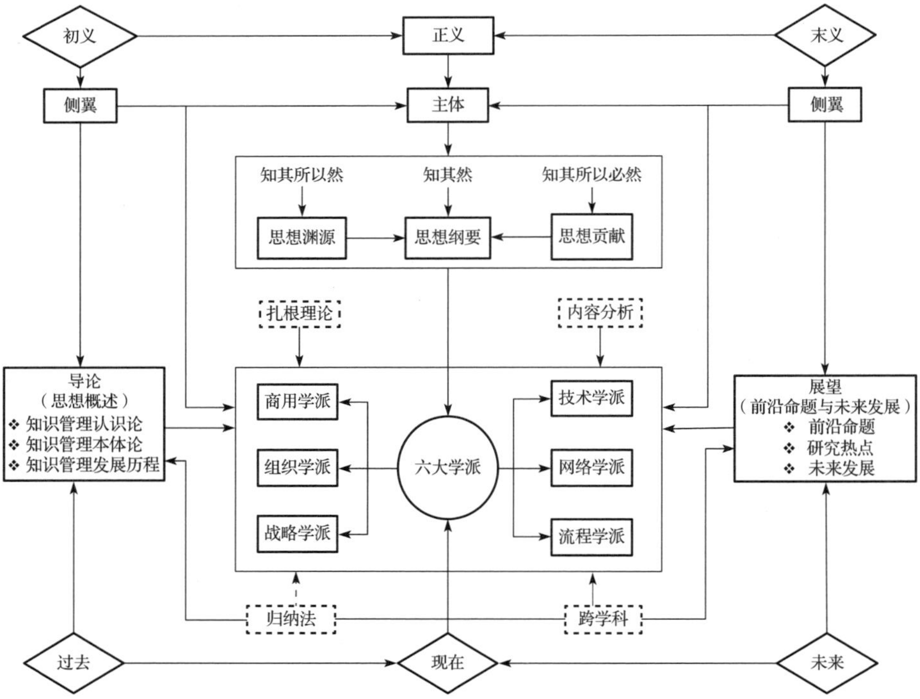

图 1-11　本书结构体系框架

本章小结

①知识管理的思想起源于西方认识论，西方认识论主要围绕三个问题展开讨论：一是知识的本质，二是知识的起源，三是知识的真实性。由此形成了两大互斥而又互补的认识论视角：理性主义与经验主义。

②柏拉图是第一位从理性主义观点建立缜密知识体系结构的哲学家。在《理想国》的第六卷和第七卷，柏拉图用了三个隐喻来解释他的知识观点：日喻、线喻和洞喻。

③在一些重大哲学问题上，亚里士多德提出了完全不同于柏拉图的见解和理论。亚里士多德的知识认识论集中体现在有"第一哲学"之称的《形而上学》中。"求知是所有人的本性"这一命题集中体现和概括了古希腊爱智慧的传统。

④笛卡尔认为，认知主体与所认知的客体是截然分开的，即认知者与认知事物、精神与身体或精神与物体之间的二元论。洛克针对笛卡尔的"天赋观念"论，认为一切人类认识和知识都是后天通过经验感觉和反思获得的，他在《人类理解论》中提出了著名的"白板说"。康德、黑格尔对理性主义和经验主义进行了综合尝试。

⑤柏拉图在《泰阿泰德篇》中把知识定义为"得到确证的真实信念"，认为一个命题作为知识必须具备三个要素，人们称其为 JTB 知识三要素理论。盖梯尔问题推翻了 JTB 知识三要素理论。

⑥知识可以从多个角度来看待，归纳起来包括五种：一种精神状态、

一种对象、一种过程、一种获得信息的条件和一种能力。这些不同的知识观点导致了对知识管理的不同认识，每个角度都提出了管理知识的不同策略，以及支持知识管理的系统角色的不同视角。

⑦对知识管理概念的不同认识，对知识管理的未来发展产生了基于信息、技术和文化的不同观点。

⑧基于知识管理演变视角的框架，把人类对知识的管理活动放在相应的经济发展阶段的背景下考察，可以把对知识的管理划分为四个典型的发展时期：农业经济的图书管理时期；工业经济的文献管理时期；信息经济的信息资源管理时期；知识经济的知识管理时期。

⑨知识管理古已有之，现代意义上的知识管理经历了萌芽期、成长期、复兴期和创新期等四个阶段。

⑩中国知识管理的发展历程基本与国外同步，如国外的知识管理和著作很快得到译介。中国的知识管理历程本身也具有自身的特点，经历了孕育期、启动期、规范期和创新期。

⑪本书依据思想史的观点，把知识管理学派分为技术学派、网络学派、流程领域、商用学派、学习学派、战略学派。

第二章

技术学派思想

▲

CHAPTER 2

第一节　思想纲要

一、基本思想

（一）技术学派的界定

技术学派认为知识管理就是对信息的管理，强调运用技术手段如电子邮件、群件及其他工具从人、计算机知识库以及网络技术来管理知识。技术学派假设知识是一种企业资源，是一种物质对象，可以在一定的技术水平下在管理系统中对之进行识别、处理、管理和控制。技术学派主要关注技术条件下的效率、信息管理系统、知识管理系统的设计与构建、人工智能、重组与群件等方面。技术学派认为，技术为人类和组织过程提供了强大的隐喻——心脏是泵、个人是信息处理器、器官是机器。

（二）主要的技术

成功使用的技术包括桌面视频会议、莲花便笺（Lotus Notes）、多媒体邮件、文档管理系统、基于内部网（Intranet）的Web和人工智能工具、信息检索引擎、帮助台应用程序、数据仓库和数据挖掘工具。技术的应用可以创建一个基础设施和环境，通过实现、支持、增强和加强深层的知识过程，通过增强它们的潜在动态、范围、时间和总体协同作用，来促进组织的知识管理。一个典型的例子是技术转让，爱立信的装配和编码过程帮助其在全球范围内转让电信技术，并随后导致了公司的增长。

新技术特别是信息技术在知识管理中扮演着重要的角色。技术促进了信息传递和交换的过程，它可以用于管理不确定性和复杂性，它可以使个人和组织能够协调面对面会议的物流，它还可用于编录组织成员的专门知识，从而促进接触适当人员和加强知识共享。以计算机为媒介的交流，如电子邮件或计算机会议可以帮助保持对话之间的连续性和联系，特别是对那些在不同地点的人。协同技术是驱动知识管理的关键技术之一，协作工具使公司的专业人员能够一起工作，并且几乎不受地理位置的影响。Web技术允许组织构建能够处理大量信息的 Web 和知识门户，并使用户可以随时随地访问这些信息。

（三）信息管理技术和知识管理技术

达菲（Duffy，2001）[66]对信息管理技术和知识管理技术进行了区分。根据达菲的说法，信息管理主要关注寻找与工作相关的对象并移动它们，知识管理则关注寻找和移动工作对象以及如何创建和使用它们。另一个关键区别是，在知识管理系统中创建、获取和交流的方法非常广泛，而信息管理工具的重点往往是电子和基于纸张的信息。为了同时支持显性和隐性知识，需要使用内容和协作技术构建知识管理系统。信息技术是结构化的，通常是面向数字的；知识技术最常处理的是文本。知识技术比信息技术更可能需要人的交互。

知识管理工具是广泛定义的技术，它增强并使知识产生、编码知识方法和转移成为可能。通常，它们的设计目的是减轻工作负担，并使资源能够有效地应用于最适合的任务。需要注意的是，信息管理工具是知识管理工具的子集。信息管理工具允许组织产生、访问、存储和分析数据，这些数据通常以事实和数字的形式出现。信息管理工具支持对信息的操作，但不能捕获背景的复杂性和知识的丰富性。知识管理系统可能包括同样处理数据和信息的工具，数据和信息管理工具还不足以真正促进知识管理。一个类比是阅读《蒙娜丽莎》的描述和更深层次的联系之间的区别，后者来自看到画作本身，而使用知识工具可以帮助人们创造、观看和分享画作。

（四）技术学派的支分领域

技术学派有三个支分领域，一是系统领域，二是人工智能领域，三是图书情报领域。

二、系统领域

（一）定义

系统领域的基本思想是具有某种“资格”及有权限人员从专家系统、数据库、知识库，以及信息管理系统、知识管理系统中访问、获取、利用知识，使其更好地为组织和其他利益相关者服务。

系统领域侧重利用信息技术以及由其构建的知识管理系统支持在一个组织内实施知识管理。信息技术是知识管理相关文献之间的灰色地带，相关文献大量研究基于信息技术解决方案的设计和实现，及其在知识管理中的作用。该领域的计算机研究者提供了新算法的发展，以提高当前知识管理解决方案的绩效和易用性，使用诸如知识库、数据挖掘、人工智能、专家系统、数据库技术、搜索技术和建模等编程工具。

（二）系统思想

梅奥等人的人际关系学说研究的重点只是组织中人与人之间的关系，这种人际关系强调的是行为个体相互之间的关系，并没有研究行为个体与组织之间的关系协调问题。而如果将组织看作一个复杂的社会系统，要使系统运转有效，则必然涉及组织中个人与组织的协调问题。1938 年，切斯特・巴纳德（Chester Barnard）对组织和管理理论的一系列基本问题都提出了与传统组织和管理理论完全不同的观点。他认为组织是一个复杂的社会系统，应从社会学的观点来分析和研究管理的问题。由于他把各类组织都作为协作的社会系统来研究，后人把由他开创的管理理论体系称作社会系统学派。

更早期的管理思想如弗雷德里克・泰勒的科学管理理论和马克斯・韦伯的官僚制理论往往带有机械的看法，倾向于把组织和人看作机器。这种传统的机械论观点不能解释组织现象的复杂性，因而借助生物学有关生存、发展和稳定观念的系统思想得到发展。埃里克・特里斯特（Eric Trist）通过对英国达勒姆煤矿采煤现场的作业组织进行研究，把组织看成一种社会－技术系统，提出了社会技术系统思想。该思想认为，组织是由社会系统和技术系统相互作用而形成的社会技术系统，即由正式组织、非正式组织、技术系统、成员的素质等因素形成的复合系统。它强调组织中的社会系统不能独立于技术系统存在，技术系统的变化也会引起社会系统发生变化。这种系统的目标是找到介于社会方面（人与人相处、情绪、冲突）和技术方面（流程、制度、工作内容）之间的平衡点。知识管理理论吸纳了这一思想，因为知识创造、知识分享、知识转移也涉及技术和社会两个方面。因此，了解系统方法论以及对这些方法进行某种程度的组合，进而为复杂的、定义模糊的知识管理情景提供创新的解决方案，才是更有意义的（Gao，Li & Nakamori，2002）[67]。系统方法论的主要观点如表 2-1 所示。

表 2-1　系统方法论的主要观点

学者	关键方法论和关键观点
Churchman（1970）	社会系统设计（SSD） 运用对立统一的辩证过程更好地理解情况

续表

学者	关键方法论和关键观点
Beer（1972）	可进行系统诊断（VSD） 认为如果能够通过多样性来适应环境的变化，那么这个系统就是可行的。信息流和组织架构被认为充当重要的角色。子系统被分为实现、协调、控制、发展和策略
Achoff（1979）	交互计划（IP） 促使所有利益相关者参与计划的制订，以达成共识、激发创造力并使实施更容易
Checkland（1981）	软系统方法论（SSM） 强调系统应该是环形的学习过程
Mason 和 Mitroff（1981）	战略假设显化测评法（SAST） 对包含不同意见的半结构化和非结构化问题十分有效。可以对具有对抗性、参与性、综合性的及管理上的思维提供支持。支持形成群体、假设，允许辩论和观点的碰撞
Ulrich（1983）	启发式系统批判（SCH） 尝试将系统与问题的现实原因联系起来。鼓励与实践有关的讨论，而不仅仅是理论上的解释。包含 12 种启发式批判
Linstone（1984）	技术、组织和个人的观点（TOP） 从多个视角来认识现实：科学的和技术的、团体的或机构的、个人的和自我的
Flood 和 Jackson（1991）	全面干预（TSI） 指出合适的系统的优缺点并用大量的系统来提升创造力

（三）专家系统和数据库

计算机的使用使以数据库为中心的组织信息资源和过程观点占据了主导地位。系统领域有两种形式，其一是专家系统和数据库，其二是运用信息管理系统或知识管理系统。这两种形式是系统领域的典型特征，也是有别于网络学派的关键所在。迈克尔·厄尔[68]举了一个专家系统例子，北欧国际（Skandia International）公司在数年时间里建立了一个风险索赔保费数据库，并将其提供给北欧国际全球再保险承保人，以指导他们决定承保风险、比例和价格。像这样将经验和专业知识编入代码，供他人使用自己的判断，似乎比20世纪80年代理想化的专家系统更有效，那时的专家系统过于僵化和狭窄。然而，就像一般的基于知识的系统一样，这种知识库往往是特定领域的，支持和改进特定的知识密集型工作任务和特定类型的决策。经典的应用是在工程设计和维护中。例如，法国图卢兹的空中客车公司（Airbus）制作了飞机维修技术知识的光盘（维修手册）分发给世界各地机场的技术人员，其实质是授权的技术规格和维护程序以受控和可更新的方式分发。它是对那些有资格使用它的人的技术诀窍的编纂，专业知识包括客观的工程数据和积累的技术专长。类似的例子可以在施乐公司找到，该公司为修理复印机的现场工程师建立了基于Web的维护知识库。

（四）知识管理系统

知识管理系统（Knowledge Management System，KMS）指用于管理组织知识的信息系统，是为支持和加强知识创造、储存/检索、转移和应用的组织过程开发的以信息科技为基础的系统。虽然并不是所有的知识管理计划都涉及信息技术的实施，并且反对以牺牲知识管理的社会和文化方面为代价来强调信息技术的警告并不少见，但知识管理计划确实依赖于信息技术。信息技术并不适用于知识管理的所有问题，但可以以各种各样的方式支持知识管理，例如支持通过在线目录和数据库查找专家或记录的知识来源；在虚拟团队中分享知识并一起工作；查阅过往项目的资料；通过分析交易数据了解客户需求和行为等。在知识管理中，信息技术并不是单一的角色，就像知识管理系统不存在单一的技术一样。知识管理系统的目标是支持组织中知识的创造、转移和应用。知识和知识管理是复杂的、多方面的概念，因此，有效地开发和实施知识管理系统需要建立在丰富的文献基础上。

许多组织开发了知识管理系统。主要的 KMS 包括：①让正确的人在正确的时间得到正确信息或知识的文档管理系统（Document Management System，DMS）。②通过数据分析或作用复杂的模型形成和评估知识，以支持决策支持系统（Decision Support System，DSS）。③为加强组内交流、知识共享、合作、协调和社会交往设计的群组支持系统（Group Support System，GSS）。④为管理人员提供高质量的信息和知识，以帮助进行战略规划的主管信息系统（Executive Information System，EIS）。⑤使知识与工作相关联，并对资源与个案进行调整的工作流管理系统（Workflow Management System，WMS）。⑥利用知识库和知识发现技术，挖掘客户个人偏好和需求的客户关系管理系统（Customer Relationship Management，CRM）。

三、人工智能领域

（一）定义

人工智能（Artificial Intelligence，AI）是一门极富挑战性的科学，人工智能就是让计算机能够像人一样思考。人工智能将为知识管理领域之一的 IT 提供基础支持，进而为知识管理系统的高阶决策服务。

人工智能分为强人工智能和弱人工智能。强人工智能是通过计算机来构造复杂的、拥有与人类智慧同样本质特性的机器，使之可以像人类一样思考。弱人工智能指擅长单方面的人工智能，也是现在大多数人从事开发的领域，垃圾邮件的自动识别、语音助手 Siri、图像分类、人脸识别等都属于弱人工智能。

1986 年，理特咨询公司（Arthur D. Little，ADL）的魏格（Wiig，

1986）[69]在人工智能领域首次使用“知识管理”这一术语。当时，咨询行业面临的一个棘手问题是大多数人工智能系统在引入后不到一年便被弃置不用。人工智能项目的负责人卡尔·魏格说：“从知识创造、分享、传递和利用的方面，我们开始认识到知识是一组需要管理的社会和动态过程（当然，其中也多方面涉及技术，我们后来发现技术并不是问题的核心）。我们当时找不到比‘知识管理’更好的表述。现在，我为没能发现更好的名词感到后悔！”

另一位把人工智能与知识管理联系起来的开创者是美国数字设备公司（Digital Equipment Corporation，DEC）的戴布拉·艾米顿（Debra Amidon）。她于 1998 年在普渡大学的一个研究会议上发表了一篇名为《管理知识资产迈向 21 世纪》的论文。

目前，以美股市值最高的 FAAMG① 等五大科技公司为首的众多企业开始争夺人工智能领域的主动权，纷纷开始收购人工智能初创公司。

（二）争论

人工智能来势凶猛，在信息技术一日千里、互联网风起云涌的时代，人工智能意味着什么？人工智能是近 30 年人类文明最高的科学技术成就之一，自从人工智能发展以来，人们见证了许多超级技术发明和创新。例如以前需要大量人类操作才能完成的工作，现在人工智能系统可以轻松高效地完成。

当前，关于人工智能的讨论不是技术性的讨论，而是关系人类伦理道德和人类发展生存层面的讨论。例如，人工智能是否可能毁灭人类，人工智能可能取代大多数人的工作，甚至人工智能可以消灭人类等问题。1997 年 5 月 11 日结束的“国际象棋人机大战”引发人们更多的思考。在这一

① F 指脸书（Facebook）、第一个 A 指苹果（Apple）、第二个 A 指亚马逊（Amazon）、M 指微软（Microsoft）、G 指谷歌（Google）。

天，IBM 公司一台拥有 32 个大脑（微处理器）的“深蓝”（Deep Blue）机器人，以 2 胜 1 负 3 平的战绩，首次击败了国际象棋特级大师加里·卡斯帕罗夫（Garry Kasparov）。在将近 20 年后的 2016 年 3 月，谷歌的智能机器人阿尔法狗（AlphaGo）在“国际围棋人机大战”中毫无悬念地把比分定格在 4∶1，击败了围棋世界冠军李世石九段。

四、图书情报领域

图书情报领域是中国知识管理的热点，从文献数量上来看，对知识管理研究贡献也排在首位（陈琴，蒋合领，2016）[70]。另有学者对国内外知识管理 20 年的高频词研究发现，“图书馆”出现 163 次，仅次于“知识管理”（魏奇峰，徐霞和杨力，2021）[71]。有学者从学科属性和专业背景来看，把我国的知识管理学派分为图书情报学派、企业管理学派、综合学派和科技管理学派。图书情报主要关注图书馆学、情报学、档案学等方面的信息与知识分类、共享、转移等，既包括“信息”又涉及“管理”。图书情报学又可分为图书馆学与情报学。

（一）图书情报学

图书情报学经过多年的发展，已成为独立的学科。根据 2020 年 2 月 21 日教育部发布的《普通高等学校本科专业目录（2020 年版）》，图书情报与档案管理类是管理学大类下的一级学科。

图书情报学由图书馆学和情报学合并而成。图书馆学与知识管理有着紧密的联系，1807 年，德国一位图书馆馆员马丁·施莱廷格（Martin Schrettinger）第一次用“图书馆学”表达图书馆工作所需要的知识；19 世纪末，一批先进的信息组织整理技术问世，并沿用至今，如美国学者约翰·杜威（John Dewey）发明的杜威十进分类法等（于良艺，2016）[72]。

（二）图书馆学

图书馆学关注文献信息的组织、存储、检索、咨询、分析和读者服务等相关知识学科。图书馆学从传统的单纯图书馆事业逐渐融入信息产业之中，常见的职业包括但不限于：①信息咨询员，帮助人们查找信息和解决问题；②图书出版编辑，在出版社从事图书编辑；③图书馆馆员、档案管理员，在图书馆或人事部、档案部管理资料；④信息主管（CIO），企业中的信息资源主管，向总经理提供各种管理信息，辅助决策。

（三）情报学

情报学是研究情报的产生、传递、利用规律和用现代化信息技术与手段，使情报流通过程、情报系统保持最佳效能状态的一门科学。它帮助人们充分利用信息技术和手段，提高情报产生、加工、储存、流通、利用的效率。

情报学离不开信息检索，信息检索经历了三个发展阶段：① 1971 年以前建立的信息检索系统，采用的是传统的批处理检索方式。② 1971 年以后，产生并发展联机信息检索系统，如 OCLC 信息检索系统的体系结构、Dialog 在线数据库联机检索系统。③ 20 世纪 90 年代以来，产生并发展网络信息检索，最为著名的信息检索系统是美国 NCBI 开发的 Entrez 数据检索系统和 EBI 开发的 SRS 数据检索系统。

传统信息检索向全文文本、多媒体、多载体、多原理等新型信息检索的发展，在深度上提高了管理和组织信息的能力。信息资源的网络化和分布化，面向互联网中海量的信息资源，在广度上提高了管理和组织的能力。

第二节 思想渊源

一、系统论思想

（一）系统论思想的提出

系统论（Systems Approach）人们公认由美籍奥地利人、生物学家路德维希·冯·贝塔朗菲（Ludwig von Bertalanffy，1901—1972）所创立。1937 年，他在“开放系统理论”的基础上，提出了一般系统论原理（General Systems Theory），奠定了系统论思想的理论基础。但是他的论文《关于一般系统论》到 1945 年才公开发表，1948 年在美国再次讲授时，才得到学术界的重视。确立这门科学学术地位的是 1968 年贝塔朗菲发表的代表作《一般系统理论：基础、发展和应用》。后来，贝塔朗菲通过《一般系统论的历史与现状》，归纳并探讨了系统论研究的未来发展。晚年，贝塔朗菲在加拿大和美国从事教学和科研工作，大力倡导一般系统论。

（二）系统论思想的主要观点

《一般系统理论：基础、发展和应用》集中阐述了一般系统论的基本观点，由系统的定义及其基本的数学描述公式出发，引出整体性、机构化、中心化、异因同果性、异速生长、稳态、层次结构、同型性等一系列概念，进而归纳为普遍适用于各种系统的模式、原则和规律，尤其探讨了一般系统论在生物学、心理学、社会学、历史学、范畴论上的应用（Bertalanffy，1968）[73]。

系统论有三个主要领域。一是系统科学，即如物理学、生物学、心理学和社会科学等各门科学中的“系统”的科学探索和科学理论，以及适用于所有系统或确定的支级系统的原理性学说——一般系统论。二是系统技术，包括计算机、自动化、自调节机构等“硬件”以及新的理论成果、学科等“软件”。许多系统层次都需要科学的控制：生态系统的失调造成的污染问题；正规组织如官僚机构、教育机构或军队中，社会经济系统中，国际政治关系中出现的严重问题等，这些都是“系统”问题，即众多变量之间的关系问题。三是系统哲学，与经典科学分析的、机械的、单向因果的范式大不相同，由于引进“系统”这一概念，新的范式也就应运而生了。

贝塔朗菲认为系统的一般理论“应该是科学中的一个重要的调节装置”，以防止“在科学中是无用的、在实际结果中是有害的”肤浅的类比。我国科学家钱学森和经济学家薛暮桥在 1978 年以后大力倡导系统工程，使得系统论在我国得到广泛应用和发展。

二、摩尔定律

（一）摩尔定律的提出

摩尔定律的内容为：当价格不变时，集成电路上可容纳的元器件的数目，每隔 18 ～ 24 个月便会增加一倍，性能也将提升一倍。换言之，每一美元所能买到的电脑性能，将每隔 18 ～ 24 个月翻一倍。信息产业几乎严格按照这个定律以指数方式领导着整个经济发展的步伐。

普遍认为，摩尔定律是由世界头号 CPU 生产商英特尔公司（Intel）创始人之一戈登·摩尔（Gordon Moore）于 1965 年提出来的。还有一种说法认为，摩尔定律虽然以戈登·摩尔的名字命名，但最早提出者并非摩尔，而是加州理工学院的卡沃·米德（Carver Mead）教授。米德最早关注晶体管之类的产量增加会引起其价格下降的现象。米德指出，如果给定价格的电脑处理能力每两年提高一倍，那么这一价位的电脑处理装置同期就会降价一半。

（二）摩尔定律的修正

1975年，摩尔在国际电信联盟IEEE的学术年会上提交了一篇论文，根据当时的实际情况，对“密度每年翻一番”的增长率进行了重新审定和修正。按照摩尔1997年9月接受《科学的美国人》采访时的说法，他当年是把“每年翻一番”改为“每两年翻一番”。实际上，后来更准确的时间是两者的平均：18个月。

（三）摩尔定律的演化

1. 摩尔第二定律

摩尔定律提出30年来，集成电路芯片的性能的确得到了大幅提高；但另一方面，英特尔（Intel）高层人士开始注意到芯片生产厂的成本也在相应提高。1995年，Intel董事会主席罗伯特·诺伊斯预见到摩尔定律将受到经济因素的制约。同年，摩尔在《经济学家》杂志上撰文写道：“现在令我感到最为担心的是成本的增加……这是另一条指数曲线。”他的这一说法被人称为摩尔第二定律。

2. 新摩尔定律

在摩尔定律及摩尔第二定律之后，又出现了一个新摩尔定律。新摩尔定律有多种版本，其中之一是1991年杰弗里·摩尔（Geoffrey Moore）提出的技术产品生命周期定律。杰弗里·摩尔先后出版了《跨越鸿沟：面向主流客户营销和销售高科技产品》（1991）、《龙卷风暴：来自硅谷前沿的营销策略》(1995)、《大猩猩游戏：投资者在高科技领域挑选赢家的指南》(1999)、《断层线生存：互联网时代如何管理股东价值》(2002)、《与达尔文商榷：伟大的公司在每一个发展阶段上是如何进行创新的》(2005)等五本书，陆续阐述了技术产品生命周期定律，即“在一定的高级发展阶段内市场保持三位数的增长率，新产品以星火燎原之势蔓延开来”，这被称为新摩尔定律，指导着高科技公司的发展。

另一个具有同样魅力的新摩尔定律提出者是数据库技术的先驱杰姆·格雷(Jim Gray)。1992年，杰姆·格雷博士出版了数据库技术方面具有里程碑意义的《事务处理：概念与技术》一书。杰姆·格雷指出，每18个月全球新增信息量是计算机有史以来全部信息量的总和，人们称其为新摩尔定律。1998年，杰姆·格雷因在数据库和事务处理方面的开创性贡献获得图灵奖——计算机行业的诺贝尔奖。2007年1月11日，杰姆·格雷发表了一次题为“科学方法的革命”的演讲，阐述了数据密集型科学，这被认为是继实验归纳、模型推演和仿真模拟之后的第四种科学范式。杰姆·格雷预测，未来世界上所有的科学文献和科学数据将联机，并且实现交互操作。17天后，他驾驶帆船驶向大海，随波而逝。十余年后，他的精准预言已部分变为现实。

(四)摩尔定律的意义

摩尔定律并非数学或物理定律，而是对发展趋势的一种分析预测，因此，无论是对它的文字表述还是定量计算，都应当容许一定的宽裕度。从这个意义上看，摩尔的预言是准确而且难能可贵的，所以才会得到业界人士的公认，并产生巨大反响。

摩尔定律归纳了信息技术进步的速度规律。在摩尔定律应用的数十年里，计算机从神秘不可近的庞然大物变成多数人不可或缺的工具，信息技术由实验室进入无数个普通家庭，因特网将全世界联系起来，多媒体视听设备丰富着每个人的生活。

摩尔定律对整个世界意义深远。在回顾半导体芯片业的发展并展望其未来时，信息技术专家认为，以后摩尔定律可能还会适用。多年来半导体芯片的集成化趋势一如摩尔的预测，推动了整个信息技术产业的发展，进而给千家万户的生活带来变化。

三、梅特卡夫定律

（一）梅特卡夫定律的提出

梅特卡夫（Metcalfe）定律指出，网络价值以用户数量的平方的速度增长，这是一种网络技术发展规律，由3Com公司的创始人，计算机网络先驱罗伯特·梅特卡夫提出。

这个定律告诉我们：网络中总人数是n，网络价值是$n \times n = n^2$。理论上最小的网络是点，1个人，即自己和自己连接；2个人的网络，是自己和自己、自己和对方连接，有2条连线，同理，对方也是2条连线，即2个人的网络是4条连线；5个人的网络，自己和自己、自己和其他4人连接，有5条连线，同理，其他4人也分别是5条连线，即5人网络共25条连线，以此类推。20世纪90年代以来，互联网络不仅呈现了这种超乎寻常的指数增长趋势，而且爆炸性地向经济和社会各个领域进行广泛渗透和扩张。计算机网络的数目越多，对经济和社会的影响就越大。换句话说，计算机网络的价值等于其结点数目的平方。梅特卡夫法揭示了互联网的价值随着用户数量的增长呈算术级数增长或二次方程式增长的规律。

（二）梅特卡夫定律的意义

梅特卡夫定律是一条关于网上资源的定律，指出网络价值由新科技推广的速度决定，网络上联网的计算机越多，每台计算机的价值就越大。新技术只有在有许多人使用它时才会变得有价值。使用网络的人越多，相关产品才变得越有价值，越能吸引更多的人来使用，最终提高整个网络的总价值。一部电话没有任何价值，几部电话的价值也非常有限，成千上万部电话组成的通信网络才能把通信技术的价值极大化。当一项技术已建立必要的用户规模的价值将会爆炸性增长。一项技术多快才能达到必要的用户规模取决于用户进入网络的代价，代价越低，达到必要用户规模的速度也越快。有趣的是，一旦形成必要用户规模，新技术开发者在理论上可以提高对用户的价格，因为这项技术的应用价值比以前增加了。这就衍生为某项商业产品的价值随使用人数而增加的定律。

梅特卡夫定律基于每一个新上网的用户都因为别人的联网而获得了更多的信息交流机会，指出网络具有极强的外部性和正反馈性：联网的用户越多，网络的价值越大，联网的需求也就越大。这样，梅特卡夫定律指出了从总体上看，消费方面存在效用递增，即需求创造了新的需求。

第三节 思想贡献

一、托马斯·达文波特

（一）研究领域

托马斯·达文波特（Thomas Davenport）出生于1954年，获哈佛大学哲学博士学位，先后任教于哈佛商业学院、芝加哥大学和波士顿大学，曾任埃森哲战略变革研究院主任、美国巴布森学院信息技术与管理领域的教授。20世纪90年代初期，达文波特与迈克尔·哈默（Michael Hammer）、詹姆斯·钱皮（James Champy）创造了曾经风靡一时的理论——流程再造（Re-engineering），他是这个时期兴起的知识管理运动的缔造者之一。

2000年，达文波特的文章多次发表于《哈佛商业评论》《斯隆管理评论》等期刊，他也频繁地在有关信息和过程管理的会议上出现，而且经常为公司的高级执行官做这方面的演讲。达文波特的著作涉及领域广泛，包括信息和知识管理、再造工程，以及信息技术在商业中的应用。达文波特著有关于再造工程的第一篇论文和第一本书《过程创新：通过信息技术实现再造工程》。他的著作还有《关键任务：让企业系统的承诺成真》《流程创新》《掌握信息管理》《知识管理案例手册》《思考为生：如何从知识工作者身上获得更好的绩效和成果》等，他还与劳伦斯·普鲁萨克（Laurence Prusale）合著有《营运知识》和《最优理念》。

（二）主要贡献

1. 提出信息和知识管理的新方法

达文波特认为，知识是结构性经验、价值观、关系信息和专家见解的流动组合。知识为评估和吸收新的经验和信息提供了一个框架。知识是在知者的头脑中产生和使用的。但在组织中，知识往往不仅存储在文件或数据库中，还存储在组织的日常工作、程序、实践和规范中，并可以通过计算机和网络进行编码、存储和传输。不断进步的"数据－信息－知识"概念使知识管理与信息管理紧密相连，信息技术在其中起着重要的作用。泰勒的知识管理方法和实践（基于信息技术的知识管理项目）等典型实践曾在美国盛行，在相关行业，尤其是在高科技企业，如果真离开信息技术的帮助，工作效率无疑会大大降低。

达文波特认为，在大多数情况下，管理者获取信息不是通过信息技术系统，而是通过其他渠道：经理们三分之二的信息来自面对面或电话交谈，他们从文件中获取剩余的三分之一，其中大部分来自组织外部，不在计算机系统中。因此，组织需要一个将隐性知识表达和编码为显性知识的过程，从而形成一个企业记忆的存储库。查帕拉钢铁公司（Chaparral Steel）是第一个采用以知识为中心的管理的组织之一。组织需要在其结构化和非结构化信息之间建立联系，以便将其用于特定的问题、情况和范式。对于组织的领导者来说，了解谁拥有知识，并为知识的创建和应用开发支持系统是很重要的。然后，可以创建知识地图，以确定知识存在于何处，哪些知识需要与谁共享、如何共享、为什么共享，并奖励知识创造者和经纪人。

2. 提出"知识管理两阶段论"

第一阶段：企业像管理其有形资产一样来对其知识资产进行管理，获取资产并将其"存放"在能够被很容易获取的地方。对有形资产而言，存放地点是“仓库”，相应地，存放知识资产需要有“知识库”。当仓库里的有形资产太多时，企业会开始考虑供应链管理或根据实际需要尽可能地减少库存，企业对知识库的管理肯定也需要相应的“供应链管理”。

第二阶段：当意识到自己的知识库里的“知识资产”太“拥挤”时，企业应该采取哪些措施呢？达文波特认为，这实际上就是知识管理的第二阶段问题。

（三）研究述评

尽管达文波特是技术学派的主要代表人物，他仍然强调，在知识管理过程中，技术因素次于人的因素。

达文波特基于管理信息系统重建的学术思想，是他在知识管理和知识管理系统的工作实践中提出的开创性思想，他提出的知识管理两阶段理论和知识管理模型，是指导知识管理实践的主要理论。达文波特的再造思想是利用信息技术来摧毁旧的官僚体制和书面管理体制。

二、马克斯·博伊索特

（一）研究领域

马克斯·博伊索特（Max Boisot)，中欧管理中心首任教务长兼主任，英国伯明翰商学院战略管理学教授、牛津大学赛德商学院副研究员及沃顿商学院创业中心高级研究员。他著有《信息与组织：作为人类学者的管理者》（1987）、《信息空间：认识组织、制度和文化的一种学习框架》（1995）等著作。

（二）主要观点

马克斯·博伊索特为知识资产理论提供了一些关键的构建模块，他开发了一个强大的概念框架，即信息空间（Information-Space 或 I-Space），用于探索知识在组织内部和组织之间流动的方式。这个框架将使管理者和学生能够探索和理解知识和信息资产与有形资产的区别，以及如何在组织内部的战略层面上处理它们。

知识资产，是一种知识产权，但并非通常如此。马克斯·博伊索特认为，在新经济中，信息成为生产要素之一，知识成为创造价值的重要维度，知识资产正在越来越广阔的领域加速替代实物资产，这是不以利润最大化为唯一目标的优秀企业管理者在新经济中必须看清的。高度断裂、非线性的知识与信息在“信息空间”中流动，新知识从中产生。新知识在价值方面的自我矛盾，构成了知识资产的价值悖论。

马克斯·博伊索特在《知识资产：在信息经济中赢得竞争优势》[74]中展现的，正是知识资产的性质及其管理方式。

博伊索特区分了数据、信息和知识。认为数据只是事物的属性，而信息是数据向主体（即人）传递的“物”，知识则是人在有效过滤信息后的所得。博伊索特认为知识在这三个层面上传递或运动，在每一个层面也都会有整合性，其结果就是带来了复杂性。博伊索特用热力学的熵来比喻复杂性，对熵与知识的流动进行了三维度的分析。

三、卡尔·魏格

（一）研究领域

卡尔·魏格曾是美国理特咨询公司管理咨询人工智能小组的负责人。20 世纪 50 年代末，他开始在控制理论领域研究自适应系统。他还在过程控制领域工作过。后来，魏格在理特公司领导系统和政策分析，进行公共政策分析和复杂经济系统分析。20 世纪 80 年代早期，魏格在理特公司创立了人工智能小组。

（二）主要观点

1. 专家系统

20 世纪 80 年代，理特公司试图用人工智能技术解决一些问题。当时公司大部分客户是企业客户，有十几个；也有一些政府合同，例如，为美国国家航空航天局（NASA）做天气预报系统，为环境保护署做一些小工作，比如评估处理池的有害化学物质的衬垫。理特公司想要做的是构建一个非常实用的系统，并直接进入操作环境。因此，魏格提出以下想法。

我们进入了非常具体的知识工程方法。我们不仅强调知识的直接获取，还强调与组织和个人的合作。我们将找出这些知识的目的以及应该如何重组它们。新的人正在进入这个圈子。我们让他们参与进来，这样我们就能确定他们可能没有提及的知识领域。我们的雇员是一个有趣的群体。我们有社会人类学家、心理学家、哲学家。我们了解人们的私人知识。通常人们交流的是我认为的公共知识——你通常和你的同事谈论的那种知识。但是你的个人观点，你如何处理一份工作，你认为你使用的策略，你的知识通常是没有语言的，根本没有交流。因此，我们进入了很难分类的知识领域。

在一个例子中，魏格与一组金融机构的股票交易员合作，这些机构是保险公司和银行的投资者，魏格非常不确定是否有可能用专家系统来支持这些人。这些股票交易员每天处理超过 1200 个电话，电话主管让他们与 100 个经纪人联系；他们的办公桌上大概有 60 份来自投资组合经理的未公开订单……魏格要做的就是和这些人一起研究他们是如何看待这个世界的。

2. 知识管理模型

魏格知识管理模型强调了组织成功开展业务所需要的三个条件：①必须有业务（商品 / 服务）和客户；②必须有资源（人员、预算和设施）；

③必须有行动的力量。魏格将知识管理的主要目的标记为“通过促进质量知识的创造、积累、部署和使用，使组织智能化”的努力。魏格的知识管理周期展示了知识是如何构建和使用的。

魏格知识管理模型包括四个主要步骤：①构建知识——外部和内部的知识来源；②持有知识——以特定的形式存储信息；③共享知识——通过内网和知识管理门户汇聚知识；④应用知识——在嵌入过程中的工作环境中。

组织引入知识管理战略集成周期有三个主要阶段：①知识吸收和创造；②知识共享和传播；③知识吸收与应用。进而形成整体知识管理循环。知识吸收描述了对组织内部现有的（通常以前未被注意到的）知识和专门知识以及（/或）来自环境的外部知识的识别和频繁编码。知识创造是新知识和技术创新的进步，以前没有在组织中存在。一旦发现新识别的内容具有足够的价值，下一步就是将其置于背景环境中。这涉及知识和那些了解该内容的人之间保持联系。情境化还表明要识别内容的关键元素，以便更好地匹配各种用户。当新内容牢固、准确而无缝地嵌入企业的业务流程中时，背景化就成功了。当用户理解并决定使用内容时，将重新检查知识管理周期。用户会更新有用性，当有用性过时或这些知识不适用时，会发出信号。

本章小结

①技术学派认为“知识管理就是对信息的管理”，强调运用技术手段如电子邮件、群件及其他工具从人、计算机知识库以及网络技术来管理知识。技术学派假设知识是一种企业资源，是一种物质对象，可以在一定的技术水平下在管理系统中对之进行识别、处理、管理和控制。技术学派有三个支分领域，一是系统领域，二是人工智能领域，三是图书情报领域。

②系统领域的基本思想是具有某种“资格”及有权限人员从专家系统、数据库、知识库，以及信息管理系统、知识管理系统中访问、获取、利用知识，使其更好地为组织和其他利益相关者服务。系统领域有两种形式，其一是专家系统和数据库，其二是知识管理系统。这两种形式是系统领域的典型特征，也是有别于网络学派的关键所在。

③人工智能（AI）是一门极富挑战性的科学，人工智能就是让计算机这台机器能够像人一样思考。人工智能将为知识管理领域之一的 IT 提供基础支持，进而为知识管理系统的高阶决策服务。

④图书情报领域是中国知识管理的热点。图书情报主要关注图书馆学、情报学、档案学等方面的信息与知识分类、共享、转移等，既包括“信息”也涉及“管理”。图书情报学又可分为图书馆学与情报学。

⑤系统论被人们公认为由贝塔朗菲创立。1937 年，他在“开放系统理论”的基础上提出了一般系统论原理，奠定了系统论思想的理论基础。系统论有三个主要领域。一是系统科学，二是系统技术，三是系统哲学。

⑥摩尔定律的内容为：当价格不变时，集成电路上可容纳的元器件的数目，每隔 18 ～ 24 个月便会增加一倍，性能也将提升一倍。换言之，每一美元所能买到的电脑性能，将每隔 18 ～ 24 个月翻一倍。信息产业几乎严格按照这个定律以指数方式领导着整个经济发展的步伐。摩尔定律归纳了信息技术进步的速度规律。摩尔定律后来经过修正，并演进出第二摩尔定律和新摩尔定律。摩尔定律并非数学或物理定律，而是对发展趋势的一种分析预测，归纳了信息技术进步的速度规律。

⑦梅特卡夫定律是一条关于网上资源的定律，指出网络价值由新科技推广的速度决定，网络上联网的计算机越多，每台计算机的价值就越大。梅特卡夫断定，随着上网人数的增长，网上资源将呈几何级数增长。

⑧达文波特基于管理信息系统重建的学术思想，是他在知识管理和知识管理系统的工作实践中提出的开创性思想，他提出的知识管理两阶段理论和知识管理模型，是指导知识管理实践的主要理论。达文波特的再造思想是利用信息技术来摧毁旧的官僚体制和书面管理体制。可以说，这一学派的扩张冲击了知识垄断，降低了知识壁垒。

⑨马克斯 · 博伊索特为知识资产理论提供了一些关键的构建模块，他开发了一个强大的概念框架，即信息空间，用于探索知识在组织内部和组织之间流动的方式。这个框架将使管理者和学生能够探索和理解知识和信息资产与有形资产的区别，以及如何在组织内部的战略层面处理它们。

⑩卡尔·魏格知识管理模型强调了组织成功开展业务所需要的三个条件：必须有业务（商品 / 服务）和客户；必须有资源（人员、预算和设施）；必须有行动的力量。魏格将知识管理的主要目的标记为“通过促进质量知识的创造、积累、部署和使用，使组织智能化”的努力。魏格的知识管理周期展示了知识是如何构建和使用的。

第三章

网络学派思想

▲

CHAPTER 3

第一节 思想纲要

一、网络学派的界定

（一）定义

网络学派是一种组织形式，由一组关键的专家组成，用于支持公司内部和跨公司边界的知识转移、共享和创造。一个良好的知识领域保管人，对实现网络目标和实现商业利益非常重要。网络学派是建立时间最长的正式的知识管理方法，与过去发展起来的基于知识的系统的概念和实践相似但不完全相同。知识网络受到所处的管理系统和周围的文化环境影响，知识网络实施知识的获取、分享和创造过程，由信息、沟通工具以及会议时间、房间等工具支持。

（二）知识网络

虽然组织研究以各种方式，从不同的理论视角分析了网络，已有研究还没有充分区分被称为知识网络的各种组织形式。有的学者使用“知识网络”术语来表示不同公司代表的实践社团；有的学者在谈到不同公司之间的非正式网络时使用了这个术语；有的学者将其用于连接组织内不同实践社团的网络；有的学者用它来描述多单位公司中项目团队之间的联系；有的学者用这个术语来描述孵化器中企业家和风险投资家之间的网络。因此，网络学派用于描述这样一种情况：公司或组织有意建立一个正式的专家网络以实现特定的目标，这些专家在其他方面没有等级或结构上的联系。

这个目标可以通过解决问题、讨论最佳实践或改进过程来实现——因此可以通过共享隐性知识和创造新知识来实现。例如，当克莱斯勒从功能性组织单位重组为基于平台的组织单位时，很快意识到除非悬架专家能够跨越不同平台类型轻松地相互沟通，否则专业知识情况将会恶化。克莱斯勒成立了技术库，让人们在虚拟和面对面的情况下交流，并在每个专业领域建立集体知识。在这种情况下，知识管理工作的重点不是映射专门知识或基准测试，而是将专家聚集在一起，以便共享和增加重要的知识。提供交流和讨论的在线论坛可以形成知识网络。

（三）支分领域

知识网络学派有三个支分领域：一是空间领域，二是绘图领域，三是知识社团领域。

二、空间领域

（一）定义

空间领域强调要给员工提供社会互动的空间，通过自由闲谈提高共享知识的机会。传统重视个人隐私的封闭式个人办公室工作模式会妨碍知识共享，组织应设计有利于互动的办公环境。空间领域的目标是鼓励以社会化作为一种知识交换的手段。这个学派也很关注社会资本的培养和利用，这些社会资本是由人们正式或非正式的互动随着时间的推移发展而来的。然而，“空间”这个标签更受青睐，因为高管们似乎认同利用空间来激发对话和交流。

（二）成功因素

空间领域的成功因素似乎是鼓励和合法化。借用英国电信（British Telecommunications）的一句广告语“聊天真好”（It is good to talk），再重复一下经常听到的高管和专业人士的恳求：“我们能不能制止电子邮件的暴政，重新开始开会和交谈？”这不仅是对电子邮件超载的抱怨，也是对更多信息或知识丰富的渠道如何被技术解决方案征服和非法化的观察。因此，重要的是促进接触性。

空间领域更多的是针对知识管理哲学的出现而设计的，特别集中于空间的使用或空间设计，以促进知识的交流。典型的例子是经常被引用的隐喻——饮水机旁作为会议场所；开放式咖啡馆或厨房作为“知识 café”；开放式办公室作为“知识大楼”。组织中的大多数人是社会性的人，他们不仅喜欢接触，而且喜欢交谈，而不是文档或 IT 系统；隐性知识最有可能通过讨论被发现和交流；组织架构和物理架构经常将人们分开，而不是连接他们。对业务效率的追求往往已经侵蚀或取消了与人们不需要正式交流的人见面的机会，使人们不能反映或交换想法，或者打破办公环境。

三、绘图领域

（一）定义

绘图领域，或称“黄页”，绘制有关组织知识的情况，其功能是通过建立知识目录来记录和揭示组织中谁知道什么，其主要思想是确保组织中有知识的人可以向其他人提供建议、咨询或知识交流。知识目录与其说是知识的储存库，不如说是知识的门户，而且这些知识既可能是隐性的，也可能是显性的。由于隐性知识不容易解释，关键是要确定谁可能成为知识的来源。

（二）绘图领域与系统领域的区别

贝恩公司（Bain）采用了一种个性化的方法引导知识寻求者找到可能的知识提供者。贝恩的“寻人”数据库被顾问们用来寻找其他可以通过电话、电子邮件、视频会议或面对面联系的顾问，以寻求问题的建议或解决方案。这里的基本原理是，在战略咨询中，人与人之间的交流很可能释放高价值的、通常是隐性的知识。

与系统领域相比，绘图领域更多是激励与他人的知识交换，而不是将知识传授给系统。显然，人们也被要求在目录中提供他们的能力和经验的准确和全面的简介。简而言之，在追求共同目标的过程中，相互支持和知识分享的文化可能是这个学派成功的关键因素。把人们联系在一起的通信网络也是如此。麦肯锡公司（McKinsey & Company）采用了知识图谱，并在 20 世纪 80 年代初为公司内部不同领域的专家制订了第一个指南。美国运通（American Express）也做了类似的事情，定位哪些办公室是不同类型知识的来源。休斯太空通信公司（Hughes Space and Communications）建立了知识库和知识目录。美国电话电报公司（American Telephone & Telegraph）拥有其在线的专业知识目录，发现绘制“谁知道什么”通常比绘制组织在不同领域的知识更高效，更新个人资料（通常由个人自己更新）比持续编辑、维护和验证内容更便宜，也更可行。

（三）绘图领域的重点

绘图领域强调知识的对应与连接。知识管理系统是一个管理、技术和组织系统的结构，以支持在一个组织内实施知识管理，承认不是所有的知识都可以被表达出来，并且不想忽视有价值的隐性知识，如贝恩咨询公司的寻人知识管理系统（People-Finder）并不试图捕获知识本身，而是旨在绘制该知识在组织中的位置。这种方法试图创建一个“知识黄页”，将那些寻求特定专业知识的人指向组织内拥有该专业知识的人，并确保可以进行咨询或知识共享。为了更准确地追踪知识在组织中的位置，一些研究分析了知识流动和不同成员在知识吸收和共享中的角色。他们将员工分为外部沟通之星（获取外部知识并将其带入组织）、内部沟通之星（在组织内传播知识）和守门人（具有完成这两项任务的特殊能力）。

四、知识社团领域

（一）定义

知识社团描述使用组织结构或网络来共享或汇集知识，典型的组织安排是一组具有共同兴趣、问题或经验的人员。这些社团是为业务目的而设计和维护的，可以是组织内的，也可以是组织间的。知识社团是以非常规性、个性化、非结构化的方式交互和共享知识，是一个相互依存的网络。也就是说，知识社团不仅包括“典型的正式组织安排”，还有非正式组织的“网络”。

知识社团的一个重要特征是将知识和知情人聚集在一起，通常由网络上的知识库提供支持和信息。典型的是莲花便笺群件（Lotus Notes），它捕获分布在内部网上的知识和经验。社团本身也是一个通信网络——技术上的和社会上的，它把有问题的人员和有答案的人员联系起来。实践社团和虚拟社团是典型的知识社团。

（二）实践社团

实践社团（Community of Practice，CoP）就是有着同样的目标，同样的工作或者同样的兴趣的一群人，组成的非正式的团体，通过在不断发展的基础上相互影响，就共同关注的问题进行讨论，从而促进知识共享，加深某一领域的知识和专业技术。实践社团由哈佛大学埃蒂纳·温格

(Etienne Wenger) 在 1998 年提出 (Wenger，1998)[75]。

实践社团有小型的或大型的、长期存在的或短期存在的、集中的或分散的、同类的或不同种类的、内部的或跨部门的、自发的或有意的等形式，但也有基本的、共同的结构。温格认为，一个实践社团的结构模型由领域、社团和实践等三种基本要素组合而成，即：定义一组问题的知识领域，关心这个领域的人们的社团，以及他们所发展的在这个领域内有效的共同实践。

领域创造共同点和共同身份的感觉。一个明确的领域能够确定社团的目的以及它对成员和其他人的价值，从而说明社团的合理性。这样的一个领域可以鼓舞成员们做出贡献，积极参与，指导他们的学习，使他们的行动具有意义。了解领域的范围和最前沿，使得成员们能够准确地决定哪些东西值得分享，怎样提出想法，追踪哪些活动，还使他们认识到试探性或不完整的想法的潜力。对你来说，苹果从树上落下来是自然的，但对一个正试图理解重力动力学的物理学家，这一景象却可能重新构造整个宇宙。

社团创造学习的社会结构。一个强大的社团培养互动精神，培养基于相互尊重与信任的关系。它鼓励人们分享想法，暴露自己的无知，提出困难的问题，并且仔细倾听。这是一种混合的气氛：人们之间有着亲密的关系，同时又互相坦诚开放地提出和探讨问题。你曾经历过这种气氛吗？社团是一个重要的因素，因为学习既是智力的过程，也与归属有关，既需要头脑，也需要心灵。

实践是社团成员分享的一套构架、想法、工具、信息、风格、语言、故事和文件。领域指出社团关注的主题，而实践是社团开发、分享和保持的特定知识。社团建立一段时间以后，成员们认为彼此应该已经掌握了社团的基本知识，就像生物化学家认为他们学科的成员应理解基本的化学知识一样。大家分享共同的知识和资源，使得社团能够高效地处理领域的问题。[76]

由领域、社团和实践等三种基本要素构成的实践社团不仅是理论练习，更主要的是能够带来实际利益，而且也是实践社团区别于其他社会结构的主要特征。这些区别如表 3-1 所示。

表 3-1 实践社团与其他社会结构的区别

	目的	成员	是否明确边界	是什么让他们在一起	能持续多久
实践社团	创造、扩展和交换知识，发展个人能力	自我选择，以专业技术或对一个主题的热情为基础	模糊	对社团和专业技术的热情、承诺、身份认同感	有机地进化和结束（只要主题适当，能够保持兴趣和创造价值，就会持续）
正式部门	交付一种产品或服务	每个向经理报告的人	明确	工作要求和共同目标	应永久存在（只要需要这一次重组）
运作团队	负责正在进行的操作或过程	管理层指定成员身份	明确	对运作共有的责任	应持续存在（只要需要这种运作）
项目团队	完成特定的任务	在完成任务中有直接作用的人	明确	项目的目标和里程碑	事先就确定要结束（项目完成时）
兴趣小组	获得信息	任意感兴趣的人	模糊	获取信息的需要、相似的思想和感觉	有机地进化和结束
非正式网络	接受、传播信息，认识别人	朋友、生意上认识的人、朋友的朋友	没有定义	共同需要和关系	从来没有真正的开始和结束（只要人们保持接触，互相记得对方，就存在）

资料来源：温格（2003）

（三）虚拟社团

未来学家长期以来一直预测，通信技术将改变社会结构，使群体能够建立基于共同利益而不是地理位置的新社区。“虚拟社团”一词是莱茵戈尔德（Rheingold，1993）[77] 创造的，他把这个词应用于不仅有共同兴趣，而且有“社交网络资本、知识资本和交流”的个人群体。他的虚拟社团指的是电子媒介的社会联系，参与者拥有的知识和经验，以及提供相互支持的意愿。

在虚拟社团的想法中，伍尔夫（Wulf）提出的合作实验室脱颖而出。这个概念包含了基于高性能通信的广泛功能。根据伍尔夫的定义，合作实验室是“一个没有围墙的中心”，在这个中心中，国家的研究人员可以不考虑物理位置进行他们的研究——与同事互动，访问仪器，共享数据和计算资源，访问数字图书馆中的信息”（Wult，1993）[78]。美国国家资源委员会（National Research Council，NRC）组织了一个国家合作实验室委员会，该委员会在一份报告[79]中定义了虚拟社团的四种基本能力：数据共享、软件共享、远程控制仪器、与远方的同事沟通。为了支持这些能力，报告还确定了两个额外的需要：应用计算机科学、培训合作参与者。四种基本能力和两个额外需要共六个协作特性提供了一个有用的框架。在接受合作实验室的概念时，该报告提出以下观点。

如果随着时间的推移，互动的“没有围墙的中心”成为现实，那么这样的合作可能会进一步促进科学家之间的积极和加强的社团意识，这种意识随着规模、质量、共享信息的范围不断扩大。

第二节　思想渊源

一、霍桑实验与非正式组织

非正式组织的概念是由埃尔顿·梅奥等人在著名的霍桑实验之后提出的。西方电气公司的霍桑工厂是美国电话电报公司的设备供应商，在管理思想史上，几乎没有哪一项研究像霍桑工厂的实验那样受到广泛关注。

（一）埃尔顿·梅奥

埃尔顿·梅奥（Elton Mayo，1880—1949）是出生于澳大利亚的美国心理学家和社会学家。他以霍桑实验而闻名，该研究考察了社会关系、动机和员工满意度对工厂生产率的影响。尽管后来梅奥研究结果的有效性受到了批评，但他的研究引入了一个观点，即在决定工人的生产力水平方面，外部因素（如照明、温度）的重要性低于社会因素（如工作团队关系和归属感）。梅奥等人将这一观点扩展到更大的社会组织中，极大地丰富了管理学理论。

埃尔顿·梅奥在他的第一本书《工业化文明的社会问题》（Mayo，2003）[80]中从现代文明中存在的一个问题开始研究，这个问题深深植根于工作场所的人际关系："我们对人类文明问题的理解应该至少等同于我们对物质问题的理解。如果缺乏这样的认识，整个工业结构就很容易遭到破坏或衰退。”梅奥认为，工业化解决了生产问题，促进了经济增长，但并没有提高工人的社会地位；工人和雇主之间存在严重的紧张关系，这种紧张关系是很难调和的。他建议用心理学的观点来解决这个问题，霍桑实验就是为此而设计的。

（二）霍桑实验

霍桑实验是一种基于科学管理逻辑的实验。1924 年至 1932 年，在近 8 年时间里进行了两轮：第一轮在 1924 年至 1927 年进行，由美国国家科学委员会主持；第二轮由梅奥在 1927 年至 1932 年指导进行。整个实验经历了前后四个阶段：照明实验、福利实验、访谈实验和群体实验。

照明实验在 1924 年至 1927 年进行，实验假设“提高照明度有助于减少疲劳，使生产效率提高”。但两年多的实验表明，照明度改变对生产效率并无影响。只有当照明减弱至实在看不清时，产量才急剧下降。

经过一系列持续实验，梅奥逐渐认识到，人们的工作绩效取决于社会问题和工作内容，而动机在整个过程中起着重要作用。梅奥的研究让他相信：工人不能被孤立对待，而必须被视为一个群体的成员；对于个人来说，金钱激励和良好的工作条件不如归属于一个群体的需要重要；在工作中形成的正式或非正式群体对群体中的工人的行为有很大的影响；管理者必须意识到这些“社会需求”，并满足这些需求，以确保员工与组织合作，而不是与之作对。

在第四阶段的继电器绕组群体实验中梅奥发现了非正式组织。

群体实验的目的是确认非正式组织。在前三个阶段的实验中，研究者似乎感觉到工人之间存在着非正式组织，而这个非正式组织对工人的态度有非常重要的影响。为了系统地观察实验组工人之间的互动情况，实验员在车间中选择了 14 名男工，其中 9 名绕线工，3 名焊工，2 名检验工，并让他们在单独的房间中工作。

实验开始时，研究人员向工人解释，他们可以尽其所能地努力工作，因为他们是按件计酬的。研究人员本以为这会让员工工作更努力，但结果出乎意料。事实上，工人实际的产量只是平均水平，每个工人的日产量也差不多。比如，根据动作和时间分析，每个工人应该完成 7312 个焊点的标准定额，但工人每天只完成 6000 ～ 6600 个焊点，即使在工作中有更充裕的时间，他们也会自动停止工作。原因是什么？研究人员发现，工人自愿限制产量是因为，如果他们工作太努力，其他工人可能会失去工作，或者公司可能会设定更高的生产配额。在这项实验中，梅奥发现了非正式组织。

（三）非正式组织

非正式组织是随着正式组织的运作而形成的。一些正式组织成员之间的个人关系逐渐从相互接受、理解上升到友谊，一些与正式组织相连但又独立于正式组织的无形小团体逐渐形成。这些小团体形成后，由于工作性质相似，社会地位相同，对一些具体问题的认识、观点基本一致，或基于性格、爱好和情趣相投，一些行为规则被大家接受和遵循。于是，原本松散、随机的群体逐渐变成一种趋于固定的系统，即“非正式组织”。非正式组织具有以下特点：①由于人们有共同的思想感情，相互吸引，相互依赖，自发形成群体，没有明确的规定。②非正式组织的主要功能是满足个体的不同心理需求，成员有意识地相互帮助。③非正式组织一旦形成，就会产生各种行为规范来控制成员的行为，这种规范可以促进或抵制正式组织目标的实现。④非正式组织的领导者不一定具有较高的地位和权力，但具有现实的影响力。因为他们更有能力，或更有经验，或更善于理解他人。

非正式组织是客观存在的，不随人的意志而改变，其负面影响难以控制和消除。由于非正式组织具有许多有利于正式组织的积极作用，正式组织的领导者应该充分利用非正式组织，以达到培养集体意识的目的。

总之，梅奥的工作引发了一场革命，霍桑实验不仅对管理理论和组织心理学等领域研究的发展做出了贡献，而且为社会网络理论奠定了基础，也为知识管理的网络学派提供了思想来源。多年来，管理者成功地利用霍桑效应在短时间内提高了生产率。梅奥的研究也启发了不同的社会理论家，如基斯·戴维斯（Keith Davis）、克里斯·阿吉里斯（Chris Argyris）和弗雷德里克·赫茨伯格（Frederick Herzberg），创造了他们自己的组织理论。梅奥在霍桑实验中的工作后来被道格拉斯·麦格雷戈（Douglas Mc Gregor）修改，因为霍桑实验最初并没有表明为了提高员工满意度和生产率，应该如何修改工作实践和组织结构。麦格雷戈认为，组织设计、动机和生产力之间的联系比梅奥最初认为的要复杂得多。

二、社会网络理论

（一）社会网络理论的奠基者

英国人类学家拉德克利夫－布朗（Radcliffe-Brown）在1940年曾使用“社会关系网络”（Network of Social Relations）来描绘社会结构（Radcliffe-Brown，1940）[81]。布朗的网络概念与现代意义上的社会网络分析是有所不同的，他用网络概念说明社会结构只是一种形象的比喻。在分析社会的网络结构上做出重要贡献的是德国社会学家、哲学家格奥尔格·齐美尔（Georg Simmel），他研究了群体中的个体行为，认为不同的网络影响人的行为（Simmel，1955）[82]。齐美尔是“形式社会学”的主要推动者，形式社会学是社会计量学的直接来源之一，而社会计量学又是社会网络分析的主要技术基础之一。最早运用“社会网络”概念的学者是曼彻斯特大学的 Barnes。他在挪威的一个渔村中考察了以友谊、亲属及邻居为基础所形成的非正式、私人性社会网络（Barnes，1954）[83]。此后，许多学者对社会网络分析加以发展，如“格式塔”心理学派的代表人物库尔特·勒温（Kurt Lewin）、雅各布·莫雷诺（Jacob Moreno）发展了社会计量学；卡特赖特（Cartwright）、哈拉里（Hararyi）则发展了莫雷诺的社群图；曼彻斯特学派的博特（Bott）提出了第一个密度指标——结（Knit）以之来测量网络结构；米切尔（Mitchell）提出并区分了整体网络和自我中心网络概念；新哈佛学派的弗里曼（Freman）创办了社会网络分析的主要学术杂志《社会结构学刊》；怀特（White）发展了集合论和多维尺度；马克·格兰诺维特（Mark Granovetter）提出“弱连带优势”和“镶嵌问题”；芝加哥学派的罗纳德·伯特（Ronald Burt）提出了“结构洞理论”等。其中，格兰诺维特和伯特的理论比较有代表性。

（二）弱连带优势理论

美国斯坦福大学社会学系教授马克·格兰诺维特是社会关系网络理论的最重要推动者，新经济社会学派的主要倡导者。新经济学派试图将社会结构分析、人的非理性分析因素，如信任、情感等带入经济分析之中，开启了社会分析与以自利动机、理性选择为前提的经济分析之间的对话。他在社会网络理论上的主要贡献是其“弱连带优势（The Strength of Weak Ties)”（Granovetter，1973）[84]和“镶嵌问题（Embeddedness)”（Granovetter，1985）[85]。

1. 弱连带优势

格兰诺维特首次提出了人际连带强度的概念，并用四个因素加以测量：认识时间、互动频率、亲密性和互惠性服务内容。根据这四个因素，格兰诺维特将人际连带强度划分为强连带、弱连带和无连带。

与强连带相比，弱连带有更好的信息传播效果。如 A 与 B、A 与 C

均为强连带，基于好朋友频繁互动，所以B和C有很高的机会因为A的中介而认识。A同时传了一个信息给B和C；B接到A的信息后，可能又转传给C；而C接到A的信息后，也可能又传给B，所以B和C之间的信息通路是重复的。强连带很多的关系网中，重复的通路也往往很多，罗纳德·伯特称其为“冗余”，而弱连带则不太会有此浪费。在此基础上，格兰诺维特又进一步指出两个团体间的“桥”一定是弱连带。桥在信息扩散上极有价值，因为它是两个团体间信息通畅的关键。

在格兰诺维特看来，强连带是在性别、年龄、教育程度、职业身份、收入水平等社会经济特征相似的个体之间发展起来的，而弱连带则是在社会经济特征不同的个体之间发展起来的。因为群体内部相似性较高的个体所了解的事物、事件经常是相同的，所以通过强连带获得的信息往往重复性很高；而弱连带是在群体之间发生的，由于弱连带的分布范围较广，它比强连带更能充当跨越社会界限去获得信息和其他资源的桥梁，可以将其他群体的重要信息带给不属于这些群体的某个个体。在与其他人的联系中，弱连带可以创造例外的社会流动机会，如工作变动。

通过弱连带可以进行团体间关系的讨论，也可以分析难以用初级团体界定的社会结构的问题。弱连带力量的提出和经验发现对欧美学界的社会网络分析产生了重大影响，格兰诺维特的研究成果具有划时代的意义。

2. 镶嵌问题

镶嵌的观点长期以来一直是社会学家、人类学家、政治学家与历史学家的主流观点。镶嵌一词最早由“实质论学派”的波兰尼提出，波兰尼的“镶嵌”意在表明经济与政治、宗教之间的互相嵌入关系，强调经济行动是一个制度化的社会过程，是社会的生机之源（Polanyi，1957）[86]。

简单地说，格兰诺维特的镶嵌观点就是经济行动是在社会网内的互动过程中做出决定的。但要掌握镶嵌观点的精义，必须从两个角度去观察：一是它与新古典经济学的对话；二是它的方法论的个性可以上承大型理论的社会网理论，下开可检证的因果推论模型。格兰诺维特认为，大多数的行为紧密地镶嵌在社会网络之中；人际互动产生的信任是组织从事交易必要的基础，也是决定交易成本的重要因素。

（三）结构洞理论

1. 结构洞的概念及测量指标

1992 年，美国芝加哥大学的社会学和战略学教授罗纳德·伯特结合奥地利学派和格兰诺维特的弱连带理论提出了“结构洞理论”（Structural Holes Theory）。结构洞指两个关系人之间的非重复关系。结构洞的两个关系人向网络贡献的利益是可累加的，而非重叠的（Burt，1992）[87]。测量结构洞有两个指标：一个是凝聚力，另一个是结构等位。如果两个关系人之间是强连带，他们就是重复的关系人，就是缺乏结构洞，就会出现凝聚力冗余。

2. 结构洞的特征

伯特的结构洞理论首先从利润的公式入手，“利润 = 投资 × 回报率”，提出回报率是竞争场域的关键。每个玩家都有一个由该场域组成的网络，而网络的性质及其关系人在场域的社会结构中所处的位置，规定了玩家获得更高投资回报率的机会。机会因为信息利益和控制利益两种网络利益而带来更大的回报。结构洞理论有四个标志性特征：①竞争是一个关系问题，并非玩家自身之间的竞争。②竞争是一种突现的关系，是不可见的。③竞争是一个过程，而非结果。④不完全竞争是一个自由问题，而不仅仅是权力问题。

伯特认为，在社会网络中，某些个体之间存在无直接联系或关系间断的现象，从网络整体来看，好像网络结构中出现了洞穴，这就是结构洞。

而将无直接联系的两者连接起来的第三者拥有信息优势和控制优势。因此，组织和社会中的个人都要争取占据结构洞中的第三者位置。

三、社会资本理论

（一）定义

“社会资本”一词最初出现在社团研究中，强调城市社团功能持续性发展的重要性：为生存，以及社会网络的强大、人际关系的建立等，随着时间的推移开始深入信任和合作的基础和集体行动。早期的研究还涉及个体社会资本的重要性：一组内生于家庭关系和社团组织中的资源在培养小孩成长中的作用。这个概念早期常常用来解释广泛的社会现象，越来越多地倾向于关注社会资本的作用——不仅影响人力资本的发展，而且影响企业的经济绩效、地理区域和国家。社会资本理论的核心命题是：网络关系是处理社会事务的一种宝贵资源，为其成员提供了“集体拥有的资本”、是赋予其成员信任的一种“凭据”。更多的资本嵌入成员共同认识和认可的网络之中。例如，布尔迪厄（Bourdieu，1986）[88]确认持久的义务来源于感恩、尊重和友谊的感觉，或者来源于一个家庭、一个阶级、一个学派的成员权利在法律制度上的保证。也有一些资源可以通过合同和网络联系获得，例如，通过“弱关系”和“朋友的朋友”，网络成员可以拥有一些特权获得信息和机会。作为社会资本的一种重要形式，社会地位或社会声誉来源于特定网络的受到相对限制的成员关系。

布尔迪厄[89]和科尔曼[90]都强调社会资本相对于其他形式的无形特征。经济资本存在于人们的银行账户上、人力资本储存在人们的头脑里，社会资本则存在于人们的关系结构之中。一个人要拥有社会资本就必须与他人发生联系，正是那些别人而不是其本人是一个人的优势的实际来源。

西方许多组织学者把社会资本的概念进一步引申，把社会资本的研究扩展到组织层次，并一致认为社会资本有助于组织竞争优势的提升。

（二）纳皮尔和戈沙尔对社会资本的结构分类

在对组织社会资本的概念与因子研究中，纳皮尔和戈沙尔（Nahapie & Ghoshal）最具代表性。他们认为社会资本是企业占有的关系网络中，通过关系网络可获得的、来自关系网络的实际或潜在资源的总和；社会资本存在于关系之中，关系自交换产生，社会资本又促进交换。纳皮尔和戈沙尔将社会资本划分为三个维度：①结构维度，主要指群体中人与人之间相互联系的程度，包括网络连接、网络构型和调度的组织，又被称为结构性嵌入。②认知维度，主要指群体成员拥有共享观念的程度，包括共享符号与语言、共享叙事。③关系维度，主要指群体中人际关系的质量，包括信任、规范、义务和认同，又被称为关系性嵌入。

（三）科尔曼的社会资本功能论

1988 年，美国芝加哥大学社会学教授，社会行动理论的创立者詹姆斯·科尔曼（James Coleman，1999）将社会资本定义为个人拥有的资本财产——社会结构资源。科尔曼认为社会资本不是某种单独的实体，而是具有各种形式的不同实体，社会资本由构成社会结构的各个要素组成；社会资本为结构内部的个人行动提供便利。社会性的资本潜藏在社会团体、社会网络中，个人未必能占有它，只有通过成为该网络的成员与网络连带才能摄取该资本。科尔曼是在理论上对社会资本进行全面界定和分析的第一位社会学家。科尔曼的研究在社会资本领域影响最大，是社会资本研究的一个里程碑。但由于科尔曼将社会资本定义在功能上，也遭到了一些批评意见。

（四）普特南的社会资本社团论

作为社会资本理论的主要发动者，美国哈佛大学教授罗伯特·普特南（Robert Putnam，1992）[91]在社会资本概念的推广并使之成为学界讨论焦点上做出了重要贡献。普特南认为，与物质资本和人力资本相比，社会资本指的是社会组织的特征，如信任、规范和网络，它们能够通过推动协调和行动来提高社会效率。社会资本的意义在于其提高了物质资本和人力资本的收益，社会资本的特性是信任、互惠规范和网络。普特南认为，对个人行动的促进完全是繁荣社群，或者说是丰富社会资本存量的副产品。但他关于美国社会资本在 1960 年至 1990 年急剧下降的结论，也遭到了多方批评，认为其测量指标忽略了其他类型的公民行动、跨阶级和组织的动力影响。

（五）林南的社会资源基础理论

美国杜克大学社会学教授林南（2005）[92]把社会资本建立在社会资源理论基础之上指出：社会资本是期望在市场中得到回报的社会关系投资；社会资本是通过社会关系取得的资本；资本是一种财产，它借助于行动者所在网络或所在群体中的联系和资源而起作用。在此基础上，林南将社会资本进一步定义为：在目的性行动中被获取的和被动员的，嵌入社会结构中的资源。林南从社会资源理论的视角发展了社会资本理论，并综合以往的研究成果，突出了社会资本的两个重要属性：关系性和生产性，为社会资本理论的发展和完善奠定了良好的理论基础。林南的社会资本概念综合吸收了马克思的资本概念，舒尔茨的人力资本概念，以及布尔迪厄、科尔曼和普特南的社会资本概念。

（六）波茨的社会资本“嵌入”论

美国社会学学会主席，普林斯顿大学教授亚历山德罗·波茨（Alejandro

Portes，1998）[93]在分析了社会资本的起源、性质基础上，评述了布尔迪厄、洛瑞和科尔曼等学者的社会资本相关研究，区分了社会资本的“理性嵌入”和“结构性嵌入”，然后对社会资本的积极作用和消极作用进行了分析。与其他学者不同，波茨是从个人的网络关系角度来研究社会资本的，认为社会资本是“个人通过他们的成员资格，在网络中或在更宽泛的社会结构中，获取短缺资源的能力”[94]。

（七）福山的社会资本“信任”说

作为哈佛大学政治学博士、兰德公司的高级社会科学学者，法兰西斯·福山（Francis Fukuyama）[95]提出了社会资本的“信任”说，引起了学术界的众多关注，福山认为信任“是在一个社团中，成员对彼此常态、诚实、合作行为的期待，基础是社团成员共同拥有的规范以及隶属于那个社团的角色”。福山是从文化角度、经济学角度对社会资本展开研究的。

第三节　思想贡献

一、最佳实践转移

（一）最佳实践

最佳实践指在其他地方执行得非常成功且适合本单位，值得引进和采用的一些经验、知识或工作方式。最佳实践可分为以下四个层次。

①好的创意：未经证实，但直觉上感到是对组织能够产生效益的创新思想。

②好的实践：证实成功的某项技术、方法、程序或流程。

③地区最佳实践：在组织内类似的单位中，经过实践被证实是最好的某项技术或流程。

④产业最佳实践：组织内某项技术或流程在产业内被认定为绩效最优，是产业内的一个标杆。（O'Dell & Grayson Jr.，1998）[96]

（二）最佳实践转移理论

最佳实践转移（Best Practice Transfer）就是将组织内执行某项任务获得成功的团队所获取的有价值的知识和经验转移给执行类似任务而绩效不佳的其他团队，以实现知识共享。南希·迪克森（Nancy Dixon，2000）[97]根据决策树将最佳实践转移分为五种：连续性转移（Serial Transfer）、相似性转移（Near Transfer)、差别性转移（Far Transfer)、战略性转移（Strategic Transfer）和专家性转移（Expert Transfer)。

1. 连续性转移

连续性转移指相同的团队将在某一情境执行任务后所获得的经验或教训予以存储、记录，以备下次在“另一相似情境”执行任务时运用。

2. 相似性转移

相似性转移指某一执行例行性工作的团队将其在工作中所获取的显性知识予以记录、存储，并转移给执行工作范围类似的另一个团队使用。

3. 差别性转移

差别性转移指某个团队将其处理某偶发性任务所获得的隐性知识提供给组织另外的团队在不同背景下执行类似的偶发性任务时使用。

4. 战略性转移

战略性转移指某些团队具有的战略性知识可以影响整个组织经营的集体知识，由专家将这些知识整理提供给另外一个团队在不同背景下执行类似的战略任务所需时使用。

5. 专家性转移

专家性转移指一个工作团队在执行例行工作面临一个超越其知识范围的问题时，主动寻求组织内专家提供专业知识的协助。

五种最佳实践转移如图 3-1 所示，五种最佳实践转移比较如表 3-2 所示。

二、社会资本与“空间”

网络学派也称为社会学派，鼓励将社会化作为一种知识交换的手段，关注社会资本的培养和利用，这些社会资本是由人们的互动发展而来的，包括正式的或非正式的。同时，“空间”这个标签更受青睐，因为空间被认为可用来激发对话和交流。

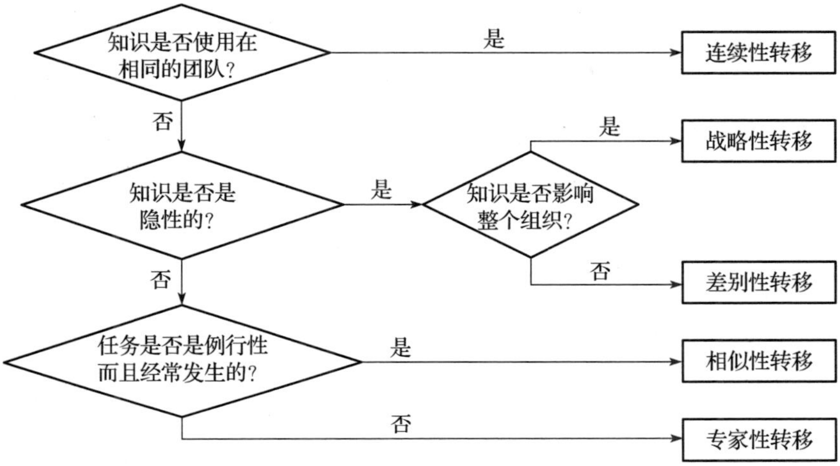

图 3-1 五种最佳实践转移决策树

资料来源：Dixon（2000）

表 3-2 五种最佳实践转移及其主要特征的比较

	连续性转移	相似性转移	差别性转移	战略性转移	专家性转移
知识的提供者与接受者	相同团队，时间不同	不同团队间	不同团队间	不同团队，由特别专家记录	不同团队，没有特定的对象
任务与背景的相似性	任务相似，背景不同	任务背景皆相似	任务相似，背景不同	任务相似，背景不同	任务不相似，背景相似
任务的特性	非例行性，但常发生	例行性且常发生	非例行性，但常发生	非例行性，不常发生，但影响重大	例行性，不常发生
共享知识的类型	显性与隐性皆有	显性	隐性	显性与隐性皆有，但以隐性为主，模糊度、复杂度大	显性
案例	软件团队系统开发经验的自我存储，以利下次应用	同一家公司，但不同汽车装配厂组装刹车系统最佳实践的转移	新西兰海底隧道团队开凿海底隧道的知识转移给波士顿海底隧道团队	战略性并购知识不同背景的转移，顾问公司将知识管理导入策略，转移给公司的另一团队	相同领域的网络专家，通过 IT 等各种界面寻求回答

（一）斯堪的亚的未来中心

斯堪的亚公司（Skandia）的未来中心位于斯德哥尔摩群岛。在斯堪的亚的智力资本项目和未来规划的框架下，未来中心是一座经过改造的水边别墅，在这里，团队可以举行正式会议和研讨会，个人也可以在这里进行安静的反思。不同的是，这座建筑是为“接触性”而设计的，或者是为创造接触和活动的会议而设计的。除了光线、通风的环境和山水的景色，还有开放的、封闭的房间。由于自助服务和座位的设计方式，用餐区成为群体必须交流的空间。花园和入海的防波堤可用于临时会议，整个中心是自组织的。参观未来中心的游客，无论是来自斯堪的亚内部还是外部，很快就会发现他们是如何与其他人平等地进行意想不到的、令人兴奋的接触的，即使他们的等级并不平等。他们谈论共同的兴趣，交换想法和经验，偶然学习，并建立网络。作为一种知识管理活动，所有这些设计都以斯堪的亚公司的接触原则为目标，或者追求自发的学习和创造力。

（二）英国航空公司

英国航空公司在希思罗机场附近的水边新总部办公室主要是开放式的，以鼓励沟通和团队合作。大胆的实验是在大楼底层进行的，这里有一条非常宽阔的中世纪鹅卵石街道，人们必须通过这条街道才能在建筑中穿行。街道的一侧有一个咖啡馆、一个报刊亭和一个便利店，以及其他设施。因此，街道就成了吸引意外邂逅的磁石，成了交谈的市场。这是逻辑上的一小步：与你原本不会遇到的人见面，进行自发的对话，腾出少量不集中的时间，交换令人惊讶的信息或隐藏的想法，或发现迄今为止未知的专业知识。换句话说，中世纪街道很可能促进显性知识和隐性知识的交流。这也是一个可以快速交换信息或安排进一步会议的空间。整个建筑的设计是为了最大限度地增加“碰到人”的次数。当然，还可以找到其他一些利用空间设计打破知识壁垒或促进知识交流的例子。

（三）国民西敏寺银行集团

国民西敏寺银行集团（NatWest Group）在底层建造了一个咖啡馆，复制了伦敦金融城（City of London）的老式交流场所，鼓励员工与内部人士或外部人士进行非正式组织的会议。这个想法是对一位首席知识官所说的“为对话创造市场”的实际投资。

（四）埃森哲“知识大楼”

埃森哲设计了“知识大楼”取代传统的办公室。他们将开放式办公室、知识咖啡馆、每层的厨房、知识库和头脑风暴室整合到一个集成的办公套件中。

三、知识社团：石油公司的贡献

社团是社交网络，人类中心（或主持人）和网络交换机一样必要。当人们认识到组织学派的哲学正在增加知识工作者之间的连通性时，这种见解就变得重要起来。知识社团更有可能在有社交和网络传统的地方发挥作用。英国 BP 石油和荷兰皇家壳牌，提供了具有启发性和典型的例子。

（一）英国 BP 石油

在英国 BP 石油公司，知识管理项目最初的愿景是捕捉每个人知道的东西，并将知道的人联系起来。这首先是通过关注团队来获取良好实践、工作经验和商定的学习，以构建团队拥有的知识资产来实现的。例如，早期的一项倡议是BP石油公司内部组建一个全球知识社团，为石油钻井平台的维护提供专业知识。另一个是建立油藏建模专家网络。这些团队本质上是实践社团，通过构建和访问积累的知识得到增强。然而，它们通常跨正常的业务或运营组织单位，跨站点、部门、国家和职能连接人员。BP石油公司知识社团最常见的目标是通过知识重用和加速学习提高生产率。“每次钻下一口井，我们就能把下一口井做得更好”体现了这种雄心。更好、更快的决策以及新产品和服务的开发是知识管理的另一个目标。

在BP石油公司一个典型的通过知识提高生产力的项目中，“我们现在如何工作”首先被记录下来。然后在一个系统中收集、综合和编纂关键操作任务的知识或专门知识。每当一个新的经历发生或一个项目完成，就会进行行动回顾，以评估最初的目标，探索实际发生了什么，并分析结果和意图之间的差异。通过这种方式，新的知识被添加进来，并被那些经历过这些经验的人和专家验证者验证。

（二）荷兰皇家壳牌

壳牌公司的知识社团是虚拟团队，通过整个壳牌公司的网络连接起来，跨越了传统的组织边界。其目的是将知识应用于各种情况：操作问题、业务开发项目、公司周转和技术能力建设。有四类知识被用于实践：壳牌自身的研究和最佳实践；个人专业知识和经验；来自整个壳牌网络的建议和想法；外部获取的内容。然后，壳牌的知识社团建立并访问三种不同类型的“论坛”。最规范或结构化的是最佳实践论坛，由实践社团维护和验证。最不规范的是讨论论坛，这是在一个主题上有共同兴趣的自愿社团，例如，地震建模或知识管理。中间类型是任务论坛，社团聚集在一起解决或讨论一个特别重要的挑战，例如，扭转一个困难的企业。在这种情况下，社团成员可能被邀请或借调直接解决问题。

本章小结

①网络学派是一种组织形式，由一组关键的专家组成，用于支持公司内部和跨公司边界的知识转移、共享和创造。一个良好的知识领域保管人，对实现网络目标和实现商业利益非常重要。知识网络学派有三个支分领域：一是空间领域，二是绘图领域，三是知识社团领域。

②空间领域强调要给员工提供社会互动的空间，通过自由闲谈提高共享知识的机会。传统重视个人隐私的封闭式个人办公室工作模式会妨碍知识共享，组织应设计有利于互动的办公环境。

③绘图领域，或称“黄页”，绘制有关组织知识的情况，其功能是通过建立知识目录来记录和揭示组织中谁知道什么，其主要思想是确保组织中有知识的人可以向其他人提供建议、咨询或知识交流。

④知识社团领域是以非常规性、个性化、非结构化的方式交互和共享知识，是一个相互依存的网络。

⑤非正式组织是随着正式组织的运作而形成的。一些正式组织成员之间的个人关系逐渐从相互接受、理解上升到友谊，一些与正式组织相连但又独立于正式组织的无形小团体逐渐形成。

⑥格兰诺维特首次提出了人际连带强度的概念，并用四个因素加以测量：认识时间、互动频率、亲密性和互惠性服务内容。根据这四个因素，格兰诺维特将人际连带强度划分为强连带、弱连带和无连带。

⑦罗纳德·伯特提出“结构洞理论”。结构洞指两个关系人之间的非

重复关系。结构洞的两个关系人向网络贡献的利益是可累加的，而非重叠的。

⑧社会资本镶嵌于社会网络之中。纳皮尔和戈沙尔将社会资本划分为三个维度：结构维度、认知维度和关系维度。詹姆斯·科尔曼将社会资本定义为个人拥有的资本财产——社会结构资源，认为社会资本不是某种单独的实体，而是具有各种形式的不同实体。普特南认为，与物质资本和人力资本相比，社会资本指的是社会组织的特征，如信任、规范和网络，它们能够通过推动协调和行动来提高社会效率。

⑨最佳实践指在其他地方执行得非常成功且适合本单位，值得引进和采用的一些经验、知识或工作方式。

⑩网络学派也称为社会学派，鼓励将社会化作为一种知识交换的手段，关注社会资本的培养和利用，这些社会资本是由人们的互动发展而来的，包括正式的或非正式的。

⑪知识社团更有可能在有社交和网络传统的地方发挥作用。英国 BP 石油和荷兰皇家壳牌，提供了具有启发性和典型的例子。

第四章

流程学派思想

▲

CHAPTER 4

第一节 思想纲要

一、流程学派的界定

（一）定义

流程学派主要关注知识管理的各个环节，认为知识管理流程是由一组动态的、连续的活动组成的，这些过程和实践嵌入个人、团队和物理结构中。在给定组织的任何时间和任何部分，个人和团体都可能参与到知识管理的几个不同方面和过程中。因此，知识管理流程不是一个离散的、独立的、整体的组织现象。所有知识管理模型都试图从普遍和更广泛的角度来解决知识管理流程问题。

相关学者对知识管理流程的定义要点如表 4-1 所示。

表 4-1 学者对知识管理流程的定义要点

学者	知识流程
Nonaka 和 Takeuchi（1996）[24]	社会化、外化、组合化、内化
Davenport（2000）[19]	获取、分享、使用
Probst，Raub 和 Rombhart（2003）[98]	识别、获取、开发、分配、利用、保存
McElroy（2000）[99]	生产、集成
Alavi 和 Leidner（2001）[100]	创建、存储和检索、传输 / 分发和应用
Prusak（1999）[44]	获得、创造、分享、整合、记录、存取、更新、创新

（二）推动因素

流程学派在某种程度上是商业过程再造的衍生或结果，至少有两个想法在推动这个学派的发展。第一，通过向操作人员提供与其任务相关的知识可以提高业务流程的性能。这也许是这个学派的关键成功因素，即知识（专业知识、经验和学习）和信息（情报、反馈和数据分析）都是由系统和内部网提供给操作人员、员工或管理人员的，知识和信息的供给和分配不受限制。在工业时代，我们可能会说，“给工人工作的工具”，我们现在可能会说，“给知识工人工作的知识和信息”。这也就是说，流程学派的理念是通过知识流动来增强企业的核心能力。第二，管理过程本质上比业务过程更需要知识。

二、管理实践

（一）惠普公司

流程学派在管理实践上以惠普公司（Hewlett-Packard）为代表。惠普传统上倾向于分散经营，相信“地方自治”。作为补充，惠普还专注于过程，一方面寻求效率，另一方面学习和适应“在惠普，一切都有一个流程”（Gannon，1998）[101]。例如，惠普的咨询实践重点是通过知识重复使用来学习和改进，认识到任务及其组成任务或过程往往是可重复的。那些从事类似作业的人可以在惠普公司的内部网上找到过去的作业摘要或日志。同样，一些建议可以与以前执行的建议进行比较，以传递想法和最佳实践。

在更广泛的领域，惠普基于网络的知识链接为产品部门的知识工作者提供了关于竞争对手、研究、产品和客户满意度的信息。惠普的产品和过程组织已经在各部门中绘制了关键的知识领域，以便获取并提供已知知识以支持知识型员工。还绘制了部门之间的知识链接图，以便不同的知识工作者群体可以共享思想。如果目标是持续的过程改进，这些措施是有意义的。同样的原则也可以从德州仪器重新设计的管理流程中看出来，比如资本预算。如果从经验中学习，并让知识工作者获得知识和信息，业务管理过程的绩效和适应性就可能得到改善。

（二）菲多利公司

菲多利公司（Frito-Lay）利用笔记本电脑在现场捕获的销售数据，对业务和管理流程进行了著名的变革。基于准确、详细、及时的销售数据，从而对业务流程实现了改进，然后重新设计销售计划的管理流程。销售分析数据不仅提供给总部的营销主管，也提供给外地销售经理及其团队。事实上，已在不同级别的管理人员之间设立了新的一对一会议，以便每周将经验和想法与信息结合起来，以制订新的战术和战略。换句话说，在销售过程中，运营层面的关键人员获得了以前没有给他们的信息，为了确保现场经理的专业知识和经验（本地知识）得到发掘和利用，每周一次的会议是一种新的知识共享手段。销售管理不再是自上而下的，也不再是自下而上的，而是合作，以确保双向的知识流动。

三、集成知识管理

流程领域强调运用企业内外最好的知识和最佳实践来强化企业内部的工作流程。知识管理流程一般通过知识管理系统（KMS）来实现。

通常可以观察到，大多数知识管理流程框架倾向于通过向企业提供需要的知识，但是没有详细说明如何实施。尽管有些人认为，公司在开发知识管理系统时必须在编纂和个性化战略之间进行选择，也有人认为两者可以同时进行。虽然不同学者已经确定了 4 到 10 个知识管理过程，但它们可以归为 4 个核心知识管理过程：知识创造和获取、知识存储和检索、知识转移和共享和知识应用。鉴于上述方法和过程，不同理论者和实践者提出了不同的知识管理集成框架，这些框架试图提供管理知识的系统解决方案。未来趋势是设计一个“综合的”“整体的”知识管理流程框架，它将处理所有知识管理过程，并将使用编纂和个性化的混合。

第二节　思想渊源

一、资源基础理论

（一）资源基础理论的基本思想

知识管理流程学派思想可以追溯到伯格·沃纳菲尔特（Birger Wernerfelt）的资源基础理论（Resource-based Theories，RBT）。该理论认为资源不仅指有形资产，还包括无形资产，有形资产和无形资产共同构成了企业的潜在能力。同时，各企业的资源差异很大，不能完全自由流动。企业的持续竞争优势来自选择性资源的积累和配置以及要素市场的不完善（Wernerfelt，1984）[102]。

资源基础理论的基本思想是，企业是各种资源的集合体。由于各种不同的原因，企业拥有的资源各不相同，具有异质性，这种异质性决定了企业竞争力的差异。只有在企业资源符合 VRIN 框架时，才可以作为竞争优势的基础。V-Valuable，即有价值的资源，它是公司构想和执行企业战略、提高效率和效能的基础。R-Rare，即稀缺的资源，资源即便再有价值，一旦为大部分公司所拥有，也不能带来竞争优势或者可持续的竞争优势。I-Imperfectly Imitable，即无法仿制的资源，一般需同时具备三点特征——历史条件独特、起因模糊，具有社会复杂性。N-Non-Substitutable，即难以替代的资源，不存在既可复制又不稀缺的替代品。

资源基础理论是关于企业的性质、行为和绩效的理论，包括资源获取和积累理论（如战略要素市场理论）、企业理论（如知识基础观）和可持续竞争优势理论（如动态能力）。它们都有一套共同的基本假设，即企业由一系列生产资源和能力组成，而企业间绩效的异质性源于其资源和能力的潜在异质性。资源基础理论涉及企业层面的战略问题，有些是基于均衡的，而另一些则采用动态的、面向过程的解释。

（二）资源基础理论的视角

一般来说，资源基础理论从生产资源和能力的角度来看待企业，并将企业绩效的异质性归因于企业资源和能力的潜在异质性。资源基础理论不涉及一般投入，也不涉及所有企业都可以自由获得的资源和能力。相反，资源基础理论关注的是能使企业进行比竞争对手的活动创造更多价值，从而使企业具有竞争优势的资源和能力。

此外，资源基础理论特别关心支持取得可持续竞争优势、便利产生、收取租金的资源和能力。也就是说，资源基础理论关注的是相对稀缺、有价值、不受模仿和替代、持久和不完全流动的资源。具有这些特征的资源和能力被认为构成企业的战略资产或构成企业的核心竞争力。虽然资源基础理论可能涉及有形资源，但注意力一直集中在无形的和社会复杂的资源，如声誉、组织文化和知识。

（三）资源基础理论的范围

资源基础理论的范围非常广泛，这并不奇怪，因为其观点已被证明是高度通用的工具。

第一个因素是解释企业之间的可持续竞争优势和持续盈利能力差异。这包括许多关于资源基础观的经典著作，如鲁梅尔特（Rumelt，1984）[103]、巴利（Barney，1991）[104]、艾米特和舒梅克（Amit & Schoemaker，1993）[105]、彼得罗夫（Peteraf，1993）[106]。

第二个因素主要用于解释异质性资源和能力位置的起源，关注的是企业在战略要素市场中获取资源的方式。一些学者将战略要素市场逻辑扩展到兼并和收购的领域，而兼并和收购的目的是获得复杂的资源和能力的组合。也有一些学者关注企业内部开发和积累资源和能力的过程。

第三个因素是解释企业间资源和能力异质性的演化机制。包括初始企业禀赋、能力演化作用理论、能力进化和能力生命周期。还有其他工作，如采取“基于常规”的观点，将进化经济学的元素与基于资源的观点的元素联系起来。

二、动态能力理论

（一）动态能力的提出

在组织理论中，动态能力是组织有目的地适应组织资源基础的能力。这个概念是由蒂斯、加里和舒恩（Teece，Gary & Shuen，1997）[107]在《动态能力和战略管理》中提出的，指“公司整合、构建和重新配置内部和外部能力以应对快速变化的环境的能力”。动态能力强调对外部变化做出充分和及时反应的能力需要多种能力的组合，是组织有效地响应并改变业务和开发其资源的能力。这个框架的主要假设是，一个组织的基本能力应该被用来创建长期竞争优势。

动态能力观点更多地关注竞争生存问题，以应对快速变化的商业条件。动态能力理论关注的是为成功公司的高级经理制订战略，以适应激进的不连续变化，同时保持最低的能力标准，以确保竞争生存。例如，传统上依赖于特定制造过程的行业不能总是在新技术到来时立即改变这个过程。当这种情况发生时，管理者需要调整自己的日常工作，以充分利用现有资源，同时为资源贬值时的未来过程变化进行规划。同样，这一理论强调的变化是内部能力，而不是只关注外部商业力量。

（二）新动态能力框架

新动态能力框架由舒恩（Shuen，2008）[108]在其Web2.0分析中提出，重点关注公司快速协调和重新配置外部能力的能力，如苹果、安卓、Linux开发者生态系统到众包、众筹开放创新，同时利用内部资源，如平台、技术、用户社团和数字、社交和移动网络。新动态能力框架考虑了数字、信息和网络经济，以及使用专门服务所涉及的交易成本的下降。许多学者认为动态能力理论是模糊的和重复的，这是一个关键问题，虽然该理论在解决如何应对业务变化的环境时仍然非常有用，但它可能无法准确描述如何应对。

惠勒（Wheeler，2002）[109]提出了动态能力的运作，并将其在不同的环境和国家进行了进一步测试。为了阐明动态能力和吸收能力理论的相关概念，惠勒引入了一个源自动态能力理论的网络使能的应用，这有助于理解和预测企业如何利用动态能力理论将与网络使能相关的动态能力转化为客户价值。这些网络使公司能够“不断地重新配置它们的内部和外部资源，通过数字网络利用商业机会”，通过“常规、知识、分析和规则，从其网络使能能力中创造客户价值”。

（三）动态能力与组织知识创造

动态能力框架是参与塑造未来和创造新价值过程的开创性工具之一。动态能力框架承认企业维持卓越绩效的能力，旨在理解组织如何创建、部署和保护支持长期卓越业务绩效的无形资产。组织知识创造理论关注组织产生使创新成为可能的知识的能力，将知识作为理解公司如何运作和实施创新的分析单元，旨在理解组织如何产生与其商业实践最相关的新知识。

以上理论基于这样一个命题：知识是公司竞争优势的最重要来源。动态能力框架和组织知识创造理论解释了能够应对快速变化的业务环境的组织能力。

蒂斯（Teece，2014）[110]提出动态能力包括感知和抓住商业机会的核心过程，并将组织知识转化为基础。特别是感知，是一个复杂的过程，它需要处理基于大量原始数据和信息的背景知识，以及对它们之间关系的评估和对相关的不确定性未来的预测。同样，组织知识创造理论强调，知识创造的过程是从社会化开始的，在社会化过程中，情境性、隐性知识是个体通过与他人和环境的互动积累起来的。这是对传统模式的重大背离，例如 PDCA（计划 – 执行 – 检查 – 行动）循环，强调在初始阶段对显性知识进行理性分析。

（四）动态能力的知识基础

关于动态能力的主流文献强调高层管理人员的个人能力，这是对个体心理的一种还原。需要认识到的是，动态能力的三个组成部分——感知、抓住和转换——发生在组织的层次上，以便组织锻炼强健的动态能力。组织知识创造理论支持这一观点，有两个原因：①感知，即隐性知识的积累通过与环境的直接互动发生（高层管理人员无法感知所有可行的机会）；②动态能力的创造性方面要求抓住和转化在组织中发生。对于高层管理者来说，通过资产编排来抓住这些感知到的机会并转变组织能力是极其困难的。

三、流程再造理论

知识管理流程学派的理论渊源可以追溯到流程再造（Reengineering the Corporation)。斯卡伯勒（Scarbrough，1998）[111]基于企业知识基础观，讨论了如何促进员工知识的专业化问题，以及如何创建这些人力知识资源的内部网络。业务流程再造则侧重于快速增长绩效的外部关系，并辅以知识源的泛化。

流程再造是“对业务流程进行根本性的重新思考和彻底的重新设计，以实现关键的、当代的性能指标的显著改进，如成本、质量、服务和速度”。在1990年发表于《哈佛商业评论》的文章《再造：不要自动化，要彻底淘汰》中，迈克尔·哈默（Michael Hammer）认为，在日益激烈的国际竞争环境中取得成功，需要戏剧性、彻底的“量子飞跃”，而这是无法通过对现有实践的增量改变来实现的。他的答案是“再造工程”，这是对与全面质量管理相关联的持续、渐进改进的理念的直接挑战。现有的业务流程和结构被定义为过去时代的过时产品，即使应用越来越复杂的信息技术（“自动化”解决方案）也无法改变。

按照哈默的说法，我们需要的是一张“空白的石板”，只有通过“消除”现状的不良传统才能实现。哈默和钱皮（Hammer & Champy，2001）[112]描述了由于“臃肿、笨拙、僵化、迟缓、缺乏竞争力、缺乏创造力、效率低下”将业务流程的重新设计作为解决方案的“改变之路”，对业务流程重组的响应进行了划分。流程再造往往受到高管团队的欢迎，因为至少在短期内，它常常能改善关键绩效指标。然而，再造工程的应用，通常是在管理顾问的协助下，经常涉及重大的裁员，因此在许多中层管理人员和非管理人员中变得非常不受欢迎，因为它与重大的结构动荡和大量的失业密切相关。

重组引起了激烈的争论。它的批评者，如Grint（1994）[113]将重组描述为天真的构想，认为其后果往往是灾难性的。批评人士认为，从白纸黑字开始的想法是简单化和不切实际的。同样，批评人士也担心，以重新开始的名义大规模解雇工人，会导致宝贵的组织记忆的丧失。

在公司再造的修订版中，虽然哈默和钱皮承认在重组工作中存在很高的失败率，但他们认为，这是由于公司过于频繁地将重组视为“简单的灵丹妙药”，因此不正确地应用它。从他们的角度来看，正确应用再造工程的公司已经产生了“惊人的效益”。哈默和钱皮也拒绝将重组描述为20世纪90年代的管理潮流，他们称其为“商业历史上的一个成功故事”，并认为其知名度降低不是由于重新设计是一个失败的实验，而是因为这个曾经的革命性做法已“司空见惯”。

第三节 思想贡献

随着满足日益增长的需求的能力的提高，出现了很多知识管理流程模型，包括迈耶和扎克模型（1996），布科维茨和威廉姆斯模型（2000），麦克尔罗伊模型（2003），中国国家标准的知识管理概念模型和过程模型（2009），吴庆海和夏敬华的“知识之轮”模型（1993），安信达和美国生产力和质量中心开发的一种知识管理评估工具（1996）等。

一、迈耶和扎克模型

迈耶和扎克（Meyer & Zack，1996）[114]模型包括数据或信息的获取、细化、存储或检索、分解和演示等五个阶段循环，每个阶段之间的网络被设计成合乎逻辑和标准化的，知识存储库的主要发展阶段被分析并映射到知识管理循环的各个阶段，这个循环称为“精炼厂”。这个模型是从信息产品的设计和开发工作中提取出来的。

1. 获取

数据来源或信息的获取如采购涉及原材料来源的范围、广度、深度、可信度、准确性、及时性、相关性、成本、控制和排他性等问题。其指导原则是众所周知的谚语“垃圾输入，垃圾输出”，也就是说，需要最高质量的源数据，否则下游生产的智能产品就会更低。

2. 细化

细化可以是物理的，如从一种媒介迁移到另一种媒介；也可以是逻辑的，如重组、重新标记、索引和集成等。细化还定义了清理，如清理内容以确保源和关键参与者的完全匿名等；或标准化，如符合最佳实践的模板或在特定组织中引用的经验教训等。这个阶段还创建更容易使用的知识对象和更灵活地存储内容以供将来使用来增加价值。细化是知识管理周期中的一个关键阶段，也是一个经常被忽视的阶段。

3. 存储或检索

存储或检索在上游获取和细化阶段（为存储库提供信息）和下游产品生成阶段之间形成了一座桥梁。存储可以是物理的，如文件夹、打印信息等；也可以是数字的，如数据库、知识管理软件等。

4. 分解

分解定义了如何将产品交付给最终用户（如传真、打印、电子邮件），不仅包括交付媒介，还包括交付时间、频率、形式、语言等。

5. 演示

语境在演示或应用阶段起着重要的作用。例如，用户是否有足够的背景能够使用这些内容？否则，知识管理周期就无法为个人乃至最终为公司带来价值。

存储库和“精炼厂”的结合使公司对有价值知识的管理成为可能。在这个循环中，必须不断更新存储库和“精炼厂”，以避免被淘汰。

迈耶和扎克模型如图 4-1 所示。

二、布科维茨和威廉姆斯模型

布科维茨和威廉姆斯（Bukowitz & Williams，2000）[115]模型包括知识

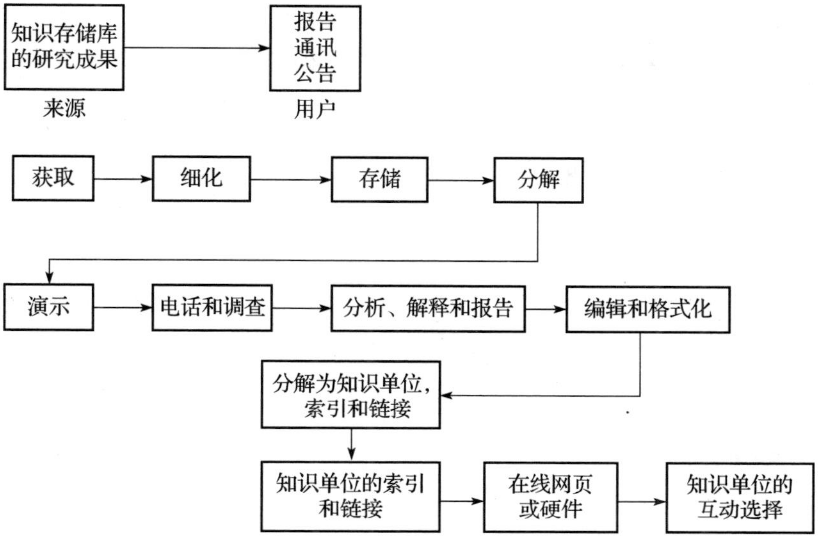

图 4-1　迈耶和扎克模型

库、关系、信息技术、通信基础设施、功能技能集、过程专有知识、环境响应能力、组织情报和外部来源等内容。这些内容描述了一个知识管理过程框架，概述了“组织如何生成、维护和扩展战略上正确的知识储备以创造价值”，其目标是将知识资本与战略需求相匹配。

布科维茨和威廉姆斯模型中，获得是第一个阶段，它包括寻找所需的信息，以便做出决定，解决问题或创新。使用是第二个阶段，它处理如何以新的和有趣的方式结合信息以促进组织创新，重点聚焦于个人，然后是群体。学习是第三个阶段，指从经验中学习的正式过程，这是创造竞争收益的一种手段，在企业中学习是重要的，因为它服务于思想应用和新思想生成之间的过渡阶段。知识管理周期的贡献阶段鼓励员工将他们学到的知识发布到公共知识库，只有这样，个人知识才能在适当的时间和地点对整个组织可见和可用。

布科维茨和威廉姆斯模型如图 4-2 所示。

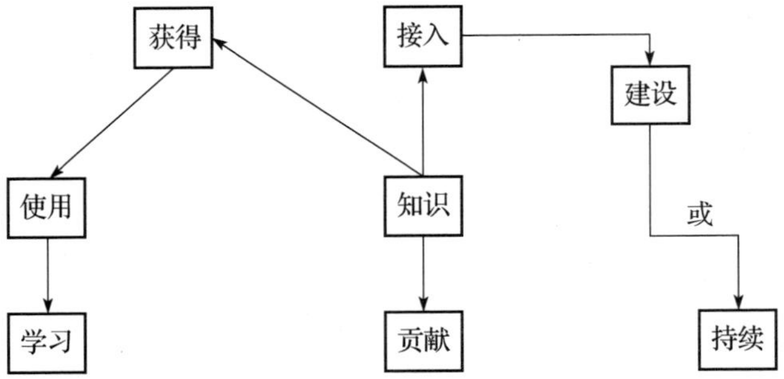

图 4-2 布科维茨和威廉姆斯模型

三、麦克尔罗伊模型

1. *麦克尔罗伊*

麦克尔罗伊（McElroy）是国际知识管理联盟的主席，也是集成创新协会的知识管理顾问和总裁。麦克尔罗伊是一位拥有30年管理咨询经验的资深人士，他曾在普华永道、IBM和毕马威（KPMG）等公司工作过，并担任合伙人。为提高商业创新的速度和质量，他发明了“政策同步方法”，这是第二代知识管理方法。集成创新协会是一家位于美国佛蒙特州的私营管理咨询公司，由麦克尔罗伊于2000年成立。该公司完全围绕第二代知识管理概念，或称为新知识管理（The New Knowledge Management，TNKM）开展工作。

2. *麦克尔罗伊模型概要*

麦克尔罗伊模型（McElroy，2003）[116]概述了知识生命周期，包括知识生产和知识集成的过程，以及对组织记忆、信念、主张和业务处理环境的一系列反馈循环。麦克尔罗伊模型始于问题主张形成，终于知识主张评审。问题主张形成用来陈述所发现的知识缺口的具体性质，知识主张评审是通过信息获取（个人学习和团体学习）来响应已批准的问题主张。通过对新的知识主张进行测试和检查，将导致“幸存的”（通过评审保留下来的）知识主张被重新整合为组织知识或未确定的知识主张。在组织知识库中应用知识所获得的经验会导致新的要求和产生新的信念，从而触发循环从头开始。

知识生产过程可以概括为：个人学习和团体学习是组织学习的第一步；知识声明验证包括组织级别的编码；信息获取是一个组织故意或偶然地获取他人（通常是公司外部的）的知识要求或信息的过程。以上过程在组织层次上形成新的知识主张方面起着基本的作用；知识集成是一个组织向其运行环境宣布新知识，并淘汰旧知识的过程，包括所有的知识传播，如教学、知识共享和其他社会活动，这些活动要么将对以前产生的组织知识的理解与知识工作者联系起来，要么容纳新产生的知识。

麦克尔罗伊模型如图 4-3 所示。

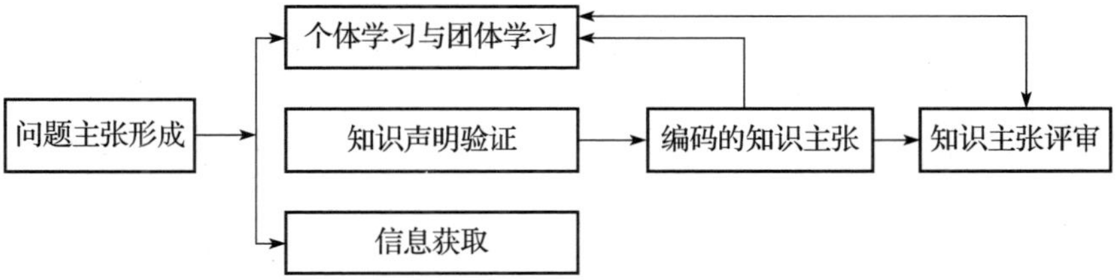

图 4-3 麦克尔罗伊模型

3. 麦克尔罗伊模型评述

麦克尔罗伊模型的优点之一是，它清楚地描述了如何检验知识，并有意识地决定是否将知识纳入组织记忆。知识授权是知识管理与文档管理相区别的一个步骤。知识管理旨在识别对组织及其员工有价值的知识内容。麦克尔罗伊的第二代知识管理或称新知识管理，与其他学派或知识管理方法的区别在于：它强调提高知识生产或创新，而不仅是知识共享；它以解决问题为导向。麦克尔罗伊的第二代知识管理的目的是加强组织中问题的解决，从而减少风险，消除错误，提高绩效。在这方面，知识管理可以被视为一种知识和行动的质量控制系统在组织中的设置。

四、中国国家标准的知识管理概念模型和过程模型

1. 知识管理的概念模型

在回顾现有的知识管理系统文献的研究时，除了提出不同的知识管理系统方法，还可以观察到许多其他的差异。有些学者不同意包含在知识管理系统中的流程及序列，以及使用的术语。因此，目前还没有一个公认的知识管理框架。为了在基本知识管理原则上达成共识，更多的努力在试图制定知识管理标准，例如欧洲标准化委员会的《欧洲知识管理良好实践指南》。2009年11月，我国也发布了《知识管理 第1部分：框架》(GB/T 23703.1—2009)。

在这个国家标准中，规定了知识管理的概念模型，即以人文（组织文化）、技术（技术设施）、管理（组织结构与制度）等三个维度为知识管理的基础设施，通过鉴别、创造、获取、存储、共享、应用等活动对知识进行管理。

知识管理的概念模型如图4-4所示。

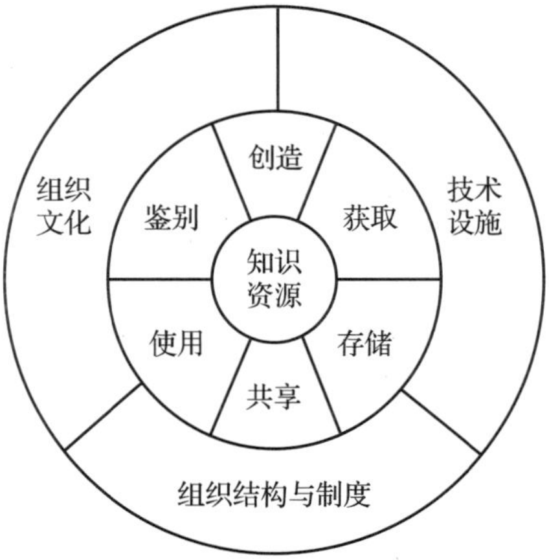

图4-4 知识管理的概念模型

2. 知识管理的过程模型

同时，国家标准又规定了知识管理的过程模型，即按照ISO质量管理体系中PDCA循环的思路，包括策划、实施、评价、改进等四个步骤。关于知识管理国家标准的理解可参考《知识管理良好实践指南》(岳高峰，朱虹和张艳琦，2014)[117]。

知识管理国家标准的过程模型如图4-5所示。

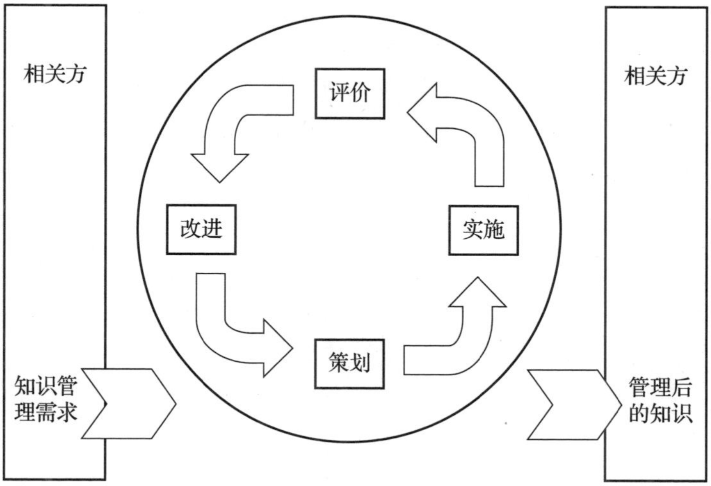

图4-5　知识管理的过程模型

中国的知识管理标准在方法上借鉴了欧洲和澳大利亚较为成熟的理论和思想，明确界定了知识和知识管理的概念，提出了知识管理体系框架模型和过程模型等概念，为具体实践提供了宝贵的指导作用(安小米等，2012)[118]。

五、吴庆海和夏敬华的“知识之轮”模型

吴庆海和夏敬华(2005)[119]在理论分析及实践经验的基础上，提出了“知识之轮”模型，即首先以知识扩散度为X轴，以知识编码度为

Y 轴，建立平面坐标系。其次结合组织中知识的“沉淀”“共享”“学习和应用”“创新”等运转环节，组合成一个螺旋上升的闭环。最后通过“技术”“管理”“文化”三个方面来保障“知识之轮”的高速运转。这就是“知识之轮”模型。“知识之轮”模型符合隐藏于事物背后发展的客观规律。

知识运转不同环节之间的关系如图 4-6 所示。

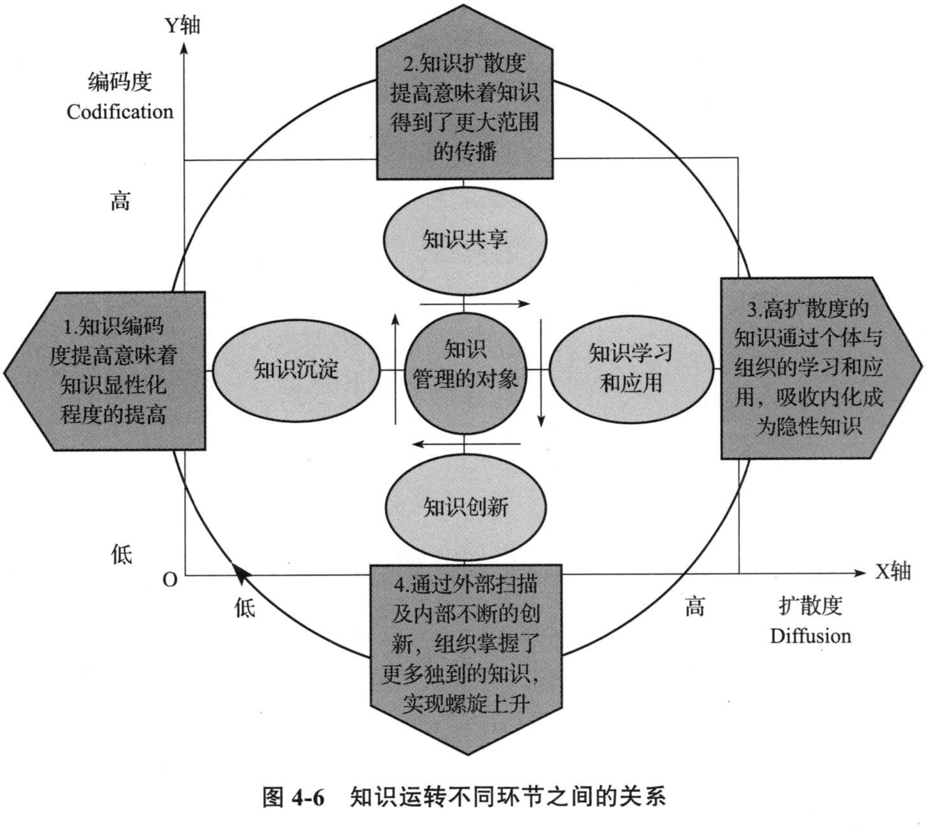

图 4-6　知识运转不同环节之间的关系

1.“知识之轮”的三个核心

知识管理是企业对其所拥有的知识资源进行管理的过程，对于“知识之轮”，要把握三个核心：①管理对象是知识；②让知识沉淀、知识共享、知识学习和应用、知识创新等运转环节循环运转，使知识指导行动，不断地产生价值；③驱动知识之轮，文化、管理、技术是企业驱动“知识之轮”的三个关键因素。

2. 知识的“PDC”模型

分析知识有三个维度：①掌握度（Proficiency）：组织对该知识的最高掌握水平。②扩散度（Diffusion）：组织需要应用该知识的人中大多数人对该知识的掌握，反映了知识传播与扩散的程度。③编码度（Codification）：用来衡量知识显性化的程度，知识的显性化指对平时的经验、感受、领悟等进行总结和归纳。知识的“PDC”模型如图 4-7 所示。

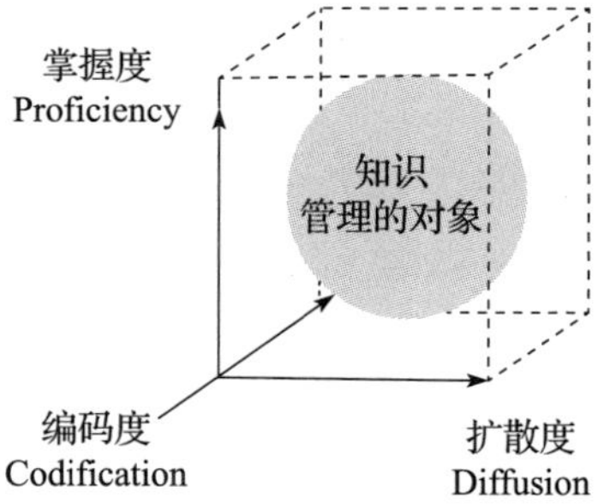

图 4-7　知识的“PDC”模型

3.“知识之轮”的驱动

驱动“知识之轮”的三个关键因素分别是文化、管理、技术。①文化（Shared Values）：指“知识之轮”各个环节上大家普遍的习惯、组织共有的价值观、高层的支持度等；②管理（Management）：指所涉及的组织和制度上，如知识管理的组织及其结构、知识管理运行制度、知识管理考核制度、知识管理激励制度等；③技术（Technology）：指 IT 应用系统及工具的具备及应用情况。借助文化、管理、技术三个轮片，给足动力，知识的涡轮就能高速运转。驱动知识之轮如图 4-8 所示。

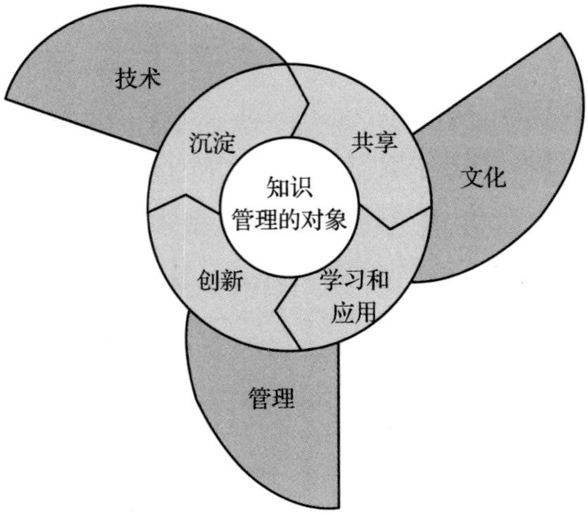

图 4-8　驱动知识之轮

六、知识管理评估工具

（一）主要内容

利用组织知识正在成为日益分散和全球分散的工作场所的解决方案。组织知识为企业带来了诸多好处，包括研发成本的节省、生产时间的缩短、生产率的提高和员工满意度的提高。然而，当商业领袖认识到管理组织知识的力量后，对许多人来说，如何有效地管理仍然是个谜。为了解决这个问题，安达信和美国生产力和质量中心开发了一种知识管理评估工具（Knowledge Management Assessment Tool，KMAT），它分析了一个组织是如何有效地管理知识。这一工具于 1995 年秋天在休斯敦的知识专题研讨会上（Knowledge Imperative Symposium）正式启动，该研讨会是由安达信和美国生产力和质量中心共同主办的。基于管理知识资本的关键成功因素，该研讨会共有 10 个议题。如表 4-2 所示。

表 4-2　休斯敦的知识专题研讨会的 10 个议题

序号	议题
1	您的组织必须愿意重新设计其组织结构，并对知识开发战略的潜在好处有一个长期的认识
2	知识管理应该集成到组织的文化中（而不是作为一个单独的功能进行隔离），这样每个人都是“知识领导者”
3	您的组织必须对知识共享做出紧急承诺，并进行清晰的沟通
4	您的组织必须开发一个获取知识的框架，以避免丢失知识
5	信息系统必须易于访问和使用，您的组织还必须提供导航工具，以帮助员工有效地找到他们需要的信息
6	技术应该“以人为中心”——围绕它要解决的业务问题构建
7	必须迅速创造、获取和跨越传统边界转移知识，以加快创新步伐
8	必须为知识陷阱提供时间和资源，必须消除阻碍知识共享的内部竞争障碍
9	对知识管理的资源分配不应被视为一种费用，而应被视为对组织未来的一种投资
10	您的组织必须找到一种方法来衡量知识管理的好处，包括财务上的和非财务上的

会后，由梅尔和莫斯利（Maier & Moseley，1996）[120]贡献了知识管理评估工具（KMAT），旨在帮助组织确定其知识管理实践有效性的诊断性调查。KMAT 包括一个有 30 个问题的调查、管理和员工评分表，以及评分解释说明。

（二）研究评述

KMAT 是一个协作的基准测试工具，旨在帮助组织对知识管理进行初步的高层评估。KMAT 的目的不是进行竞争性或合作性的基准测试，而是进行协作性或内部基准测试。完成 KMAT 可以将组织导向需要更多关注的领域，以及识别组织擅长的知识管理实践。使用 KMAT 可以生成三种类型的比较报告。①外部基准测试将组织与整体（多行业）KMAT 数据库或较小的定制组进行比较。②内部基准是将一个组织内的个人或部门与一组同样回应 KMAT 的同行进行比较。③平均基准是将一个组织内的团队或个人的平均数据与总体 KMAT 数据库或一个较小的定制团队（结合内部和外部比较）进行比较。

评级包括绩效和重要性评级。结果是根据矩阵解释的四个象限指示启动、停止、改进和继续、优先级和选择。KMAT 以组织知识管理模型为基础，提出了通过知识管理过程来促进组织知识发展的四个推动者（领导力、文化、技术、测量）的方法。该工具将所有主要的知识管理活动和促成因素放在一个动态系统中。工具的五个部分——领导、文化、技术、测量和过程，每一个都包含一套知识管理实践。

本章小结

①流程学派主要关注知识管理的各个环节，认为知识管理流程是由一组动态的、连续的活动组成的，这些过程和实践嵌入个人、团队和物理结构中。知识管理流程不是一个离散的、独立的、整体的组织现象。所有知识管理模型都试图从普遍和更广泛的角度来解决知识管理流程问题。

②流程学派在某种程度上是商业过程再造的衍生或结果，至少有两个想法在推动这个学派的发展。第一，通过向操作人员提供与其任务相关的知识可以提高业务流程的性能。第二，管理过程本质上比业务过程更需要知识。

③流程学派在管理实践上以惠普公司、菲多利公司为代表。惠普专注于过程，一方面寻求效率，另一方面学习和适应"在惠普，一切都有一个流程"。菲多利公司将知识管理流程用于销售之中。

④不同理论者和实践者提出了不同的知识管理集成框架，这些框架试图提供管理知识的系统解决方案。未来趋势是设计一个"综合的""整体的"知识管理流程框架，它将处理所有知识管理过程，并将使用编纂和个性化的混合。

⑤资源基础理论（RBT）认为资源不仅指有形资产，还包括无形资产，有形资产和无形资产共同构成了企业的潜在能力。同时，各企业的资源差异很大，不能完全自由流动。企业的持续竞争优势来自选择性资源的积累和配置以及要素市场的不完善。

⑥动态能力指“公司整合、构建和重新配置内部和外部能力以应对快速变化的环境的能力”。动态能力强调对外部变化做出充分和及时反应的能力需要多种能力的组合，是组织有效地响应并改变业务和开发其资源的能力。这个框架的主要假设是，一个组织的基本能力应该被用来创建长期竞争优势。

⑦知识管理流程学派的理论渊源可以追溯到流程再造。流程再造是“对业务流程进行根本性的重新思考和彻底的重新设计，以实现关键的、当代的性能指标的显著改进，如成本、质量、服务和速度”。

⑧随着满足日益增长的需求的能力的提高，出现了很多知识管理流程模型，包括迈耶和扎克模型（1996），布科维茨和威廉姆斯模型（2000），麦克尔罗伊模型（2003）、中国国家标准的知识管理概念模型和过程模型（2009），吴庆海和夏敬华的知识之轮模型（1993）、知识管理评估工具（KMAT）等。

⑨迈耶和扎克模型包括数据或信息的获取、细化、存储或检索、分解和演示等五个阶段循环，每个阶段之间的网络被设计成合乎逻辑和标准化的，知识存储库的主要发展阶段被分析并映射到知识管理循环的各个阶段，这个循环称为“精炼厂”。这个模型是从信息产品的设计和开发工作中提取出来的。

⑩麦克尔罗伊模型概述了知识生命周期，它包括知识生产和知识集成的过程，以及对组织记忆、信念、主张和业务处理环境的一系列反馈循环。

⑪安达信和美国生产力和质量中心开发了一种知识管理评估工具（KMAT），它分析了一个组织如何有效地管理知识，以及如何进行比较。

第五章

商用学派思想

▲

CHAPTER 5

第一节　思想纲要

一、主体思想

（一）定义

商用学派认为知识本身是一种企业资源，是一种物质对象，知识管理就是利用知识本身去获得优势和效益。商用学派相对于技术学派，是从关注技术层面发展到关注知识本身。商用学派也结合了行为学派的一些观点，如隐性知识的观点以及隐性知识可以部分转化为显性知识的观点。

（二）支分领域

在商用学派看来，知识管理实际上只是看待商业世界的一种方式，有助于确定谁和什么是公司真正的资源。与企业的设备、机械、资金、人力资源一样，企业的知识资产也需要进行管理，以获得最大的投资回报。商用学派有三个支分领域，一是组织知识资本领域，二是员工知识资本领域，三是无形资产领域。无形资产是一种非常具有经济意义的资产类别，但常被会计惯例排除在企业资产负债表之外。对无形资产的所有权（或控制）可以使企业区分其提供给客户的产品，并在一定程度上建立竞争优势。然而，除了可能获得许可的个别情况外，无形资产本身并不产生价值。为了创造价值，必须使无形资产与互补品相结合，并进行巧妙管理。

二、组织知识资本

（一）思想概要

资本，从最基本的意义上说，是一个组织可以支配以执行其职能的财富。传统上，资本是一个组织资源的总和，是其在市场上的影响力和竞争优势的主要来源。组织知识资本是来自利益相关者和合作伙伴之间的关系、来自组织创新和管理变革的能力、来自其基础设施、来自其员工的知识、经验和可转移能力的资本资源，它被描述为一种语言，用来思考和做一些有关组织增加价值的潜力的事情。知识资本在价值创造过程中的作用显著增加，至少在某种程度上，这是由于社会和全球经济的根本性变化，服务已经取代制造业和生产成为主要的财富来源。知识现在被认为是一个组织拥有的最重要的资源，而一个公司的价值——换句话说，利益相关者对它的看法——反映了市场对知识管理如何正确地融入组织的看法。

（二）知识资本测量的驱动因素

知识资本测量背后的驱动因素可以从两个组织的角度来看：内部和外部。

从组织内部的角度来看，管理者可能不知道自己的知识资本的价值，也不知道它存在于自己的组织中，尽管它是组织竞争优势的主要来源。因此，知识资本测量模型试图发现“隐藏的”知识资产，以便更有效地利用知识资本来提高组织绩效。当知识管理被发现后，测量工具可以继续成为评估知识管理的关键，并说服高层管理人员认知知识管理的价值。

从外部来看，有一种普遍的观点认为，只有将无形资产考虑在内，才能评估公司的价值。这种观点之所以出现，是因为公司的账面价值和市值之间存在巨大差距。一般公认会计准则（GAAP）被批评仅在资产负债表上报告有形资产，而忽视无形资产，没有反映公司的真实价值，以及将在知识资本上的投资作为从利润中扣除的成本。知识资本是一种可以被利用产生价值的“资产”。“公认会计准则的差距”的难题导致许多研究人员提出了替代会计方法，用以揭示公司的“真实”价值。尽管进行了无数次的尝试，仍未开发出一种令人信服的知识管理绩效测量方法，这在文献中留下了一个空白，需要用一种清晰的技术来填补。

（三）代表人物

知识资本学派的主要代表为托马斯·斯图尔特（Thomas Stewart）。斯图尔特曾任俄亥俄州立大学菲舍尔商学院（Fisher）国家中间市场中心（NCMM）的执行董事，*Business 2.0* 的编辑主任和《财富》杂志编辑委员会成员，从 2002 年到 2008 年担任《哈佛商业评论》的编辑和董事总经理。

斯图尔特是知识资本领域的先驱，在《财富》杂志发表了一系列文章，并由此引出他 1997 年的著作《知识资本：组织的新财富》。他的第二本书《知识的财富：知识资本和 21 世纪的组织》揭示了组织是如何将知识资本的概念应用于业务以增加在市场上的成功的。

斯图尔特的知识资本理论来源于对企业实际的考察，他善于通过比喻和讲故事来说明道理。

三、员工知识资本

（一）思想概要

员工知识资本领域既聚焦于知识自身，又关注人，是二者的综合。员工知识资本的理论来源可以追溯到美国管理学家彼得·德鲁克在 1957 年的

《明天的里程碑》一书中提出的“知识工作者”一词。在此基础上，价值创造理论专家帕特里克·沙利文从知识资本的角度提出所有的公司都是知识型公司。从这个角度来看，所有的企业员工也应该是知识型员工。基于此，本书根据邦迪斯、斯图尔特和斯威比等学者的观点，提出员工知识资本的概念，将员工知识资本定义为员工所拥有或控制的、能够给公司带来竞争优势的知识和能力的总和，包括人力资本、结构资本和客户资本三个维度。在知识经济时代，企业管理的重点是对员工及其能力的管理，即对员工的知识资本管理。员工知识资本概念的提出使对知识资本水平的研究从组织层面上升到个人层面，拓展和丰富了知识资本的内涵，使知识资本特别是学术知识资本从业者加深了对人力资本的认识（孙立新，2013）[121]。

（二）概念的界定

《中国企业员工知识资本理论与管理研究》（孙立新，2020）[122]对知识资本理论进行了梳理，并结合我国企业的实际，在介绍西方知识资本理论的基础上，提出了企业员工知识资本的概念。在该研究中，员工知识资本指企业中员工的工作是由其智力驱动的，并以其脑力的质量而不是体力的数量为主导。一名员工是否具有知识资本与其教育水平或职业无关，而与其使用自己的脑力和智力的质量有关。拥有具有知识资本的员工的企业是知识型企业。传统的高科技公司被称为“知识公司”，如果这类公司只使用员工的专业知识而不使用他们的脑力，或者其员工做脑力工作但脑力不占主导地位，就被定义为“知识密集型”。这一概念得到了理论和实践的双重支持。

通过探索性因子分析和验证性因子分析，提取了中国企业员工知识资本的三个因子：员工人力资本（HC）、员工结构资本（SC）和员工客户资本（CC），形成了员工知识资本的 H-S-C 结构。同时，根据知识的显性和隐性二分法，提出了中国企业员工知识资本的二阶六要素结构，显性人力资本（HCe）为显性，隐性人力资本（HCt）为隐性，显性结构资本（SCe）为显性，隐性结构资本（SCt）为隐性，以及显性客户资本（CCe）和隐性客户资本（CCt）。此外，还验证了员工知识资本的三因子中介模型，即员工结构资本（SC）通过驱动员工人力资本（HC）来驱动员工客户资本（CC）。如图 5-1 和图 5-2 所示。

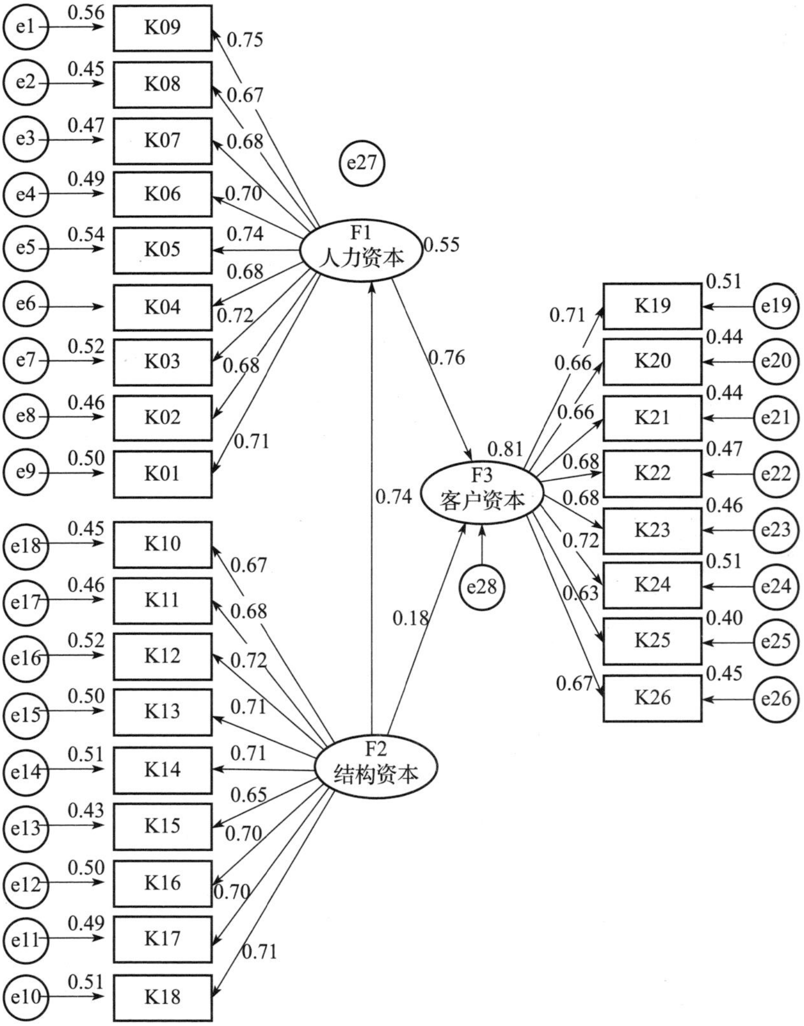

图 5-1　员工人力资本三因子中介模型

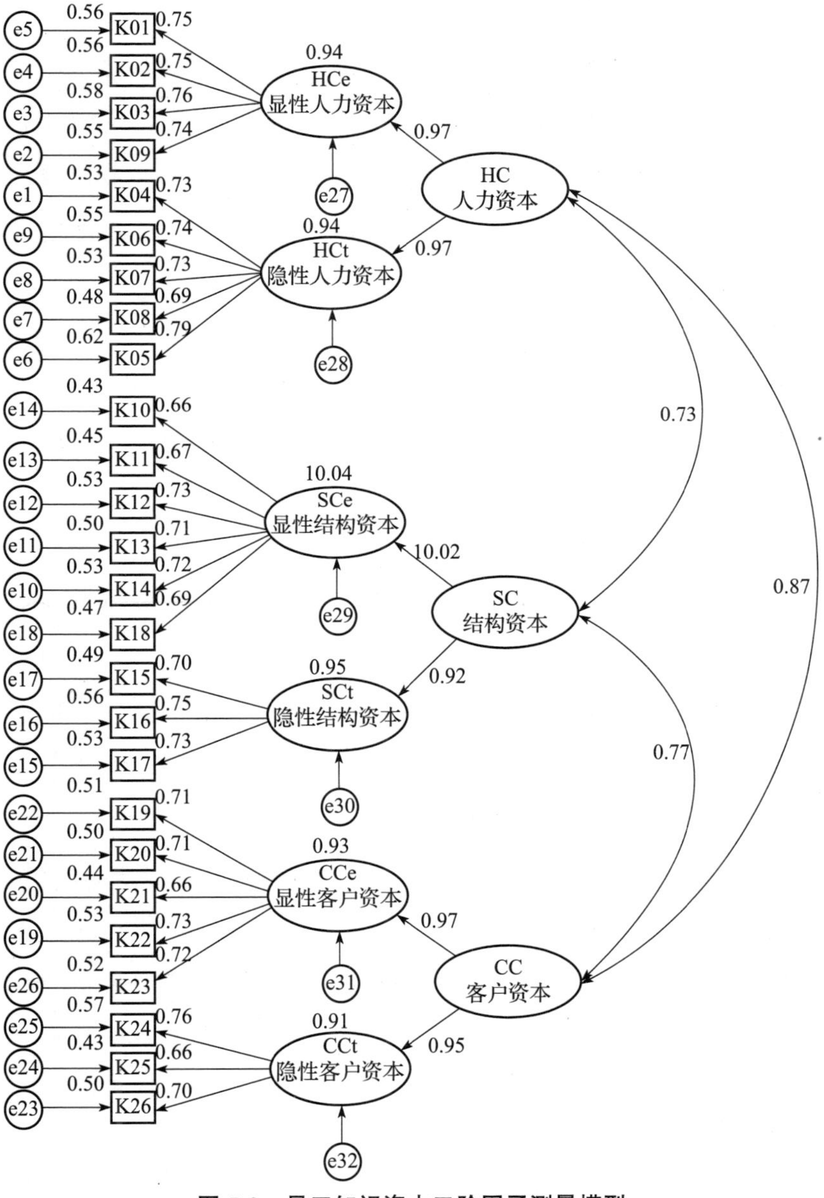

图 5-2　员工知识资本二阶因子测量模型

(三) 员工知识资本管理策略模型的构建

对员工知识资本的有效管理是以结构资本驱动人力资本，以人力资本驱动客户资本，以人力资本驱动金融资本。

1. 提出基于战略视角的员工知识资本理论的三维管理框架

这个三维管理框架体现了员工知识资本管理的三个层次。第一个维度是从知识资本的角度对企业进行重新定义。第二个维度是企业背景，包括企业的愿景规划、战略和给予员工知识资本的任务。第三个维度是与企业员工知识资本积极管理相关的各种活动的过程。

2. 基于员工知识资本的三要素结构

提出员工人力资本、员工结构资本和员工客户资本的管理策略。包括基于“师徒制”的员工人力资本管理策略、基于实践社团的员工结构资本管理策略和基于反学习情境的员工客户资本管理策略。

（四）思想评述

1. 对中国的知识资本管理具有现实和深远意义

西方的主流思想普遍认为，知识型员工已成为发达经济中的员工主体，这些员工具有较高的教育程度和技能。而中国目前依然有相当多的技术含量不高的劳动密集型的中小企业，在这些企业里，员工的工作时间长、劳动强度大、报酬相对较低，因此，中国企业的员工知识资本管理任重而道远。员工知识资本建立了个体层次的知识资本研究，对个体层次的知识资本构成要素重新认识。传统上大多把高科技型企业、高学历的专业人员称为知识型员工，员工知识资本则与员工的教育无关，而与其在工作中脑力运用的程度有关。从这一角度上来说，只要运用脑力去工作的员工，也就拥有了知识资本，拥有这类员工的企业也就是知识型企业。

2. “让普通人做非凡之事”

管理学家德鲁克2002年时曾在《哈佛商业评论》上提出，员工是人，不是赚钱的工具，只有以最高的尊严和尊重对待员工，员工的热情、责任、忠诚、潜力和创造力才能得到释放。根据统计原理，任何企业都无法不受限制地找到足够多的“优秀人才”来保证其发展需求。只有充分利用现有员工的智慧，才能在未来的发展中立于不败之地。用德鲁克的话来说，就是“让普通人做非凡之事”。这在一定程度上解释了员工知识资本管理的成因和结果。如何把一件事做好，最根本的就是要充分发挥人的知识资本，在企业中，就是发挥员工的知识资本。企业的未来发展和国家经济的未来崛起，取决于企业员工的知识资本，取决于每个人的知识资本。

四、无形资产

（一）定义

无形资产是企业生产资源中缺乏有形资产重要性的可辨认的非财务要素，它缺乏有形资产的实质。无形资产有时可以从外部获得，但更多是由内部产生的。根据国际会计准则，非实物、非金融资产可以与企业的有形资源和人力资源分离，如专利、版权、商标、客户名单、特许经营权、营销权、软件和数字内容。因此，强调能够准确定价的会计准则，可能会造成从企业资产负债表中遗漏大量价值的严重错误。

（二）日益增长的经济重要性

19 世纪和 20 世纪，经济学家认为价值来源的资产是传统的生产要素：土地、劳动力和资本。虽然这些因素仍然重要，但它们被公司拥有并不能保证财务上的成功。今天的全球经济为获取中间产品、投资资本和许多类型的信息提供了现成的途径。由于在许多情况下，这些因素是竞争性地提供给所有寻求它们的公司，因此，主要依赖它们的公司很难赚取比竞争性回报更好的回报。同时，虽然全球贸易和投资的壁垒已经降低，但无形资产的转移仍然很困难，如制造过程和服务模式。与大多数实物商品相比，无形商品交易的一般复杂性限制了套利机会。因此，对无形资产的开发和精明的管理现在是基于差异化创造竞争优势的核心。

（三）特征

无形资产和有形资产在许多重要方面存在差异。无形资产并不是经济学家所说的“使用中的竞争对手”（Rival in Use）。一个实体的消费不会减少留给另一个实体的数量，就像实物商品的情况一样。一个人使用微软的Windows操作系统并不影响其他人使用它的能力。事实上，操作系统和许多其他无形的东西（如社交网站）都从网络效应中受益，因此使用这种技术的用户越多，这种技术就越有价值。在其他情况下，对一项技术的多次使用可能会导致其对所有者的价值下降，特别是如果一些用户是直接竞争对手。有形资产可以计入存货，但无形资产不太容易计算，而且无形资产实际上不在公司财务报表中。主要的例外是并购后的购买溢价（超过账面价值），会计准则允许将其确认为“商誉”。

无形资产和有形资产的另一个重要区别是财产权的可获得性和可执行性。在大多数发达经济体，土地或机器等实物资产的产权一般都很明确，并受到法律的良好保护，是否发生过盗窃比较容易查明。无形资产的产权可能是“模糊的”，而且盗窃（如专利侵权）的证明既昂贵又复杂。大多数实物资产可以相对容易地买卖，尽管某些高度专业化的物品的价格可能很难谈判，困难在于买家和卖家数量少。而这种类型的“稀薄”（即缺乏流动性）市场是无形资产的常态。有限的贸易能力是竞争对手难以获得它们的部分原因，因此也是竞争优势的潜在来源。

无形资产的其他特征也使其难以在有组织的市场中交易。无形资产的价值在披露细节之前很少被确定，而披露细节除了受法律保护的知识产权外，还将为潜在买家提供充分的知识，使其无须付费就能从中获益。

有形资产和无形资产都有某种形式的折旧，但无形资产通常会更快地贬值。虽然知识不会像大多数有形资产那样损耗殆尽，但经常会迅速失去价值，因为新知识的创造会使它过时。事实上，如果企业自己的无形资产更新过程没有使其现有的知识过时，那么竞争对手的知识活动就会过时。品牌价值的创造和维护成本高昂，但由于企业的失误，甚至只是运气不好，品牌价值可能会在一夜之间消失殆尽。

（四）类型

无形资产有多种类型。作为知识产权的一种形式，专利也许是最广为人知的。有效的专利规定了所有者的专有使用权，专利虽然有法律支持，但也存在弱点。根据专利的范围，有可能以一定的成本围绕它进行发明。知识产权覆盖可能存在“漏洞”和“缺口”。要确定是否发生了非法侵入或盗窃行为是很困难的，专利和版权最终也会到期。

商业秘密是另一类无形资产，它可以增加专利头寸的价值。只有当一家公司能够将其产品公之于众，同时对其潜在的技术保密时，商业秘密保护才有可能实现。

另一项核心重要的无形资产是公司的商业模式，即企业如何在为自己赚取利润的同时为客户创造和传递价值的逻辑。一个商业模式的整体是不受知识产权保护的，最多是某些元素可以获得专利或版权保护。商业模式创新对于在动荡的市场中取得成功至关重要。互联网的发展既允许也要求许多行业的商业模式创新。特别是互联网要求许多产品采用新的定价结构，因为用户已经习惯了免费获取信息。在其他行业，作为信息经纪人的中间商正在被“去中间性”。

其他无形资产类别包括品牌形象、客户和业务关系以及组织文化。

（五）从无形市场中获利

市场是一个伟大的平衡者。如果一项资产或其服务在市场上进行交易，所有有能力支付的人都可以获得它，因此，它无法提供任何竞争性的差异化。随着越来越多的活动变得可以外包，可以建立竞争优势的领域范围变得越来越窄。互联网和其他创新极大地扩大了可以从外部轻易获取商品或服务的数量和类型。非交易资产具有形成竞争优势基础的潜力，其中无形资产是最重要的一组。然而，无形资产本身一般不会产生价值，它几乎总是必须以一种能为客户带来价值的方式，与其他无形的和有形的补充相结合。

管理企业无形资产的最佳“治理”模式取决于无形资产的特征、相关的可挪用性制度和必要补充的市场结构。一般来说，成功地利用潜在有价值的无形资产需要公司拥有任何没有竞争性供应的关键补充。

第二节　思想渊源

一、古典经济学中的人的经济价值观

（一）斯密的《国富论》

初步提出人力资本思想的是英国古典经济学派代表亚当·斯密（Adam Smith）。斯密在《国富论》（1776）中把人的经验、知识和能力看作创造财富的生产要素，认为学习所花费的成本应得到补偿，他把资本分成固定资本和流动资本两部分，并将所有居民获得的有用的能力归入固定资本中，因为这种能力的获得已付出了现实的成本。

（二）萨伊和杜能

斯密的以上观点得到了欧洲大陆另两位古典经济学家——法国的让·萨伊（Jean Say，1767—1832）和德国的海因里希·冯·杜能（Heinrich von Thünen，1783—1850）的继承和支持。萨伊虽然背离了斯密的主流思想，但在《政治经济学概论》（1803）中所表达的人力资本思想却与斯密基本一致，萨伊把人力资本区分为一般性、专业性和创新性三种类型，他还认为教育是一种资本，指出了人才，特别是企业家的特殊才能的重要作用。杜能在《孤立国同农业和国民经济的关系》（1826）中也把资本概念与人力联系起来，并强调人力与资本概念联系起来的重要性，同时也认为人力资本是固定资本的一部分。

（三）李斯特的《政治经济学的国民体系》

德国历史学派创立者、经济学家弗里德里希·李斯特（Friedrich List，1789—1846）批评斯密只强调物质资本而轻视精神资本。在《政治经济学的国民体系》（1841）中，李斯特论述了物质资本和精神资本的关系，认为生产力因素不仅包括物质资本，还包括精神力量，以及社会状况和天然资源，精神资本包括发现、发明等一切智力发展积累的成果。李斯特提出的“精神资本”概念被认为是现代“人力资本”概念的同义词。

古典经济学家关于人的经济价值的论述都承认人的能力和技能是资本的一部分，劳动是价值的源泉之一，对人力资本思想的形成意义深远，但他们并没有把人力真正作为资本去使用，其局限性在所难免。

二、经济增长理论中的人力资本研究

（一）初期的人力资本研究

古典经济学时期重视物质资本，对人力资源虽有论述，但并没有真正把人力资源看成一种资本。进入20世纪后，一些学者开始对人力资本进行系统研究，运用经济学的成本与收益、供给与需求等基本分析工具来研究人力资本生成与发展的过程以及人力资本发展对经济运行过程的影响。货币资本理论的创始人欧文·费雪（Irving Fisher，1867—1947）在《资本的性质和收入》（1906）中初步提出了人力资本的概念，并率先采用计量经济学的方法进行了理论分析。苏联经济学家斯特鲁米林（Strumilin）在《国民教育的经济意义》（1924）中使用教育投资收益率的方法对工人一年的初等教育进行计算。美国哈佛大学的沃尔什（Walsh）在《人力资本观》（1935）中，提出了教育的经济效益的计算方法。新制度学派的代表人物约翰·加尔布雷思（John Galbraith，1908—2006）在《富裕社会》（1958）中强调教育投资对改善资本和技术进步的作用。查尔斯·斯科特（Charles Scott）根据对10个国家100多年的经济增长资料的研究，建立了一个资本投资模型，模型强调知识对劳动质量和劳动效率的影响。新古典学派的创始人、英国经济学家阿尔弗雷德·马歇尔（Alfred Marshall，1842—1924）强调教育和教育投资在开发智力中的作用，其格言"知识是推动生产力发展的最强大的火车头"广为人们引用。

（二）明塞尔在收入分配领域的人力资本研究

雅各布·明塞尔（Jacob Mincer，1922—2006）在《人力资本投资与个人收入分配》（1957）和《在职培训：成本、收益与某些含义》（1960）中，从收入分配视角建立了人力资本模型，揭示了收入差别的原因在于人力资本投资的不同。明塞尔认为，人力资本是蕴含于人自身中的各种生产知识与技能的存量总和。自1957年完成博士论文《人力资本投资与个人收入分配》开始，明塞尔大部分研究努力集中在人力资本及其在劳动市场的效应上。明塞尔对人力资本的研究主题包括三个方面：第一，人力资本对挣得的影响；第二，人力资本对工资增长、劳动转换和失业的影响；第三，技术对人力资本需求的影响。明塞尔系统地阐述了人力资本的分析方法，并把它用于收入结构分析；建立了一个分析劳动收入分配的经济选择模型，在人力资本研究的方法论上具有重要影响；集中研究了影响人力资本需求的因素，特别是经济增长对人力资本形成与利用的影响。

（三）舒尔茨的人力资本投资研究

与明塞尔把人力资本理论用于解释收入结构不同，舒尔茨对人力资本的内容和范围进行了界定，用人力资本来解释经济增长问题。1960年，西奥多·舒尔茨（Theodore Schultz，1902—1998）在美国经济协会的年会上做了题为《人力资本投资》的演说，明确提出了技术和知识是资本的一种类型，即人力资本，并认为对人力资本的投资可能是西方经济增长中非人力资本无法解释的部分。舒尔茨的人力资本投资包括许多被人们称为消费的事情，如教育、保健和国内移民费用、成年人和在职工人因培训放弃的收入等。

舒尔茨盛赞把人力作为资本的观点，他批评把人看作一个国家的财富、看作可以投资的对象是对人的贬低的看法（如约翰·穆勒），认为把人看作财富的观点并不妨碍人成为自由人。为此，舒尔茨列举了少数的几位哲学家和经济家的观点，如亚当·斯密曾把全体国民后天获取的能力当作资本的一部分；冯·杜能认为把人看作资本不仅不会降低人格，还会使人获得尊严，特别是在战争中，可能会为了保护一门大炮而轻易牺牲一百个青年的生命，因为制造一门大炮的成本远远高于只需发布一个招兵公告就可得到的无偿的士兵；马歇尔从抽象的和数学的观点也认为人是资本。

舒尔茨通过比较的方式论述了人力资本投资对工资影响的实际例子。比如，因为教育的差别导致的收入的差异；从事非农工作农民的收入要明显少于相同种族、年龄和性别的工业工人；有色人种的城市男子要比男性白人收入少得多；美国南部工人的所得要比北部工人的所得少得多。这些差异都是人力资本投资的多少不同引起的。在此基础上，舒尔茨指出以往的资本－收入比率仅是全部资本的一部分，而人力资本是被排除在外的另一部分，这可以用来说明经济增长之谜。舒尔茨非常认同霍沃特把知识和技术看作是经济增长的关键变量。

舒尔茨的一个重要贡献是区分了消费和人力资本投资两个概念，把人力资本投资从消费中分离出来。他把支出分成纯粹的消费、纯粹的投资和介于二者之间的活动。如何区分消费和投资非常具有挑战性，他建议采取从产出角度而不是从成本角度来对人力资本投资进行估算。此外，他还对医疗和保健、在职人员的培训、正式教育、成年人的学习项目、就业机会的迁移等活动的人力资本投资进行了估算说明。舒尔茨特别强调人力资本的作用，特别是从人力资本投资角度对贫困国家的经济增长提出了一些政策建议，他引用威廉姆·福克纳（William Faulkner）在《介入者的困境》中的话："既无技术又无知识的人是完全无依无靠的。"

（四）丹尼森的残差分析法

在舒尔茨提出以人力资本投资来解释经济增长问题之后，在这个领域中进行更为严肃的、具体的实证分析的另一个代表人物是美国经济学家爱德华·丹尼森（Edward Denison）。他在《美国经济增长因素和我们面临的选择》（1962）中依据美国 1905 年至 1957 年的经济数据，从理论分析和实证分析层面提出了丹尼森残差分析法。丹尼森残差也就是全要素生产率（Total Factor Productivity，TFP），在国内生产总值核算公式中被称为生产效率，指资本和劳动等投入的生产要素对经济增长无法解释的部分，并与生产要素共同影响产出。

丹尼森残差分析法对一个国家经济增长的现实意义表现在：如果劳动和资本的生产要素投入在一个国家的经济增长中占有较大的比重，国家政策的制定就要倾向于物质资本的投资；反之，要围绕技术进步和社会制度进行深入分析以制定相应的增长策略。

（五）贝克尔的人力资本投资一般性分析

加里·贝克尔（Gary Becker，1930—2014）采用微观经济学理论，特别是运用效用最大化、市场均衡和稳定的偏好三个工具，对人力资本投资进行一般性分析，他的《人力资本：特别是关于教育的理论与经验分析》（1964）被视为人力资本理论的经典之作、人力资本理论研究的起点。

贝克尔是从一些经验现象出发，对人力资本投资理论进行一般性分析的，这些经验现象包括：年龄的增加对收入的影响，无论是增长率还是减少率都与技术水平正相关，而失业率与之呈负相关；在企业对雇员的“家长作风”表现上，不发达国家高于发达国家；年轻人比年龄较大的人接受更多的教育与培训，更多地变换工作；收入与分配的非对称性在熟练工人中更为突出；能力强的人受到更多的教育与培训等。

三、新增长理论中的人力资本研究

在贝克尔、罗伯特·索洛（Robert Solow）和肯尼斯·阿罗（Kenneth Arrow，1921—2017）等人关于人力资本的研究成果基础上，罗默和卢卡斯把人力资本作为经济增长的内生变量纳入模型进行考虑，从而产生了新增长理论学派。

（一）罗默的收益递增增长模型

保罗·罗默（Paul Romer）在20世纪80年代后期发表的三篇论文标志着新增长理论发展的两个阶段。

第一个阶段以罗默的《收益递增与长期增长》（1986）为代表，沿袭新古典理论与方法，考察的是完全竞争条件下的经济增长，建立了一个知识溢出模型，以生产的规模递增和知识外部性对经济增长的影响为特征，证明了在人口零增长情况下知识积累对经济增长的促进作用，知识积累过程的连续性保持经济增长的长期性；也证明了知识投资导致的社会收益率不变或递增是由于知识外部性的作用。罗默模型（1986）提出了两时期和两部门的两个内生知识增长模型。罗默的知识增长模型强调知识和技术对经济增长的作用，其中特殊的专业化知识就是专业的人力资本。模型认为知识进步是经济增长的源泉，知识进步通过劳动者的熟练程度和设备的技术先进性表现出来。

第二个阶段以罗默的《基于由专业化引起收益递增的增长》（1987）和《内生的技术变化》（1990）为代表，摒弃了完全竞争条件而转向垄断竞争假设下的经济增长问题。罗默模型（1987）在专业化和收益递增状况下考察经济的增长，认为专业化提高引起了收益递增，收益递增又引起了经济的持续增长。该模型把经济分成中间产品和最终产品两个部门，在相应假设条件下建立了一个垄断竞争动态均衡模型。为求解此模型，罗默考察并证明了严格凹函数和幂函数形式下存在分散化均衡，认为分散化均衡与社会最优增长率相比要低，为此，建议政府干预的形式是为储蓄提供补贴。罗默模型（1990）则构造了一个包括产出（Q）与技术进步（T）、人力资本（H）、物质资本（K）、劳动（L）四项投入的增长模型。该模型表明，是内生的知识增加引起了经济增长。

罗默的三个增长模型从完全竞争、垄断竞争条件下从知识外部性对经济增长的影响进行了分析，为政府制定相应的政策提供了理论依据。当然，罗默的知识的外部性概念类似于马歇尔的经济外部，但没有对其做深入分析，其缺陷也是不言而喻的。

（二）卢卡斯的知识内生增长模型

罗伯特·卢卡斯（Robert E Lucas）在《论经济发展的机制》（1988）中，提出了两个资本和两个商品所建立的两个经济增长模型。在卢卡斯模型中，资本被划分为两种形式：物质资本和人力资本，劳动被划分为“原始劳动”和“专业化的人力资本”两种形式，认为后者可以产生内在效应和外在效应。与以往经济增长理论把人力资本视为外生经济增长变量不同，卢卡斯把人力资本作为内生变量，假设人力资本（h）的增长率与积累时间（μ）呈线性关系，与物质资本（k）一起被加入生产函数中。

卢卡斯认为这种内生的、专业化的人力资本可能通过正规教育和非正规教育，以及“干中学”的方式进行积累，经由劳动技能形成的人力资本是经济增长的主要动力、决定性因素。卢卡斯区分了由个体影响自身形成的人力资本为内部效应和由平均人力资本形成的外部效应。这种区分有利于形成更多的人力资本，是人力资本形成的另一种路径和方法。比如，穷国可以通过引进富国的新技术、新设备积累经验来提高穷国的人力资本。卢卡斯的人力资本存在外部效应还有利于解释一个有着高生产率的工人，其周围的人也会越来越聪明。卢卡斯还指出了富国与穷国的人力资本差异和个人收益差异是国家贫富差距扩大的两个重要原因。

四、冰山理论

冰山理论有三个人提出过，分别是弗洛伊德、萨提亚和海明威。

（一）弗洛伊德的冰山理论

西格蒙德·弗洛伊德（Sigmund Freud，1856—1939）认为，人的人格有意识的层面只有冰山的尖角，而人的心理行为当中的绝大部分是冰山下面巨大的三角区，是看不见的，但正是这部分看不见的三角区决定着人类的行为。

弗洛伊德在他的人格理论中，认为人的心理分为超我、自我、本我三部分，超我往往由道德判断、价值观等组成，本我是人的各种欲望，自我介于超我和本我之间，协调本我和超我，既不能违反社会道德约束又不能太压抑。与超我、自我、本我对应的是他对人的心理结构的划分，他认为人的心理露出来的只是一部分，绝大部分是处于无意识的，而这绝大部分在某种程度上决定着人的发展，所以弗洛伊德把他的精力主要用于对人的无意识的研究，这点也受到了后来人的批评[123]。

（二）萨提亚的冰山理论

维琴尼亚·萨提亚（Virginia Satir）的冰山理论其实是一个隐喻，他认为一个人的自我就像一座冰山，能看到的只是表面非常少的一部分（行为、应对方式），更大的一部分内在世界在更深层次（渴望、期待、观点、感受等），不为人知（Satir et al.，1991）[124]。

根据萨提亚的理论，一个人和他的原生家庭有着千丝万缕的联系，这种联系有可能影响他的一生。一个人和他的经历有着难以割断的联系，不快乐的根源可能是因为儿时未被满足的期待。萨提亚如下这样比喻。

就像一座漂浮在水面上的巨大冰山，能够被外界看到的行为表现或应对方式，只是露在水面上很小的一部分，大约只有八分之一露出水面，另外的八分之七藏在水底。而暗涌在水面之下更大的山体，则是长期压抑并被我们忽略的“内在”。揭开冰山的秘密，我们会看到生命中的渴望、期待、观点和感受，看到真正的自我。

（三）海明威与《午后之死》

1932年，海明威在他的纪实性作品《午后之死》中，第一次将文学创作比作漂浮在大洋上的冰山。他以冰山为喻，认为作者只应描写冰山露出水面的部分，水下的部分应该通过文本的提示让读者去想象补充。海明威说：“冰山运动之雄伟壮观，是因为他只有八分之一在水面上。”海明威认为在文学作品中，文字和形象占八分之一，而情感和思想占余下的八分之七，前两者是具体可见的，后两者是依附于前两者的。

海明威这种形象的比喻，引起了文学批评界的兴趣，于是冰山原则就成了文学批评界研究海明威创作的重要课题之一。可以说冰山原则是海明威对自己多年创作经验的形象总结，是他处理艺术和生活关系所遵循的基本准则。对于冰山原则，海明威自己在《午后之死》中有下述解释。

如果一位散文家对于他想写的东西心里很有数，那么他可能省略他所知道的东西，读者呢，只要作家写得真实，会强烈地感觉到他所省略的地方，好像作者写出来似的。

显而易见，作家在这里强调的是省略，主张水面下的八分之七应该留给读者去感受。根据海明威的解释，可以对冰山原则做一个粗略的概括：冰山原则就是用简洁的文字塑造出鲜明的形象，把自身的感受和思想情绪最大限度地埋藏在形象之中，使之情感充沛却含而不露、思想深沉却隐而不晦，从而将文学的可感性与可思性巧妙地结合起来，让读者通过对鲜明形象的感受去挖掘作品的思想意义。

第三节　思想贡献

一、邦迪斯的知识管理思想

（一）主要内容

1. 知识管理矩阵（MIC）

尼克·邦迪斯（Nick Bontis）是加拿大麦克马斯特大学（McMaster University）的获奖终身战略管理教授，一位领先的学术研究者、主题演讲者和管理顾问。

邦迪斯（Bontis，2007）[125]提出了整合组织学习、知识管理和知识资本等要素的知识资本管理（Management of Intellectual Capital，MIC）矩阵。这个MIC矩阵包括反馈学习和前馈学习的因素，开发与探索的关系，以及从多个层面和角度分析知识资本的维度。MIC矩阵使用垂直方法来管理知识资本发展的几个阶段。如图5-3所示。

A点是一个新的创业组织的起点。这一阶段是探索阶段，需要企业将前馈知识嵌入人力资本中进行个人层面的分析。为了做到这一点，必须招募最优秀的人才，如研究人员和科学家，以确保高质量的服务，这可能使公司接触一个全新的知识领域。

矩阵转移到B点之后，就有了个人层面的发展知识。在这个阶段，企业必须实施知识管理项目来激发员工能力。如果员工在这个阶段自愿离职，企业可以通过离职面谈和严格控制知识产权来缓解这种威胁。

经过顺序循环回到 C 点后，个人知识存储已经嵌入组织资源数据库和新的惯例中。一般来说，企业在这个阶段可能找到新的成功机会。

发展到 D 阶段后，创新形成的知识产权组合成为企业的最佳商业机会。为此，企业现在应该通过收集组织资源来开拓新的市场，迎接机遇，占据有利的市场位置。

E 阶段的外部层次分析提供了一个以客户为中心的视角，关于如何使用知识资源服务客户需求。这种探索过程产生了一种新的方法，可以利用企业现有的知识，通过合理的资源配置获得企业未来的成功。

在发展到 F 阶段之后，市场机会的执行产生新的产品和服务，以及持续的经济租金，而知识是受法律保护的。随着时间的推移，关系资本进一步促进客户的共同进化，并推动产品和服务的未来发展。

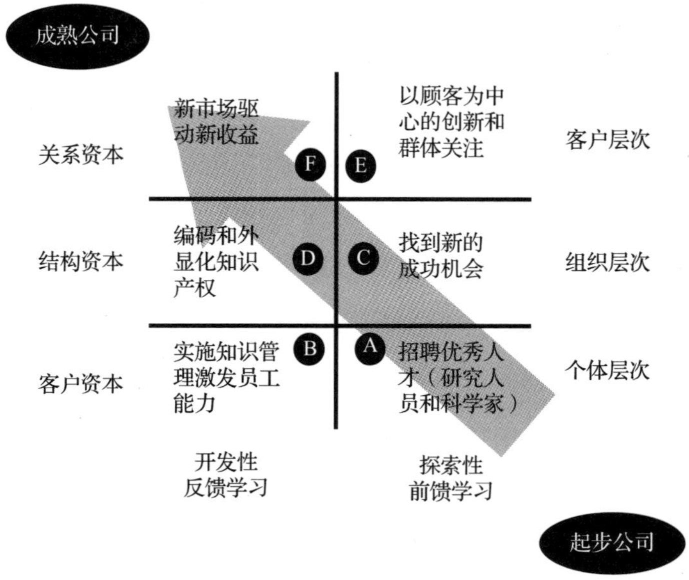

图 5-3　邦迪斯的知识资本管理矩阵（MIC）

资料来源：Bontis（2007）

2. 知识资本钻石模型

1998年，邦迪斯制作了一份知识资本问卷，测试了53个问题，包括知识资本的三个因子，采用7分计分法，这就是著名的知识资本钻石模型（Bontis，1998）[126]。在这个知识资本钻石模型中，邦迪斯将知识资本分为三部分：①人力资本，是指企业员工的知识水平；②结构资本，指企业中的知识。③客户资本，指企业与外部世界的关系。如表5-1，图5-4、图5-5所示。

表5-1　邦迪斯对知识资本的53个测试问题

人力资本	
H01. 能力的理想水平	H11. 员工执行是最棒的
H02. 规划者时间表	H12. 综合的招聘计划
H03. 没有内部关系（R）	H13. 员工辞职后存在大的麻烦（R）
H04. 提高员工技能	H14. 稀缺的思想行动途径（R）
H05. 员工在行业中是优秀的	H15. 不经思考就行动（R）
H06. 接班人培训计划	H16. 向他人学习
H07. 员工团队合作	H17. 员工忠诚观念
H08. 想出新方法	H18. 充分利用员工
H09. 员工是聪明的	H19. 降低别人的水平（R）
H10. 员工是满意的	H20. 员工尽全力
客户资本	
C01. 客户普遍满意	C10. 满足客户需求
C02. 减少时间解决问题	C11. 客户信息传播
C03. 提高市场份额	C12. 理解市场目标
C04. 市场占有率是最高的	C13. 不关注客户需求（R）
C05. 关系的持久性	C14. 利用客户需求
C06. 服务附加值	C15. 推出客户需要的产品或服务（R）
C07. 客户忠诚度	C16. 对未来的顾客充满自信
C08. 客户总是不断地选择我们	C17. 向客户反馈
C09. 企业是市场导向的	
结构资本	
S01. 单位事务的成本最低	S04. 平均员工的收益是最棒的
S02. 单位收益成本的改进	S05. 事务处理时间减少
S03. 平均员工收益的增加	S06. 事务处理时间是最好的

续表

结构资本	
S07. 贯彻新观念	S12. 程序支持创新
S08. 支持想法的建立	S13. 企业官僚体制盛行（R）
S09. 开发行业中最好的想法	S14. 员工彼此接近
S10. 企业是有效率的	S15. 组织氛围是融洽的
S11. 体制允许信息的进入	S16. 不分享知识

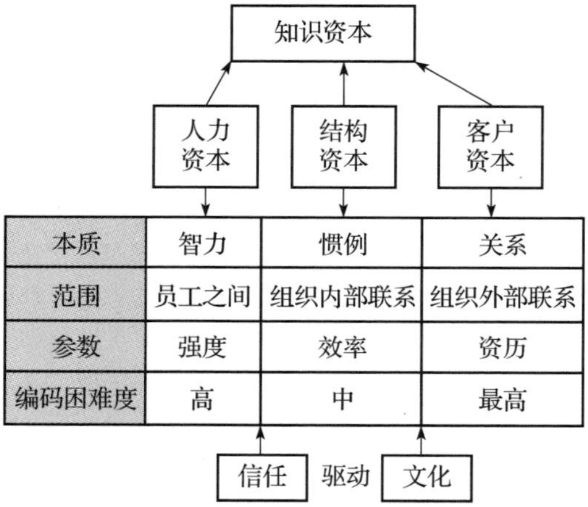

图 5-4　邦迪斯的知识资本三因子结构

资料来源：Bontis（1999；2000）

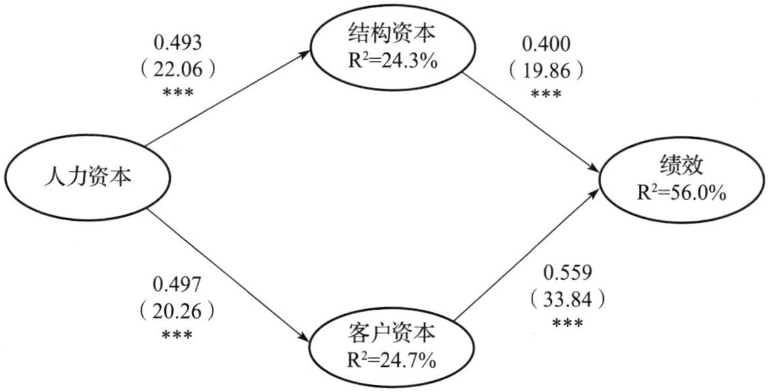

图 5-5　邦迪斯的知识资本钻石模型

资料来源：Bontis（1998）

（二）研究评述

邦迪斯解释了知识创造是如何成为最具影响力因素的模型。他指出，知识的创造是通过将战术知识转化为显性知识来实现的。他通过自己的实践经验得出结论，创造额外资源是一种竞争盾牌，它可以提高质量，并提供保护，免受竞争对手的攻击。知识有两种类型：信息和人力资本。信息包括数据库文件之类的东西，而人力资本反映了组织产生的经验。

二、斯威比的无形资产监控表

（一）主要内容

1. 无形资产的分类

卡尔·斯威比（Karl Sveiby）将知识资本定义为组织的无形资产，并把无形资产分为三类：①以教育、经验形式表现的员工能力；②以企业产品品牌、企业与供应商和客户之间关系形成的外部结构；③以有效的管理制度、管理模式、员工态度和操作系统构成的内部结构。如表 5-2 所示。

表 5-2　斯威比的知识资本三因子结构

外部结构（E）	内部结构（I）	员工能力（E）
品牌	内部的管理模式	员工的交往能力
声誉	组织结构	员工的忠诚
商标	员工的态度	员工的能力
企业与顾客之间的关系	内部的操作系统	员工的教育
企业与供应商关系	使用的软件	员工的经验

资料来源：Sveiby（1997）

无形资产的测量一直是理论界和实务界的一个难题，斯威比最早提出并对这一问题给出了一个经典答案，他所设计的无形资产监控表（Intangible Assets Monitor，IAM）从知识资本的三个组成部分，结合企业的成长 / 创新、效率及稳定性等方面提出了相应的指标，可以进行无形资产的测量。如表 5-3 所示。

2. 识别无形资产的仿真模型——知识探戈

为了清晰识别企业中的无形资产，在培训专家卡乐斯麦兰德的帮助下，斯威比开发了一个培训仿真模型——知识探戈（Tango），以培训管理者从无形资产中获取价值。接受培训的企业界人士 3 ～ 5 人一组，一场培训 5 ～ 7 组不等，在两天内进行七年企业经营模拟。在知识探戈培训结束后，不同背景的人收获是不同的，但一个共同的结果是大家都改变了看问题的视角和思维，特别是对企业无形资产的看法[127][128][129]。

表 5-3　无形资产监控表

市场价值 / 指标	有形资产	无形资产		
		外部结构（E）	内部结构（I）	员工能力（E）
成长 / 创新指标	—	顾客平均获利水平 有机成长 ……	向管理结构投资 向 IT 投资 客户对内部结构的贡献 ……	从事本专业年限 受教育程度 培训费用 职称 人才流动 ……
效率指标	—	顾客满意度指数 得 / 失指数 顾客平均销售量 ……	支持人员的比例 价值观 态度 ……	专业员工所占比例 杠杆效应 人均价值增值 ……
稳定性指标	—	大客户所占比例 年龄结构 忠诚顾客的比例 重复订购的频率 ……	企业年龄 支持人员的流动率 新员工比例 ……	平均年龄 年资 相对薪资位置 专业员工流动比例 ……

资料来源：斯威比（2007）

（二）研究评述

通过斯威比的无形资产监控表，利益相关者很容易就能看到企业中的隐形资本。因此，1989 年无形资产监控表一经提出，即被许多公司采用，这些公司将无形资产监控表写进了企业的年度报告。无形资产监控表与 1990 年出现的平衡计分卡有异曲同工之妙，都认识到企业的财务指标必须由非财务指标进行补充，都把非财务指标纳入战略的考虑范围之内，但无形资产监控表更注重人的因素，把企业员工看作利润之源。后来，雷夫·爱德文森把无形资产监控表的内容与平衡计分卡的形式相结合，创造了新型的斯堪的亚公司的年度报告。

三、帕利克的知识资本增值系数法

（一）主要内容

克罗地亚萨格勒布大学（University of Zagreb）的安悌·帕利克（Ante Public）从会计的角度衡量公司的知识资本。当时已有的会计制度已经不能满足现代企业的要求，因为现代企业的核心是价值的创造而不是成本的创造。如果一个公司的目标是在给定资源的管理中实现最大效率，它必须知道如何成功地为企业创造价值。因此，衡量价值创造效率这一基本经济功能所提供的信息，成为知识资产管理的决定性因素。帕利克提出的知识资本增值系数法（Value Added Intellectual Capital，VAIC）是一种基于会计数据的无形资产计量方法，用以监控企业价值创造的效率。在现代企业中，人力资本是价值创造的决定性因素，企业的资源，包括员工资本和知识资本，被利用得越好，价值创造的效率就越高。帕利克（Public，2000）[130] 对 27 家企业持续 8 年的研究结果显示，这不仅会导致附加值的增加，也会决定企业的市场价值。知识资本增值法的计算方法为：

$VAIC_i = HCE_i + SCE_i + CCE_i$，即知识资本增值系数由人力资本增值系数（HCE）、结构资本增值系数（SCE）和客户资本增值系数（CCE）相加而得，将以前年份（i）的数据代入公式，衡量企业知识资本效率水平。

（二）研究评述

VAIC 法是帕利克提出的一种增值和集成价值评估方法，旨在通过一系列公式的计算，衡量财务和知识资本如何有效地被利用来为公司创造价值。值得注意的是，VAIC 法仅限于提供知识资本的概述，并识别存在价值创造不足的广泛领域，帕利克自己认为，更深入的知识资本监测需要用另一种知识资本测量工具来补充 VAIC 法。

四、爱德文森的知识树模型

（一）主要内容

1. 斯堪的亚公司的知识资本构成

雷夫·爱德文森（Leif Edvinsson）是瑞典保险公司斯堪的亚公司（Skandia AFS）的知识资本管理者。斯堪的亚公司是 1997 年第一个向股东发布知识资本补编的年度报告，使用了一个相当详细的有四个过程的应用框架（Edvinsson，1997）[131]。斯堪的亚公司很早就认识到企业价值的隐藏部分，并率先提出无形资产报告，并将其写入企业的资产负债表。在知识资本管理的过程中，斯堪的亚公司逐渐建立了自己的价值体系，将企业的市场价值分为账面价值和知识资本，后者由人力资本和结构资本构成。

2. 知识树模型

爱德文森在斯堪的亚知识资本管理的第一步——沟通阶段，提出了知识树模型。这一阶段的主要任务是使企业内部的知识资本可见，加深股东和利益相关者对知识资本的认识。知识树是一种隐喻，它要求股东和利益相关者关注未来收益的来源而不是当前的结果。

3. 斯堪的亚导航仪与多芬系统

斯堪的亚知识资本管理的第二步——计量阶段，所用的计量工具是斯堪的亚导航仪，采用量化的方法，从过去、现在和未来对企业财务指标的人力、客户、经营过程和更新发展四个指标进行量化研究，如图 5-6 所示。知识资本管理的第三步——领导力阶段，斯堪的亚公司还开发了人机交互的多芬系统（Dolphin）输出知识资本报告，让领导者更加关注企业未来的发展能力。

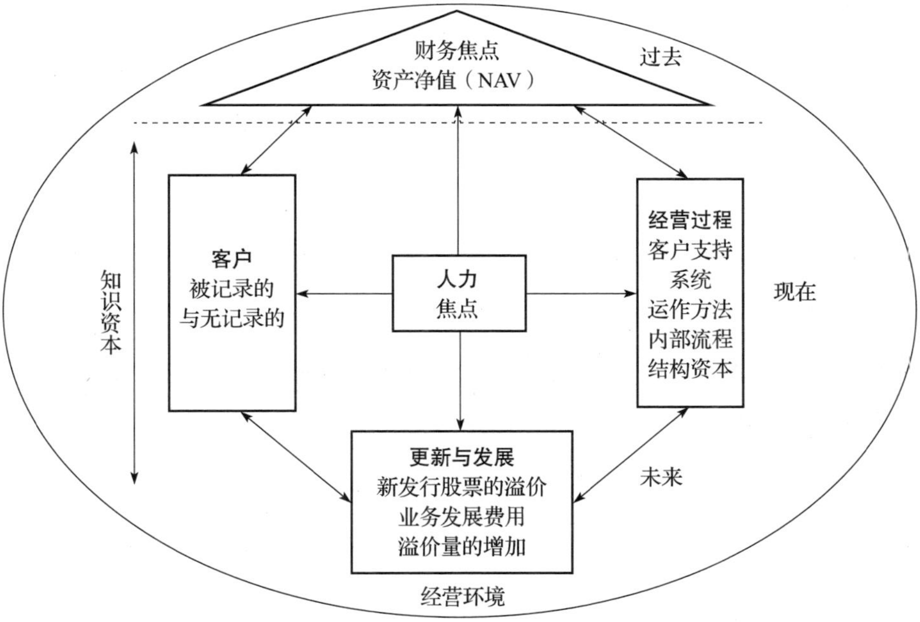

图 5-6　斯堪的亚导航仪

资料来源：雷夫·爱德文森（2006）

（二）研究评述

在知识资本管理理论提出之前，爱德文森的方法就已被运用，并在企业中取得了相当的成效。从根本上说，这些方法是将公司的隐藏价值可视化让股东和员工看到，并开发新的管理方法和工具，以更有效地利用知识资本。虽然这些方法更多用于管理知识密集型服务企业的无形资产，但也可以作为大多数企业从投资知识等无形资产中创造和提取价值的模式。

由于瑞典有着悠久的航海历史，斯堪的亚公司有时会用航海术语来描述知识资本，比如“当前的位置”“航向”和“速度”；也会从时间的角度来思考知识资本管理，比如过去、现在和未来，从管理的角度，不仅要关注企业经营的现状，还要关注企业经营的过去和未来状态。

五、沙利文的价值萃取理论

1. 理论来源

1995 年 1 月帕特里克·沙利文（Patrick Sullivan）与戈登·帕塔斯（Gordon Petrash）、雷夫·爱德文森（Leif Edvinsson）在美国伯克利会面，并邀请一些对知识资本感兴趣的企业管理者参与会议研讨，这些著名企业包括斯堪的亚公司、惠普公司、杜邦公司、施乐公司等。会议的主题是如何界定和管理知识资本，这次会议虽然对知识资本的相关术语没有最后达成一致意见，但激发了与会者的高度热情，随后又召开了几次会议，并逐渐发展成“知识资本管理大会”。沙利文组建了知识资本管理团队（The ICM Group），为企业提供开发知识资本的方法和技术。沙利文整理知识资本管理大会和知识资本管理团队的一些观点，形成了关于知识资本的价值萃取理论。

2. 价值最大化的来源和转化途径

沙利文为企业运用知识资本管理所提供了八种价值最大化的来源和转化途径：①创新创造新价值；②利用互补性资产；③销售；④许可；⑤合资；⑥建立战略联盟；⑦整合；⑧捐赠。前两种成熟的知识型企业经常使用，是企业价值的两种主要来源；后六种为普通企业使用，是企业价值的六种转化形式。

3. 知识资本价值链理论

沙利文把创新与价值实现联系起来，提出了知识资本的价值链理论，他认为知识资本的价值链就是二者之间存在的一系列活动。沙利文认为传统的价值链中从创新到销售之间包含较广的范围，不能很好地说明创新和价值实现之间的关系，这些活动对价值的实现没有太大的帮助。如图 5-7（a）所示。如果在创新与价值实现（销售）之间加入一些知识资本管理活动就形成了知识资本价值链。如图 5-7（b）所示，图中灰色方框为知识资本活动。

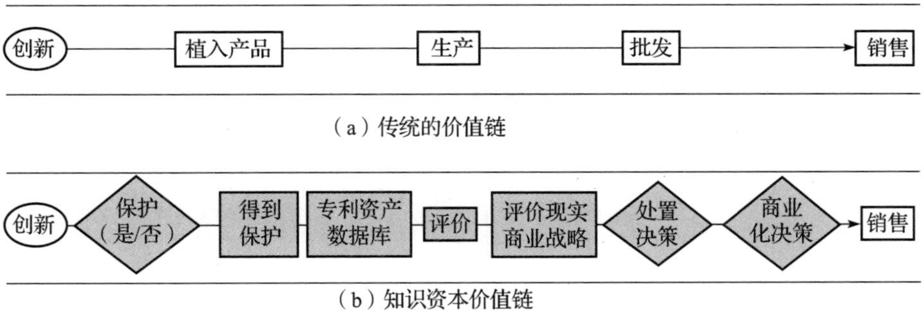

图 5-7　沙利文的知识资本价值链

资料来源：沙利文（2006）

六、技术代理测量模型

（一）主要内容

英国技术经纪人安妮·布鲁金（Annie Brooking，1996）[132] 提出了技术经纪人通过审计来确定知识资本价值的方法。首先，布鲁金要求企业回答 20 个问题，开始诊断它们的知识资本。比如，公司的每个员工是否知道自己的工作；怎样才能实现公司的目标；公司是否评估研发投资回报；

品牌在公司的价值如何；公司是否有一种机制来获取员工的建议以改善业务的任何方面；等等。测试结果表明，企业越不能正面回答这 20 个问题，就越需要重视企业的知识资本。其次，布鲁金提出知识资本四分法并设计了 178 个问题，将它们分配到每一类知识资本中，可以用 5 分制对这些问题进行打分，计算知识资本的总价值。最后，布鲁金认为，组织知识资本的价值完全依赖于组织的目标和市场状态，任何评估都是特定于组织的和有时间限制的。如果一家公司完成了对其知识资本的技术代理审计，布鲁金提供了三种方法来计算一美元知识资本的价值：成本、市场和回报。

布鲁金提出的知识资本四分法如图 5-8 所示。

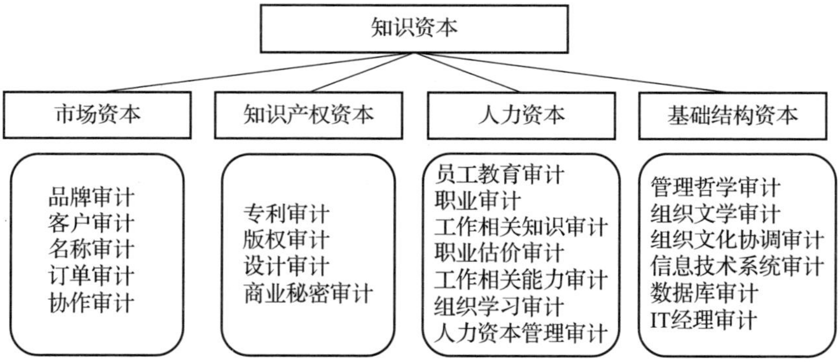

图 5-8　布鲁金的知识资本四分法

（二）研究评述

布鲁金的方法受到了业界的称赞，因为它为企业提供了一种为知识资本赋值的工具。布鲁金创建了一个知识资本审计方法，一个测量工具并说明它的概念基础，帮助企业识别价值和杠杆知识资本。这种方法的主要缺点是从定性调查问卷中得出的结果和这些资产的实际美元价值之间存在差距。例如，使用重置成本意味着成本实际上代表价值，而其独特的价值是创造竞争优势，重置价值实际上决定了无形资产的价值，如管理系统或品牌。

本章小结

①商用学派认为知识本身是一种企业资源，是一种物质对象，知识管理就是利用知识本身去获得优势和效益。商用学派相对于技术学派，是从关注技术层面发展到关注知识本身。商用学派有三个支分领域，一是组织知识资本领域，二是员工知识资本领域，三是无形资产领域。

②组织知识资本是来自利益相关者和合作伙伴之间的关系，来自组织创新和管理变革的能力，来自其基础设施，来自其员工的知识、经验和可转移能力的资本资源。

③员工知识资本领域既聚焦于知识自身，又关注人，是二者的综合。员工知识资本定义为员工所拥有或控制的、能够给公司带来竞争优势的知识和能力的总和，包括人力资本、结构资本和客户资本三个维度。

④无形资产是企业生产资源中缺乏有形资产重要性的可辨认的非财务要素，它缺乏有形资产的实质。

⑤亚当·斯密在《国富论》中把人的经验、知识和能力看作创造财富的生产要素，认为学习所花费的成本应作为利润得到补偿，他把资本分成固定资本和流动资本两部分，并将所有居民获得的有用的能力归入固定资本中，因为这种能力的获得已付出了现实的成本。

⑥明塞尔认为，人力资本是蕴含于人自身中的各种生产知识与技能的存量总和。明塞尔对人力资本的研究主题包括三个方面：第一，人力资本对挣得的影响；第二，人力资本对工资增长、劳动转换和失业的影响；第

三，技术对人力资本需求的影响。

⑦舒尔茨对人力资本的内容和范围进行了界定，用人力资本来解释经济增长问题。舒尔茨明确提出了技术和知识是资本的一种类型，即人力资本，并认为对人力资本的投资可能是西方经济增长中非人力资本无法解释的部分。

⑧丹尼森从理论分析和实证分析层面提出了丹尼森残差分析法，丹尼森残差也就是全要素生产率。

⑨贝克尔采用微观经济学理论，特别是运用效用最大化、市场均衡和稳定的偏好三个工具，对人力资本投资进行一般性分析。

⑩罗默的三个增长模型从完全竞争、垄断竞争条件下从知识外部性对经济增长的影响进行了分析，为政府制定相应的政策提供了理论依据。

⑪卢卡斯提出了两个资本和两个商品所建立的两个经济增长模型。

⑫冰山理论有三个人提出过，分别是：弗洛伊德、萨提亚和海明威。

⑬斯威比设计的无形资产监控表从知识资本的三个组成部分，结合企业的成长 / 创新、效率及稳定性等方面提出了相应的指标，可以进行无形资产的测量。

第六章

学习学派思想

▲

CHAPTER 6

第一节 思想纲要

一、主体思想

（一）定义与背景

1. 定义

学习学派强调建立企业内部虚拟的知识群体。企业可以依据目标推动各种相关的学习型虚拟团队，利用企业内部网络、视频会议和群组软件来连接这些知识工作者，形成一个知识网，让知识得以互动共享。知识管理在很大程度上依赖于对组织学习、组织记忆、知识共享、知识创造和组织文化的理解和管理。

2. 背景

随着电子和通信技术的进步，产品、服务和许多工作惯例加速变化，组织对获得和保持竞争优势的新方法越来越感兴趣。

查尔斯·汉迪（Charles Handy）关于环境不连续变化的观点增加了许多公司的困惑和无助。许多人采用传统的“快照”(Snap-shot）方法来进行战略变革，尽管他们可能本能地知道这些方法有严重的局限性（Handy, 2002）[133]。

接受竞争和战略变化作为复合过程导致了这样一种观念，即公司的驱动力来自随着时间而变化的命令的混合体。这些过程逐渐强调了各个层次的学习对保持竞争优势的重要性。学习本身不太可能实现这些目标，除非它是集中的。学习的重点将随着时间的推移而改变，这取决于公司对竞争力量的理解。这些组合的概念产生了“竞争性学习组织”的概念，它可以被全面地描述为一个持续适应的企业通过满足不断变化的客户需求，促进集中的个人、团队和组织学习，理解竞争力量的动态并鼓励系统思维。竞争性学习组织的两个组成部分，即学习的不同层次和学习的重点，这与佩蒂格鲁和惠普（Pettigrew & Whipp）的竞争和战略变革观点是一致的。学习的重点与企业理解竞争力量变化本质的能力有关，学习的层次与企业管理、调动资源的能力有关，以应对竞争。

有竞争力的学习型组织被视为一种理想状态，而不是一种稳定状态。许多企业希望应对变化的环境能够保持持续的战略变化和持续的竞争位置，这是不可能的，相反，企业更有可能经历“竞争性学习”“教学”或“静态”组织等阶段（Jashapara，1993）[134]。

竞争性组织学习模型如图 6-1 所示。

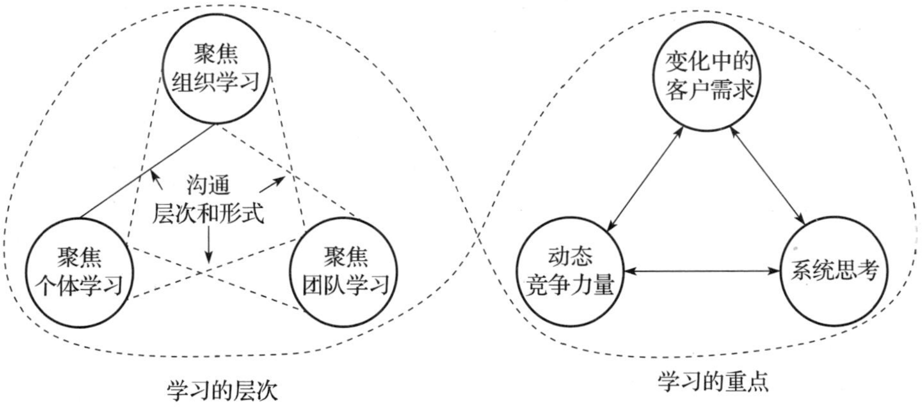

图 6-1　竞争性组织学习模型

资料来源：Jashapara（1993）

（二）支分领域

学习学派有两个支分研究领域，一是组织学习，二是学习型组织。组织学习与学习型组织极易混淆，一种有效的区分方式是将组织学习看作组织的一系列流程和活动，将学习型组织视为一种最终状态。组织学习与学习型组织的主要区别如表 6-1 所示。

表 6-1　组织学习与学习型组织的主要区别

组织学习	学习型组织
• 方式 • 流程或活动 • 可实现 • 描述研究 • 归纳 • 学术导向 • 主要采用定性方法 • 理论导向	• 结果 • 理想形式 • 很容易因为改变而迷失方向 • 规范研究 • 演绎 • 实践导向 • 主要采用定量方法（但目前缺少实证支持） • 行动导向

资料来源：贾夏帕拉（2013）。

二、组织学习

（一）思想概要

1. 定义

组织学习（Organizational Learning）就是要发现组织中存在的问题和障碍，并分析其形成的原因，进而改进措施来消除障碍、解决问题。组织学习领域是组织学习和知识管理这两个新兴的、模糊的理论和实践领域相结合而产生的。学者对组织学习提出了各种各样的定义。

组织学习意味着通过更好的知识和理解来改进行动的过程（Fiol & Lyles，1985）[135]。

如果通过信息处理，一个实体的潜在行为范围被改变了，它就会进行学习（Huber，1991）[17]。

组织被视为通过将历史推理编码为指导行为的惯例来学习（Levitt & March，1988）[136]。

组织学习是一个发现错误并纠正错误的过程（Argyris，1977）[137]。

组织学习是通过分享见解、知识和思维模式进行的……（并且）建立在过去的知识和经验之上，也就是记忆之上（Ray，1989）[138]。

伊斯特比－史密斯等人（Easterby-Smith et al.，1999）[139]注意到，“组织”和“学习”这两个术语的“神奇并置”强调了而不是隐藏了对“组织”和“学习”需要清晰和详细的概念定义。这一观点得到了 Tsoukas 和 Vladimirou（2001）[140]的赞同，他们主张既要理解有关知识的理论又要理解知识的组织理论。遗憾的是，学者们都未能对组织或知识给出完整或清晰的定义。

2. 组织学习过程

组织学习可以被描述为在组织环境中个人和共享的思想和行动的过程，涉及认知、社会、行为和技术元素。社会视角认为，学习与社会互动和工作实践的参与是不可分割的。社会视角强调的是特定组织背景下的社会互动，而主要不是关注认知过程。从学习、工作和创新的综合观点来看，实践者可能会形成“实践社团”，这可能是刺激组织变革的集体知识的来源。一些对学习持社会观点的学者警告说，其高度位置的本质可能会使从一个环境到另一个环境的转移有问题或不可行，因为学习植根于特定领域，部分“特殊”知识无法转移。

林赛·拉什曼等人（Lyndsay Rashman et al.，2010）[141]确定了四种常见的组织学习过程，它们跨越了不同的分析层次：个人直觉、思考和反思；通过沟通和互动，在群体层面形成共同的理解和观点；通过组织惯例、沟通和互动在组织中扩散；通过组织惯例的应用、制度化和嵌入学习，即个人视角、共享理解、扩散和嵌入组织。不同学者对跨层次的常见组织学习过程的表述如表 6-2 所示。

表 6-2　跨层次的常见组织学习过程

学者	常见组织学习过程			
	个人视角	共享理解	扩散	嵌入组织
Nonaka（1994）	对隐性知识的反思	团队中的知识创造	中层管理者扮演催化剂的角色	知识创造的结构和条件
Crossan 等（1999）	直观的想法和隐性知识	解释想法、结合情境	前馈（探索）和反馈（开发）	惯例、规则的诊断系统
Vince 和 Broussine（2000）	反思和内省	工作组创造和重构意义	通过层级间的对话解决情感、关系和政治等方面的紧张	解决系统紧张局势、政治和文化障碍
Zollo 和 Winter（2002）	产生不同的想法	内部选拔	扩散、变异和空间复制	保留和常规化
López 等（2005）	知识获取	解释以达成共同的理解	组织成员之间的扩散	组织记忆、系统和规则

（二）学习与可持续的创新

在快速变化和竞争的环境中，有意识地获取知识被认为是企业竞争优势的关键。罗宾逊（Robinson，2009）[142]认为，创造力就是建立新的联系，这样我们就能以新的方式和不同的角度看待事物。特别是在当前的数字时代，需要教育机构和组织结构发展创造性、创新性和解决问题的能力，鼓励跨学科和增长。荷兰皇家壳牌公司的前规划总监阿里·德赫斯（Arie de Geus）曾说："比竞争对手更快学习的能力可能是唯一可持续的竞争优势。"但如果创新过程本身是不可持续的，谁在乎一个组织的学习速度有多快？唯一比快速学习或创新更有价值的是创新本身的可持续性，无论其速度如何。事实上，并不是所有的学习或创新模式都是可持续的，某些形式的学习和创新实际上会破坏公司的业绩。

（三）组织学习与组织知识的整合

组织学习和组织知识之间的界限和重叠是有争议的。一些作者认为组织学习和知识创造是不同的概念，但越来越多的学习被定义为知识过程。关于学习型组织和知识管理的文献为有效管理组织中的学习和知识提供了通用的方法和工具。Easterby-Smith 和 Lyles（2005）将组织学习与组织知识区分开来，前者专注于组织中的学习过程，后者是组织所拥有的学习“内容”，但他们也承认过度简化的局限性。

希瓦和阿莱格雷（Chiva & Alegre，2005）[143]在组织学习和知识文献中确定了两种广泛的视角：认知－占有视角；社会进程视角。他们认为，未来的研究将需要探索与工作实践和认知方法中被避免或忽略的因素有关的学习和了解，如参与、权力、组织政治、冲突和合作。这些研究领域对公共组织特别重要，因为公共组织的活动本质上具有参与性、政治性和竞争性。

三、学习型组织

（一）思想概要

1. 定义

一些企业本身具有创造、组织和转移知识的能力，展示了从组织内部和外部使用学习的综合能力，圣吉将其命名为“学习型组织”，其有效性与其如何出色地执行这一综合任务有关。

戴维・加文（David Garvin，1993）[144]认为，学习型组织是能熟练地创造、获取和传递知识的组织，同时也要善于修正自身的行为，以适应新的知识和见解。

2. 背景

学习型组织（Learning Organization）的概念起源于麻省理工学院杰伊・福雷斯特（Jay Forrester）的研究，他是系统动力学的先驱，为人类动力学的研究提供了一种复杂的方法。所谓动态复杂性，就是把一切都看成是一个动态的、不断变化的过程，仿佛是一个永不停息的流动。1956 年，福雷斯特学习了信息反馈的自动控制原理，对通用电气公司的库存问题研究有了惊人的发现，研究了内部各种信息形成的互动结构和决策究竟如何影响活动，并转而影响决策本身的改变形式。弗雷斯特不做预测，也不超越趋势。相反，福雷斯特深入思考的是复杂变化的本质——整个动态运作的基本机制。他所提出的系统动力学与自然科学中发展起来的混沌理论和复杂理论所阐述的概念有相似之处。1965 年，他发表了一篇名为《企业的新设计》的论文，运用系统动力学原理，非常具体地构想出未来企业组织的理想形式——层次扁平化、信息组织化、结构开放化，在企业中逐渐从从属关系走向伙伴关系，并不断学习，不断调整关系结构。

彼得·圣吉（Peter Senge）是学习型组织理论的创始人。作为福雷斯特的学生，他一直在研究基于系统动力学的更理想的组织。1970 年，在斯坦福大学获得航空和空间工程学士学位后，彼得·圣吉进入麻省理工学院斯隆管理学院攻读博士学位。他研究了系统动力学与组织学习、创造理论和认知科学的整合，并发展了一个新的组织概念。1990 年，他通过对数千家企业近十年的研究和案例分析，完成了代表作《第五项修炼：学习型组织的艺术与实践》。他认为，现代企业所缺乏的是思考系统的能力，这是一种整体的动态搭配能力，许多组织由于缺乏这种能力而无法有效学习。其原因是现代组织的分工和责任切割了组织，使人们的行为远离了他们的时间和空间。当人们对自己行为的结果不负责时，他们不会改变自己的行为，这意味着他们无法有效地学习。

《第五项修炼：学习型组织的艺术与实践》[145]提供了一套将传统企业转化为学习型企业的方法，使企业通过学习提高“群体智慧”的整体运作和持续创新能力，成为不断创造未来的组织，从而避免企业的“不成熟”和“短命”。这本书一出版就在西方大受欢迎，圣吉也被称为 20 世纪 90 年代的管理大师。未来最成功的企业将是学习型企业。许多学者认为《第五项修炼：学习型组织的艺术与实践》以及随后的《第五项修炼：实践篇》《变革之舞》的出现标志着学习型组织理论框架的基本形成。

（二）五项要素

彼得·圣吉认为，建立学习型组织取决于对五个维度的掌握。

1. 建立共同愿景（Building Shared Vision）

共同愿景是一个强大的动力。一个领导者的愿景不一定会被他的下属认同。这里的关键是传递未来的图景，通过对话、承诺和热情来影响他人，而不是试图发号施令。讲故事是一种可能的工具。

2. 团队学习（Team Learning）

指团队成员一起思考以实现共同目标的状态。它建立在共享的愿景之上，添加了协作的元素。

3. 改变心智模式（Improve Mental Models）

组织的障碍多来自个人的思维习惯，例如固执己见、本位主义，唯有通过团队学习以及标杆学习，才能改变心智模式，有所创新。

4. 自我超越（Personal Mastery）

这是一个过程，在这个过程中，一个人努力扩大他的视野，集中他的精力，并处于持续的学习状态。

5. 系统思考（System Thinking）

将组织视为复杂的系统。这需要对整体和组成部分的理解，就像医生理解人体一样。这里的关键因素是认识到组织的复杂性并有一个长期的焦点。圣吉提倡使用系统地图来显示系统是如何连接的。

（三）领导者在创建学习型组织中的作用

彼得·圣吉强调了领导者在创建学习型组织中的作用，他定义了三种领导者角色，这三种角色将重塑领导方式，其中前两种角色揭示了有效知识管理和组织学习的需求。

1. 领导即设计师

圣吉把领导比作一艘船的设计师而不是船长。他用以下三种方式定义：①创造具有共同价值观和目标的共同愿景；②确定“将指导思想转化为业务决策的政策、策略和结构”；③创造有效的学习过程，以持续改进政策、策略和结构。

2. 作为老师的领导

这里的领导被看作教练。他必须理解现实的概念（通常是隐性的），并重组这些观点，“以超越表面的条件和事件（并）看到问题的潜在原因”。

3. 作为管理者的领导

这是三者中最模糊的，主要指领导者的态度。作为管理者，领导强调自身重要性，认为自己是更伟大事业的一部分，其首要愿望不是领导，而是服务于更大的目标，即建立更好的组织和重塑商业运作方式。

第二节　思想渊源

学习与知识管理的思想来源于四位著名学者及其研究：约翰·杜威对经验和社会学习视角的研究；迈克尔·波兰尼讨论组织知识的隐性与显性；伊迪丝·彭罗斯分析知识作为组织资源的重要性；弗里德里希·哈耶克的经济学观点。

一、杜威：经验和社会学习视角

（一）杜威与孔子

1859年注定是不平凡的一年，在这一年里，英国进化论者查尔斯·达尔文（Charles Darwin）发表了《物种起源》。同一年里，在新英格兰维蒙特州的伯林顿（Burlington）这个向来崇尚自由、笃信民主的地方，在一个中产阶级的杂货商家里，实用主义的集大成者约翰·杜威（John Dewey，1859—1952）出生了。如果说查尔斯·皮尔士（Charles Peirce，1839—1914）创立了实用主义的方法，威廉·詹姆斯（William James，1842—1910）建立了实用主义的真理观，那么，约翰·杜威则建造了实用主义的理论大厦。杜威的著作很多，涉及科学、艺术、伦理、政治、教育、社会学、历史学和经济学诸方面，使实用主义成为美国特有的文化现象。

在复旦大学教授汪堂家看来，“杜威的实用主义强调经验、效用，这与中国传统文化中的经世致用观点有相通之处，这也是杜威思想在当时的中国容易被接受并产生广泛影响的原因之一。”1919 年 10 月 20 日是杜威 60 岁生日，当时的北京大学校长蔡元培为正在北京讲学的杜威举行了生日晚餐会。会上，蔡元培致辞：“我所最先感想的，就是博士与孔子同一生日……我觉得孔子的理想与杜威博士的学说，有很多相同的点。”[146] 杜威的思想曾对 20 世纪前期的中国教育界、思想界产生过重大影响。1904 年到 1930 年，杜威在美国哥伦比亚大学哲学系任教授。

（二）经验

认识“经验”（Experience）的概念是理解杜威思想的必要途径。杜威对“经验”一词的解释并不完全指经验主义者所强调的“个人认知”。在杜威看来，经验的内涵除了认知意义外，还有其他属性，如我们感到的快乐、痛苦和行动。经验是对环境所表达的某种情况的整体反应。例如，当我们送一个朋友出国，我们的经历不仅是对朋友旅行的认识，还包括很多感情和感受，以及在送行过程中的各种行为。这些经验的性质是普通哲学家注意不到的。由于生物学和环境的色彩，杜威的“经验”意义非凡而特殊。

杜威认为，经验是一个单一的、动态的、完整的有机整体，经验是不可分割的。经验不仅与产生它的环境有关，而且与经验本身的持续发展有关。经验的发生顺序不仅相互关联，而且还在不断增长。这种经验的意义在于杜威的信念，即个人存在于环境中，并对环境产生影响，杜威称之为“作为”（Doing）；环境必然会对个体的行为做出反应，杜威称之为“施为”（Undergoing）。当人类改变环境或积极适应环境时，如修建堤坝和运河，人类不仅为环境做了什么，而且环境能为人类提供耕地或增加收成。这种“作为”和“施为”之间的相互作用是我们经验的来源（Dewey，1916）[147]。

经验不仅是横向的，而且是纵向的，是不断发展的，经验本身是有机的。经验具有广泛性、增长性、相关性和预测性。如我们对水的体验根据我们接触水的环境而有所不同；水的概念来源于与水的各种相互作用，有的直接参与，有的直接获得，这说明了经验的可变性。

杜威的经验意义并不是完全从哲学的角度来定义的，他也将生物学意义融入了他的经验。生物与环境的相互作用提醒我们经验应该是多元的，即产生经验的情境、内容和关系都来自生活，是个人经验生活的一个单位。同时，杜威还将他的工具哲学认识论观点引入经验中，提出了一种新的理论，即经验是工具。经验本身并不是价值所在，经验的价值在于它能为我们解决生活中的实际问题，从生活的本质上提升人类的生活体验，为人类直接与自然交流提供进一步、更有效的依据。

（三）历程

“历程”（Process）也是杜威哲学中的一个重要概念。从生物进化的角度来看，个体处于一个发展的过程中，从发展本身的角度来看，个体的发展有其自身的目的。历程是各个发展阶段的连续。在生物的发展中添加一个外部目的似乎是不合适的，由于不同的环境，有不同的互动、经验和成长的发展，不可能预先确立一个固定的目的。

杜威认为，传统上，人们在谈论一个名词时，往往会误解名词本身是固定的，但从变化过程的角度来看，这个名词实际上是一个活动的过程。例如，“健康”不是一个静态的、固定的名词，而是一个有发展、有变化的名词。为了健康，我们必须从事各种活动：健康检查，阅读有关健康的书籍，养成各种与健康有关的习惯，进行各种健康活动，吃有营养的食物，等等，这些是活动是一个过程，而不仅是一个静态的、认知的术语。事实上，“健康”是与发展过程相联系的，只有掌握了健康的过程或各种活动，我们才能对健康有更具体的认识。

（四）知识

杜威把“经验”和“历程”作为其哲学的两个基本概念，他的知识观自然落在工具主义的解释上。他反对传统的“旁观者”知识观。这种知识观认为只有当“知识”（Knowledge）是纯粹客观的外在存在时，才能被获得，从而错误地认为知识可以与感知者分离。从这个角度来看，知识似乎在感知者之外，知识本身是绝对客观的。这种观点完全忽略了认知者与知识之间关系的建立，也忽略了认知者与知识之间的相互作用。

从生物角度出发的知识起源更符合真实的事实。生活本身就充满冲突、怀疑、不安全和不确定，要把自己置于这样的情境中，个体自然需要认知来消除不安、怀疑和冲突，希望情境趋向确定与和谐。这就是个人认知发挥作用的地方，所以知识是解决这些疑问的工具。因此，知识必须来自个人对情况的怀疑，或者来自实际的偶然行动。对于通过逻辑过程获得知识，杜威认为存在一个过程。

从逻辑思维过程中获得的知识是不确定的。个人可能会感到需要解决的困惑感、紧张感，以及了解实际情况的欲望。从对困难处境的感受出发，个体渴望确定什么是困难处境，以澄清与困难无关的各种事项，从而建立一个可以解释的假设。基于这个假设，可以开发一个可能的解决方案，并从这个可能的解决方案确定可以采取的方法或步骤。最后可以对这些方法或步骤的可行性和预期结果进行测试。

虽然知识是这种逻辑操作的预期结果，但这并不是操作探究的最终目的，也不意味着在获得知识之后探究就完全终止了。知识的工具有效性在于揭示知识是一种工具，以便在以后获得进一步的知识。知识不能被认为是预先确立的绝对真理，因为知识是个体与环境情境互动的结果，不同情境会产生不同的结果。因此，知识只能作为一种参考，不能完全包含在任何情况下。因此，知识范畴内的概念、规则和规范，都只能被视为一种有限的、有条件的决定，而不能被视为解决问题的固定方式。

（五）做中学

杜威在批判传统学校教育的基础上，提出了“做中学”（Learning by Doing）的基本原则。人类最初的知识，也是最牢固的知识，就是如何去做的知识，因此教学过程应该是“做”的过程。在杜威看来，如果没有给孩子机会“做”，就必然会阻碍他们的自然发展。儿童生来就有做事和工作的欲望，对活动有强烈的兴趣，对此应给予特别关注。

杜威认为，“做中学”也是“活动中学”，它把在学校获得的知识与生活中的活动联系起来。孩子从真正有教育意义和有趣的活动中学习，这有助于他们的成长和发展。在杜威看来，这可能标志着一个有利于儿童生活的转折点。然而，孩子“做”或参与的工作活动与职业教育不同。杜威指出，实施“边做边学”的原则将使学校对其成员的影响更加生动、持久和具有文化意义。

二、波兰尼：知识的隐性与显性

（一）认识论

“我们知道的比我们能说的要多”是一位哲学家的警句式表达，可以说他非常深刻，不仅挑战了现代，也挑战了后现代对人类认知的理解。然而奇怪的是，在他 1976 年去世约 30 年后，大多数哲学家都对他知之甚少，他的名字叫迈克尔·波兰尼。迈克尔·波兰尼（Michael Polanyi，1891—1976），匈牙利裔英国化学家和哲学家，英国皇家学会院士，牛津大学默顿学院院士。

波兰尼杰出的贡献在于“认识论”——源于古希腊语 pistis，指对知识本质的探究。认识论研究的问题包括：我们是怎么知道的？当我们声称我们知道某件事时，这意味着什么？我们能知道什么？我们知识的极限是什么？对一些人来说，这些问题可能显得相当晦涩难懂，但波兰尼相信，人们对这些问题的回答具有重大的实际意义。的确，在这些问题上的误解和忽视已经成为造成他经历的灾难性社会混乱的一个主要因素。

在第二次世界大战结束约两年后，波兰尼认定，那些需要深思熟虑的最关键问题无法通过科学来解决，而需要对哲学思想进行更深入、更全面的探索。因此，57 岁的时候，他做出一个大胆的决定，将注意力主要转向哲学。波兰尼的主要哲学著作《个人知识：迈向后批判哲学》，被一些人描述为在我们对认识的理解上的一场“哥白尼式的革命”。这本书出版于 1958 年，波兰尼为此付出了十年的努力。1959 年，波兰尼被选为牛津大学高级研究员。波兰尼自由地继续他的哲学工作，在欧洲各国和美国连续进行了十多年的演讲，并撰写了一些文章和著作，涉及当时一些最重要的社会、政治和哲学问题。1966 年，他的著作《隐性维度》问世。

长期以来，他一直被认为是最危险的司机之一，因为他的注意力似乎更多地集中在他的突发想法上，而不是驾驶上。曼彻斯特警察局流传着这样一个故事：有一次，波兰尼开车撞到路灯，现场的警察问他事故是如何发生的，他回答“忘了自己在开车。”

（二）《个人知识：迈向后批判哲学》

迈克尔·波兰尼的《个人知识：迈向后批判哲学》由芝加哥大学出版社出版。在这本相当紧凑的书中，波兰尼讨论了三个主题：认知、涌现和人类努力。波兰尼将隐性知识定义为人们无意识做的事情，大多数时候人们意识不到其存在。技能和能力形式的知识通常是通过培训和与环境的相互作用获得的，不仅难以表达，而且根据波兰尼的说法，是无法表达甚至是不知道的东西，他解释说：“我们知道的比我们能说的要多。”（Polanyi，

1958）[148]

波兰尼在《个人知识》（1958）、《隐性维度》（1966）、《知与存在》（1969）和《意义》（1975）中描述了隐性认识。

（三）隐性认知结构

隐性认知结构是由认知者（主体）、附属主体（线索）和焦点内容（实体）组成的三元结构。通过默会（本质上是一种理解力、领悟力、判断力）的整合，认知者使附属机构承担焦点实体，从而赋予其意义。这是一种赋予意义的行为。隐性知识是所有知识中不可分割的一部分，是人们无法轻易获取或准确表达的知识。它源于隐性认知结构，在这种结构中，人们只是附属意识的知识项目被隐性整合，然后作为显性知识提供给焦点意识。通过自发的平衡进行整合是促进各附属项目之间相互协调的关键。尽管承认在焦点觉知中有某种程度的重构，隐性知识通常指的是一个人知道而无法表达，即知道的比能说的多。最终，所有的知识要么是隐性的，要么是根植于隐性知识。

波兰尼以我们对熟悉面孔的识别为例进行说明。当我们走进一个满是陌生人的房间，寻找一个我们认识的人，我们一看到他的脸就会立刻认出他。在这个例子中，我们完成一个集成的默许，构成了集成的“整体”或“整体”的人的特定功能，但它是一个“整体”或者一个“集成”。然而，这些特定的部分本身可能不仅没有指明，而且无法指明。为了说明后一种情况，波兰尼假设你要派一个人去那个房间找你的朋友，这个人以前从未见过你的朋友。然后，你的任务就是尽可能详细地描述你朋友的面部特征。相对于你自己直接发现那个朋友的轻松，被你派去的人仅根据你明确的说明来识别你的朋友可能会遇到困难，这表明隐性意识发挥了重要作用。一个类似的例子是，你目睹了一场谋杀，然后在警察队列中认出了凶手。这种识别显然比让警探通过你对凶手的描述来识别凶手要容易得多。

（四）隐性维度

迈克尔·波兰尼在写博士论文时便提出关于知识的隐性维度的猜测，并引起指导老师的不解。后来，波兰尼将这一事件视为他的理论的一个铺垫，大约35年之后，他最终形成了对“隐性”和“显性”认知形式的深刻明确区分。

事实上，早在波兰尼宣称“我们知道的比我们能说的要多”之前，柏拉图就在他的《美诺篇》（Meno）一书中对同一个问题提出了不同的解决方案。一方面，正如柏拉图在这段对话中提出的悖论：当我们寻求问题的答案时，我们要么知道我们在寻求什么，要么不知道。如果我们知道我们在寻找什么，我们就无须再寻找了，因为我们已经拥有了答案。另一方面，如果我们不知道我们要找的是什么，我们如何进行搜索？简而言之，追求我们不知道的是不可能的，追求我们已经拥有的是不必要的。

三、彭罗斯：作为组织资源的知识

（一）“重要的是丢掉你的幻想，而不是幻灭。”

2009年是伊迪丝·彭罗斯的《企业成长理论》出版50周年。罗宾·马里斯（Robin Marris）1961年在《经济杂志》的一篇书评中预测，企业成长理论将被证明是这十年中最有影响力的一种理论。他1987年补充说，“这证明是保守的说法”。

伊迪丝·彭罗斯（Edith Penrose），这位霍普金斯大学的英籍女学者是20世纪后半叶最重要的经济学家之一。她对企业理论的贡献重塑了经济学的经典传统，并卓有成效地发展了企业资源/知识基础理论。彭罗斯的贡献涉及很多领域，包括产业组织、战略管理、国际商业、人力资源管理、创新和技术变革经济学、历史、方法论、宏观经济学，等等。

彭罗斯经常引用约翰·威南特（John Winant）给她的建议："重要的是丢掉你的幻想，而不是幻灭。"她并没有幻灭，她是 20 世纪最具独创性的经济思想家之一，但她似乎并不知道自己的成就。她对自己没有什么抱负，对学术政治也没什么兴趣。

彭罗斯对经济学的贡献是广泛的：从"食品控制"到专利制度，再到企业成长理论、跨国企业、产业组织理论、国际石油工业、阿拉伯国家经济学、国际经济关系，等等。在此背景下，她提出了竞争、创新、并购、小公司和网络、反垄断和产业政策等理论。例如，在早期的著作《国际专利制度的经济学》中，彭罗斯对专利制度在国际上扩大到社会福利，特别是发展中国家的社会福利带来的所谓好处提出了质疑。

（二）《企业成长理论》

彭罗斯的早期文献并没有引起众人特别的注意，然而其中已表明她早期对"垄断""创新"和社会福利的一些兴趣，这些研究后来在她的思想中占据了主导地位。彭罗斯作为一名经济学家被人们铭记的主要成就无疑是 1959 年首次出版的《企业成长理论》。这本"理解商业和产业组织的概念宝库"对经济学家和商业战略家产生了巨大的影响。作者将严谨的理论与对真实商业世界的密切观察结合在一起，以一种新颖的方法简单地写作。她对团队和组织知识的关注强调了"组织能力"的当代讨论。

她参与的《公司的成长：赫克力士化工公司案例研究》完成于 1956 年，并于 1959 年出版。

四、哈耶克的经济学观点

（一）对哈耶克最好的纪念

2019 年 5 月 8 日是经济学家弗里德里希·哈耶克 120 周年诞辰，北京大学张维迎致辞说："对哈耶克最好的纪念，是反复阅读他的著作，理解他的思想。"

弗里德里希·哈耶克（Friedrich Hayek，1899—1992）是知名经济学家和政治哲学家，新自由主义代表人物，1974年获诺贝尔经济学奖，代表作有《通往奴役之路》《个人主义与经济秩序》等。他在学术上属奥地利学派，但与芝加哥学派的许多代表人物关系密切。他对市场经济理论、市场机制的运行过程研究深入彻底。

哈耶克还是哲学家路德维希·维特根斯坦的表弟，他的母亲经常带他到维特根斯坦家中，两人也因此相当熟识，后来维特根斯坦在1921年发表《逻辑哲学论》时，哈耶克便是最先看了此书草稿的人之一。第一次世界大战后，哈耶克决定在学术界发展，希望研究出如何避免战争悲剧的发生。哈耶克后来对此说道："让我决定成为学者的最关键因素是第一次世界大战，那场战争让我开始重视政治结构的问题。"哈耶克决定通过学术发展来打造一个更好的世界。

哈耶克在1974年和他理论的对手贡纳尔·默达尔（Gunnar Myrdal）一同获得了诺贝尔经济学奖，"表扬他们在货币政策和商业周期上的开创性研究，以及他们对于经济、社会和制度互动影响的敏锐分析"。他所提出的价格信号理论被认为是经济学的重大突破。哈耶克被视为奥地利经济学派最重要的成员之一，他对法学、系统思维、思想史、认知科学领域也有相当重要的贡献。。

（二）经济体系要解决的基本问题不是边际平衡

哈耶克1945年发表在《美国经济评论》上的《知识在社会中的运用》是他最重要的文章之一（Hayek，1945）[149]。2011年，《美国经济评论》庆祝创刊100周年之际，邀请世界上顶级的经济学家从已发表文章中挑出20篇最经典的文章，哈耶克的《知识在社会中的运用》入选。

当我们要建立一个合理的经济秩序时，我们希望解决什么问题呢？哈耶克的这篇文章给出了一个近乎完美的解决方案。这个解决方案就是价格。在这篇文章里面，哈耶克首先说，经济体系要解决的问题，不是边际平衡的问题。

边际就是“新增的新增”，你多花一块钱，能够给你带来多大的收益。边际平衡就是，你手上的钱有限，你的每一块钱应该花在哪里，你有不同的选择，比如花在面包、花在黄油、花在水果上面。你的每一块钱，都花在那些给你带来收益最大的商品那里。一块钱一块钱地花出去，最后你在每一种商品上面得到的边际效用就是平衡的。这样，你通过有限的资源，你手上有限的钱，能买到的商品所给你带来的效用，能够达到最大化。所有的经济学家，所有的经济学教科书，讲的就是平衡边际的问题，怎么让你的边际成本、你的付出，跟你的边际收益、你的得到相等。如果这两个数字能够相等，那么你的总收益就能够达到最大。这是贯穿所有经济学教科书的核心问题。一块地是否应该用来种小麦，是否应该让牛来吃小麦，取决于小麦能卖多少钱，牛肉能卖多少钱，这当中的概念，就是边际平衡的概念。

（三）经济体系要解决的是变化的问题

哈耶克认为经济体系要解决的问题，不是边际平衡的问题。他认为边际平衡是小问题，经济体系要解决的是变化的问题。哈耶克说：“经济问题总是由变化所引起的，而且只有变化才能引起经济问题。”人类社会与自然界一个根本的区别是，自然界是循环往复的，而人类社会每天都在接受各种各样的变化的冲击。他认为，如果人类社会只是解决边际平衡问题，那么实施什么样的社会制度，最终的结果都是一样的，计划经济也可以，市场经济也可以，什么样都可以。因为你可以在不断试错的过程中，发现我们应该如何计划未来的生产。

如果我们的人口是不变的，我们的品位是不变的，每年都消耗100万件蓝色的西装、100万件黑色的西装、100万件白色的裙子，如果这个世界每天都像太阳系一样周而复始的话，那么我们不论用什么样的方式，都可以找到最佳答案。实施什么样的社会制度，那是无所谓的。但是人类社恰恰是有变化的，你怎么去应付是非常重要的问题。

（四）关于变化的知识

哈耶克认为，关于变化的知识，从来没有被集中过。每当发生变化，总是有个别的人，在某个局部感受到变化，而这些关于变化的知识，永远没有办法集中在一个大脑里面的。哈耶克解释，每当我们说起知识，会很自然地望文生义，认为知识当然讲的是科学知识，但这仅是知识的一部分。更多更重要的知识，是关于谁在什么地方需要什么东西，需要什么样的品质，需要什么样的数量，而他愿意付出什么样的代价来获得这些东西，这些具体的信息，哈耶克称之为“知识”。哈耶克如下这样论述。

合理的经济秩序问题之所以有这种独特的性质，恰恰是由一个事实决定的，这个事实就是：我们所必须利用的关于各种具体情况的知识，从未以集中的或完整的形式存在，而只是以不全面且时常矛盾的形式为独立的个人所掌握。今天，谁要是认为科学知识不是全部知识的概括，会被认为是异端邪说。但是稍加思索就会知道，还有许多非常重要但未系统梳理的知识，即有关特定时间和地点的知识，它们在一般意义上甚至不可能被称为科学知识，但正是在这方面，对所有其他人来说，每个人实际上都具有某种优势——每个人都掌握独一无二的信息，而基于这种信息的决策只能由每个个人做出，或由他积极参与做出时，这种信息才能被利用。

哈耶克指出，这些知识由于永远分散在不同的人的大脑里面，而且经济体系遇到的最根本的问题，最大的挑战就是应变。新的信息存在不同的人的脑子里面，存在局部的范围里面，怎么利用，这才是经济体系要面对的最重要的问题。

（五）价格能够提供近乎完美的解决方案

哈耶克也提到如何奖惩对错的问题。这也是一个大的困难，怎么解决呢？哈耶克说，所有这些问题，都能够找到一个近乎完美的解决方案，那就是价格体系。哈耶克使用了一个简单而常见的例子来说明价格体系的作用。

假设在世界某地有了一种利用某种原料——例如锡——的新途径，或者有一处锡的供应源已枯竭，至于其中哪一种原因造成锡的紧缺，与我们关系不大（这一点非常重要）。锡的用户需要知道的只是，他们以前一直使用的锡，现在在另外一个地方利用起来更能盈利，因此他们必须节约用锡。对绝大多数用户来说，没有必要知道更迫切的需要是在哪儿出现的，或者他们善用供给是为了其他什么需求……所以，通过许多中介，有关的信息就能传递到全体成员。一个掌握所有信息的单一管理者本来可以通过下面这个事实得出解决办法，即任何商品都只有一个价格，或更确切地说，各地的价格是相互关联的，其差别取决于运输费用等。但是事实上，没有一个人能够掌握全部信息，因为它们全部分散在所有有关的人手里。

总结起来，哈耶克在指出，经济体系要解决的不是边际平衡的问题，而是应变的问题，是如何处理存在于不同的人的大脑里面的各种各样的知识的问题，如何解决奖惩的问题。他指出，解决这些根本问题的最好办法就是价格。价格有三个作用：①价格能够非常有效、非常节俭、目标非常明确地传递关于稀缺的信息；②价格能够指导人们进行生产，选择不同的生产方式；③价格能够解决奖惩的问题。

第三节　思想贡献

一、阿吉里斯与双环学习

克里斯·阿吉里斯对人们理解组织学习做出了重大贡献，同时也加深了对经验学习的理解。他的研究引发了人们对人与组织关系的思考、组织学习和行动研究。

（一）阿吉里斯

1. 学术生涯

克里斯·阿吉里斯（Chris Argyris，1923—2013）1923 年 7 月 16 日出生于新泽西州纽瓦克，在新泽西州欧文顿长大。第二次世界大战期间，他加入美国陆军的信号部队，最终成为一名少尉。战争结束后，阿吉里斯去了克拉克大学（Clark University），1947 年毕业时获得心理学学位，在那里他结识了库尔特·勒温。阿吉里斯 1949 年在堪萨斯大学（Kansas University）获得了心理学和经济学硕士学位，1951 年在康奈尔大学（Cornell University）获得了组织行为学博士学位。

阿吉里斯先后在耶鲁大学和哈佛大学任教，并曾任马萨诸塞州剑桥市摩立特集团（Monitor Group）董事。阿吉里斯喜欢户外活动，尤其是徒步旅行。据报道，阿吉里斯说，他最好的思考是在散步时完成的。

2. 研究领域

阿吉里斯早期研究探讨正式组织结构、控制系统和管理对个人的影响，以及如何应对和适应这些影响。这一阶段的研究成果集成为《人格与组织》（1957）和《个人和组织一体化》（1964）。他的另一个研究重点是组织变革，特别是探索组织中的高级主管的行为，他为此撰写了《人际能力与组织效能》（1962）和《组织与发明》（1965）。他对社会科学家作为研究者和行动者的角色也进行了卓有成效的研究，成果有《干预的理论与方法》（1970）、《严谨研究的内在矛盾》（1980），以及与罗伯特·普特南（Robert Putna）和戴安娜·麦克莱恩·史密斯（Diana McLain Smith）合作的《行动科学》。阿吉里斯还有一个主要研究领域是个人和组织学习，成果有《实践中的理论》（1974）、《组织学习》（1978）、《组织学习 II》（1996），其中很大一部分研究是与唐纳德·舍恩（Donald Schön）一起进行的。他的主要著作还有《克服组织防卫》（1990）和《行动的知识》（1993）。

除了写作和研究，克里斯·阿吉里斯还是一位很有影响力的老师。彼得·圣吉在一次谈论阿吉里斯作为老师的经历时曾说过下面的话。

尽管我读过他的很多著作，但当我第一次看到克里斯·阿吉里斯在一个非正式的研讨会上实践他的方法时，我对我所学到的东西毫无准备……表面上是阿吉里斯方法的学术报告，但它很快演变成行动科学从业者所谓的“行动中的反思”。在短短几分钟内，我看到整个团队的警惕性和“在场”的水平上升了十个等级。这并不是因为阿吉里斯的个人魅力，而是因为他能够熟练地进行归纳和总结。随着一下午时间的流逝，我们所有人都看到了（有时是有生以来第一次）隐藏在我们行为之下的微妙的推理模式，以及这些模式如何不断地给我们带来麻烦。但更有趣的是，很明显，通过适当的训练，我可以更清楚地了解我的心理模型以及它们是如何运作的。这是令人兴奋的！

（二）行动理论

阿吉里斯分析了政治学文献中有关组织决策的研究和理论后，认为学习和反馈在决策过程中的潜在作用很大程度上被忽略了。阿吉里斯和舍恩（Argyris & Schön，1974）[150]提出，人们有一个关于如何在情境中行动的心理地图，来计划、实施和审查自己行动的方式。他们断言，正是这些地图而不是他们明确拥护的理论引导了人们的行为。更重要的是，很少有人知道他们确实正在使用这些地图或理论。一种解释是，理论和行动之间是分裂的。然而，阿吉里斯和舍恩认为有两种理论参与其中。

行动理论的概念源于阿吉里斯对个人与组织之间关系的早期研究（Argyris，1957）[151]。行动理论首先是一种理论，“它最一般的属性是所有理论共有的属性，适用于它的最普遍标准是适用于所有理论的标准，如普遍性、中心性和简单性。”那些隐含在我们作为实践者和管理者所做的事情中的理论，和那些我们要求向他人讲述我们的行动的理论，这两种截然不同的行动理论之间的区别在于，前者可以被描述为应用理论，它们控制着实际的行为，往往是隐性的结构，它们与行为的关系就像实用语法与言语的关系；它们包含关于自我、他人和环境的假设，这些假设构成了日常生活中科学的一个微观世界。然而，用来表达所做的事或希望别人认为我们所做的事的词语，被称为名义理论（Espoused Theory）。当有人被问及在特定情况下他会如何表现时，他通常给出的答案是他所支持的那种情况下的行动理论，就是名义的行动理论，并且在这种要求下，他将其传达给他人。然而，真正支配他行为的理论是应用理论。

通过这种区分，可以对行为在多大程度上符合所信奉的理论提出疑问，并分析内心的感受是否会通过行动表达出来。换句话说，这两者之间有一致性吗？阿吉里斯提出了应用理论和名义理论之间发展一致的有效性情况。例如，在向同事解释我们的行为时，我们可能引用一些方便的理论。在某种程度上，我们可能会向别人解释自己突然冲出办公室的原因，甚至是向自己解释，说我们的一个“客户”出现了“危机”。应用理论可能完全不同。我们可能已经对文书工作或会议感到厌烦和疲倦，并觉得快速前往一个明显困难的局面将带来可喜的缓解。我们可以说，反思的一个关键作用是揭示应用理论，并探索“契合”的本质。监督的工作主要集中在实践者的思想、感受和行动上，它涉及名义理论和应用理论之间的鸿沟，或将后者带到表面上。如果这一鸿沟变得太宽，那么显然就有困难了；如果两者保持联系，那么这种差距就为反思和对话创造了动力。

阿吉里斯和舍恩指出，人类的所有行为都是建立在行动理论基础之上的。名义上的行动理论和个体的应用理论是不同的：名义上的行动理论是那些人们说出来的作为行动基础的理论；应用理论是从人们的实际行为中推断出的行为理论，如取自视频或音频，或其他专注于收集相对直接可观察行为的工具。大多数被研究的个体似乎能够发现他们支持的理论和其他人的应用理论之间的差异，但不能发现他们自己的类似差异。人们观察到别人表现出的差异，但他们用应用理论解释：“如果你观察到别人的行为与他们以效率、关心、外交的名义所倡导的情况不一致，请不要告诉他们。”（Argyris，1976）[152]

为了充分理解应用理论，需要一个有关过程的模型。为此，阿吉里斯和舍恩最初着眼于三个要素：①控制变量：那些人们试图保持在可接受范围内的维度。任何操作都可能影响许多这样的变量，因此任何情况都可能引发治理变量之间的权衡。②行动策略：人们用来保持他们的支配价值在可接受的范围内的行动和计划。③结果：作为行为的结果发生的事情。这些可能是有意的（参与者相信会有结果），也可能是无意的。此外，这些后果可能是为自己，和 / 或他人（Argyris & Schön，1996）[153]。

如果所使用的策略的结果是人们想要的，那么应用理论就得到了证实，这是因为意图和结果是匹配的。意图和结果也可能不匹配，换句话说，结果可能是意料之外的，它们可能不匹配或与这个人的支配价值相悖。阿吉里斯和舍恩对这种不匹配提出了两种反应，这可以从单环学习（Single-loop Learning）和双环学习（Double-loop Learning）的概念中看出来（Argyris & Schön，1978）[154]。单环学习与双环学习如图 6-2 所示。

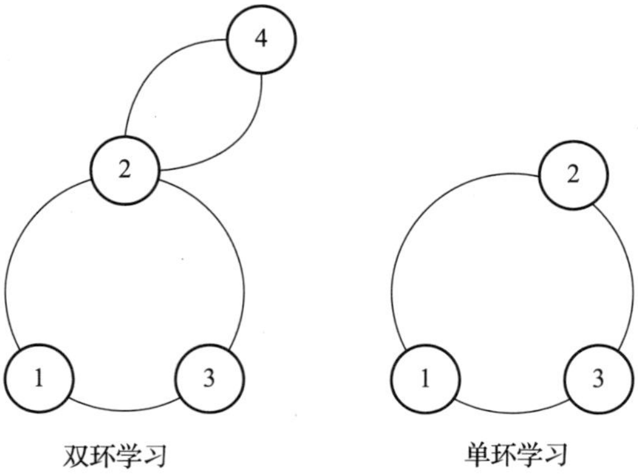

图 6-2 单环学习与双环学习示意

说明：①表示感知、监测环境的变化；②表示获得的信息和企业规范与目标进行比较；③表示对行动进行改进；④表示思考企业与目标的正确性。

资料来源：Argyris 和 Schön（1978）

（三）单环学习与双环学习模型

阿吉里斯和舍恩认为学习包括错误的发现和纠正。当出现问题时，许多人的最初选择是寻找另一种策略，以解决控制变量并在其中工作。换句话说，给定或选择的目标、价值观、计划和规则是可操作的，而不是质疑的。根据阿吉里斯和舍恩的观点，这是单环学习。另一种反应是对控制变量本身提出质疑，让它们接受批判性的审查，他们将其描述为双环学习。这样的学习可能导致支配变量的改变，从而改变策略和结果的构成方式。因此，探索组织学习的本质时，阿吉里斯和舍恩对组织学习过程做出如下的描述。

当错误被发现并纠正后，组织可以继续其当前的政策或实现其当前的目标，那么错误和纠正过程就是单环学习。单环学习就像一个自动调温器，它知道温度是太热还是太冷，然后打开或关闭暖气。自动调温器可以执行这项任务，因为它可以接收信息（房间的温度）并采取纠正措施。当错误被发现并以修改组织基本规范、政策和目标的方式加以纠正时，双环学习就发生了。

当目标、价值观、框架以及在很大程度上策略被视为理所当然时，单环学习似乎就出现了。重点是“技术和使技术更有效”，任何反思都是为了使策略更有效。相比之下，双环学习“包括质疑框架和学习系统的作用，而这些系统是实际目标和策略的基础”。在很多方面，这里的区别是亚里士多德在探索技术和实践思想时所提出的。前者涉及遵循常规和某种预先设定的计划，对个人和组织来说风险更小，并且提供更强的控制能力；后者更具创造性和反思性，并包含对善的考虑。这里的反思是更基本的：想法或政策背后的基本假设被面对，假设被公开地检验，过程是不可证实的而不是利己的（Argyris，1982）[155]。

阿吉里斯和舍恩干预研究的重点是探索组织如何提高其双环学习能力。他们认为，如果从业者和组织需要在快速变化和往往不确定的环境中做出明智的决定，双循环学习是必要的（Argyris，1974；1990）[156][157]。正如埃德蒙森和莫因根所言：“多年实证研究支持的基本理论是，组织中个人使用的推理过程抑制了相关信息的交换，从而使双环学习变得困难，而且在许多情况下几乎不可能。这就产生了一个两难的局面，因为这些正是最需要双环学习的组织情境（Edmondson & Moingeon，1999）[158]。”

阿吉里斯和舍恩的下一步是建立两个模型，描述抑制或增强双环学习的应用理论的特征。该理论认为，所有人在遇到问题的情况下都会使用一种通用的理论，他们将其描述为模型 I，可以说它抑制了双环学习，在模型 II 中，与理论相关的支配价值增强了双环学习。

单环学习模型假设，在任何情况下，人类的行为都代表着人们能找到的与他们的支配价值或变量一致的最满意的解决方案，如实现他人定义的目标、获胜、抑制负面情绪和强调理性。单环学习模型还假设，人类学会了将行为策略与他们的支配价值或变量联系起来，主要策略是单方面控制相关环境和任务，单方面保护自己和群体。

双环学习模型中的每一个重要行动都是根据它帮助参与者产生有效和有用的信息（包括相关感受）的程度来评估的，并解决问题，使问题在不降低解决问题的效率水平的情况下仍然得到解决。

二、史密斯和莱尔斯与《组织学习与知识管理》

（一）对组织学习和知识管理的分类方法

由马克·史密斯和玛乔丽·莱尔斯（Mark Smith & Marjorie Lyles，2003）[159]编辑的《组织学习与知识管理》涵盖了组织学习和知识管理相关主题的讨论，如吸收能力、知识黏性、隐性知识、社会学习、IT和知识管理、社区、网络、社会身份、情感、MSN学习、跨国界学习、动态能力等。

该书中的大多数论文是概念性的和高质量的，因为它们简明扼要地反映了组织学习或知识管理领域中特定理论概念的起源，并讨论当前和未来研究问题的方式。该书第一版收集了32篇论文、第二版收集了29篇论文，反映了已经取得的成就，同时也谨慎地尝试扩大范围和深化主题领域。组织学习和知识管理都是新兴的和模糊的实践和理论领域，这些领域的研究发展迅速，并显示出越来越多的多样性和专业化。

史密斯和莱尔斯对组织学习和知识管理的文献提供了两种分类方法：一种是发展性的，发展性分类包括经典性、基础性和普及性的区分；另一种是结构性的。这个方案是基于两个二分法的结构分类：过程与内容、理论与实践，进而把知识和学习这个主题领域分为四个子领域：组织学习

（过程和理论）、学习组织（过程和实践）、组织知识（理论和内容）和知识管理（实践和内容）。鉴于多样性和碎片化不断扩大，随着时间的推移，该如何评估组织学习和知识管理理论的累积贡献？引入“二乘二”框架可为这种日益增长的多样性带来一些秩序，这种做法很有吸引力，但在一定程度上掩盖了这四个子领域的理论和实践复杂性。书中只有几篇论文完全符合框架的四个象限之一。如果有什么管理原则应该非常谨慎，并且远离这些二分法，那应该是组织学习和知识管理。这个框架是强加的，强行分割了知识和学习的多面体本质，让位于学科领域的不可通约性。这本书在开篇第一章就承认了这个框架的弱点：“我们希望读完这本书的读者能够清楚地认识到这种二分法的不足之处！”“这本书完美地展示了知识管理和组织学习领域取得的成就，但也清楚地展示了我们研究中的差距，以及开启对话、斗争和团结的必要性，以及在新旧管理学科之间建立桥梁的必要性。”

两种分类方法的关键主题如图 6-3 所示。

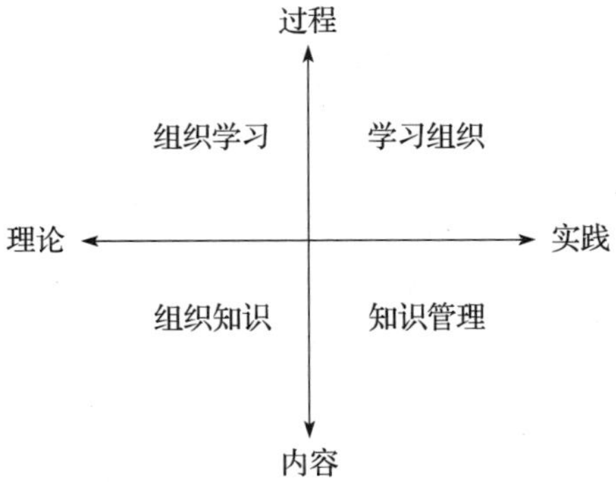

图 6-3　两种分类方法的关键主题

资料来源：Mark Smith 和 Marjorie Lyles（2004）

（二）学科视角

很明显组织学习和知识管理有着不同的学科渊源，并保持着不同的学科定位。该书的第一部分包括对知识和学习问题采取学科观点的论文。

德菲利普和奥恩斯坦（DeFillippi & Ornstein）从心理学角度观察到，组织学习理论更多地将心理学理论视角纳入背景假设，而不是作为其理论的系统基础。

邦特·埃尔哈耶尔（Bente Elkjaer）在一篇批评文章中比较了个人学习理论和社会学习理论，认为社会学习理论受美国实用主义的影响，同时包含了学习的认识论和本体论，而个人学习理论只涉及认识论。埃尔克哈斯实际上指出了组织学习和知识管理中最关键的问题：应该如何概念化和操作化知识。

这一关键主题在海耶斯和沃尔沙姆（Hayes & Walsham）的论文中反复出现，他们讨论了信息通信技术在知识共享中的作用。他们批判知识管理文献和实践中占主导地位的内容观。

阿拉维和蒂瓦纳（Alavi & Tiwana）系统地讨论了关键的知识管理过程和一些关键的知识管理应用（电子学习、知识库、通信支持系统和专家系统）。有趣之处在于，他们发现知识管理的信息通信技术维度尚未得到充分研究。

福斯和马恩克（Foss & Mahnke）认为，知识管理缺乏学科基础。两位作者认为，如果知识管理要促进竞争优势，而不是沿着炒作的斜坡下滑，那么它需要接受组织经济学的学科。应考虑知识管理活动的成本和效益，以便评估这些活动对组织竞争优势的贡献。福斯和马恩克的关键命题非常具有挑战性，提醒组织学习和知识管理领域的学者和实践者要考虑组织的经济和竞争背景。

维拉和克罗桑（Vera & Crossan）提出了知识管理与组织学习研究的综合框架，其目的是减少这两个领域的概念混淆，并为研究人员提供一个框架作为促进交流的工具。

（三）组织学习和学习型组织

该书的第二部分讨论了组织学习和学习型组织的一个特定方面。

迪贝拉（DiBella）引入了学习组合的概念或组织参与的不同学习风格，这样，他使组织学习的概念更接近学习型组织的概念。

普拉斯科夫（Plaskoff）认为社团是组织学习工具包的一个组成部分，也可以看作学习型组织和组织学习之间的连接。他讲述了自己在构建社团，特别是在创建共享理解或主体间性方面的经验。

组织学习的另一个重要条件是心理安全程度。埃德蒙森证明了心理安全是如何影响团队学习的，他和 Williams Woolley 讨论了心理安全对组织学习干预的影响。

泰勒和奥兰德（Taylor & Osland）从跨文化交流的角度看待“全球组织学习”，并指出与跨文化交流和学习障碍相关的问题。他们认为学习是一个信息传递和解释的过程。

牧野和英克潘（Makino & Inkpen）从外国直接投资（FDI）的角度审视跨境学习，展示了学习者生态环境下学习的复杂性。

索尔克和西莫宁（Salk & Simonin）提供了一个包罗万象的、非常丰富的元框架，这有助于在学习和联盟领域定位自己和其他研究。

在“跨界学习”的文献中，另一个反复出现的主题是吸收能力。这本书近一半的章节引用了科恩和莱文塔尔关于这一话题的开创性著作。

（四）组织中的知识及其管理

野中认为，组织学习的理论并没有涉及外部化这一关键概念，外部化指隐性知识向显性知识转化的过程。大多数知识管理理论认为，知识可以与知识所有者分开管理。这本书第三部分的大多数论文通过承认隐性知识的复杂性质对这一概念进行了细微的区分。

查克拉瓦蒂、麦克维利、多兹和劳（Chakravarthy，McEvily，Doz & Rau）指出，不是知识本身，而是知识管理是企业竞争优势（积累、保护和杠杆）的来源。他们的主要论点是，竞争优势可以通过认真管理隐性知识库和积累、利用新知识来实现。知识转化过程不是没有价值的，它们受到参与这些过程的人的指导和影响。

贝蒂和黄（Bettis & Wong）专注于高层管理团队的主导逻辑、学习和核心能力之间的关系。了解这些关系可能有助于了解知识管理实践的现实政治。

阿尔梅达、菲尼和格兰特（Almeida，Phene & Grant）基于企业的知识基础观点，试图将知识管理过程（寻找外部知识、寻找和转移知识、整合知识）与企业的特定能力联系起来。未来的研究应以创新过程中知识管理实践的设计和实施为方向。组织学习的概念指新知识在组织记忆中的积累和储存。

德霍兰和飞利浦（De Holan & Philips）将他们的注意力转向相反的过程：组织遗忘，即组织忘记它们想忘记的，避免忘记它们不想忘记的过程，这个过程至少和组织获取新知识的过程一样重要。

卡尔霍恩和星巴克斯（Calhoun & Starbucks）在讨论创造知识的障碍时也提出了类似的观点。与人们普遍认为的相反，他们声称，知识创造会阻碍发现，因为它有许多功能障碍。知识只能存在于有共识的地方，这种共识使新知识的开发和创新项目的开发变得困难。在组织知识转移的过程中，可能会出现许多问题。

巴特尔和加鲁德（Bartel & Garud）引入了“适应性诱拐”的概念来描述个体如何从故事中产生和应用知识和行动。这些叙述可以作为边界对象，充当共同的信息空间，在没有共识或共同目标的情况下促进互动和协调。

冯·克罗（Von Krogh）的贡献涉及一个有趣的知识管理过程：知识共享。冯·克罗提出，对于这个高度复杂的知识管理过程，最重要的先决条件之一是内在动机。冯·克罗讨论的第二个问题是机会结构（如社区）和关怀，以及真实性的社会规范如何积极影响知识分享。

范·维克（Van Wijk）回顾了有关知识和网络的文献，重点关注这些网络如何促进知识的管理和组织。他讨论了三种类型的网络：社会网络、内部网络和外部网络。

克罗斯和普鲁萨克（Cross & Prusak ）将组织视为知识市场。他们讨论了如何将市场机制应用于这种新型市场。在讨论了各种知识管理过程和组织形式之后，最终的问题仍然是：什么是（隐性）知识?

苏卡斯（Tsoukas）强烈批评了将隐性知识视为“尚未明确表达的知识”、等待“翻译”或“转换”的管理研究。苏卡斯非常清楚，这些研究忽略了隐性知识的不可言说性，从而将其简化为可以表达的内容。隐性知识只能在人们所做的事情中表现出来。

（五）国际环境下的学习和知识

这本书的第四部分主要讨论了在国际环境下的学习和知识。

斯卡伯勒和斯旺（Scarbrough & Swan）从管理时尚的角度讨论了知识管理和学习型组织的话语，并在组织学习、学习型组织、组织知识和知识管理四个领域分析了“时尚女王”和“时尚受害者”。

在这本书的最后，编辑们表示，“未来的主要趋势似乎是越来越强调社会资本、认知方法、网络和社区”。因此，如果学者能够继续研究这些最新的时尚概念，那将是非常有趣的。

与这本书第二部分讨论的“吸收能力”主题一样，“知识黏性”是组织学习和知识管理文献中反复出现的主题。兰斯基和卡佩蒂（Szulanski & Cappetta）提供了关于这个主题的写作和它的未来的一个很好的评论。另一个有趣的话题是与学习有关的社会身份的概念。

蔡尔德和罗德里格斯（Child & Rodrigues）将他们的讨论局限于职业和国家身份认同，而科利和焦亚（Corley & Gioia）则侧重于语义学习或基于意义的学习视角的身份认同。

法恩曼（Fineman）认为情绪既是学习的核心，也是学习的产物。他对新组织形式（如虚拟组织）的后果的想法也很有趣。

蔡尔德和他的同事利用三个对核电站和化工厂的案例研究来说明“从经验中学习”，基于这些见解，作者在“二乘二”矩阵中引入了一个阶段模型。

毫无疑问，《组织学习与知识管理》提供了组织学习和知识管理领域丰富的研究内容，在概念和术语上有很多共性，论文中也有很多交叉引用。然而，在某种程度上，这种丰富的图景令人失望。该书几乎每一章对知识和 / 或学习都有新的定义，每一章都有自己的知识和学习过程，每一章都有自己的指标和衡量方法。

三、莱夫和温格与情境学习

（一）情境学习与情境理性

情境学习（Situated learning）是由美国加利福尼亚大学伯克利分校的让·莱夫（Jean Lave）和独立研究者埃蒂纳·温格（Etienne Wenger）于1990 年前后提出的一种学习方式。

对于那些对社会文化活动中个人参与的学习和变化过程感兴趣的学者来说，情境学习是必要的阅读主题。莱夫和温格的文章提出了一个概念，即学习是实践社团中社会和个人转变的过程。莱夫和温格贡献了深入的分析和未来工作的方向，推进了社会文化理论，参与了当时正在进行的跨社会科学学科的重大范式转移，包括人类学、心理学、教育学、社会学和语言学。

情境学习理论所依赖的哲学基础是“情境理性”（Situated Rationality）的知识观。尤尔根·哈贝马斯（Jürgen Habermas）在《后形而上学思想》[160]一书中正式提出情境理性的概念。情境理性最核心的思想就是人类的理性总是嵌入在具体情境里的，并随着情境的变化而变化；先验的、抽象的、普适的理性是不存在的。每一种情境都是人类在某一个特定的时空点上发生着的认知过程与人生体验。所以正如哈贝马斯所言，情境理性最讲究的就是学习者之间相互采取一种理解对方的态度进行充分的对话和交流，不断扩大个人“局部时空的知识”。

（二）“合法外围参与”

莱夫和温格的方法与专注于孤立个体获取知识和专注于源自学校实践的学习效率和技术的学习观点形成了鲜明对比。在他们看来，重要的是理论的焦点不在于学习本身。相反，他们的理论起点是位于社团实践中的学习，学习被视为实践社团成员的一种特征。新手不仅是缺乏所谓“技能”实体的人，而是一个在实践社团中不断协商参与的新人。莱夫和温格强调，学习关系位于社团生活的更广泛的关系中，学习过程需要个人在社团中的成员地位的发展和身份的形成。情境学习强调过程的边缘性，重点过程是社团的实践、社团的活动。学习作为协商、参与社团实践的过程，不是社团商业的黄金时段，它在社团活动的外围进行。

莱夫和温格对情境学习的分析体现在他们的“合法外围参与”的生产性概念中。莱夫和温格强调了社团变化的螺旋式特点，不仅有新来者取代老前辈，而且社团实践也发生了变化。变化的螺旋式特征也发生在新来者的个人发展水平上，因为他们参与随着时间发展的现有实践，同时对社团实践的发展做出贡献，“因为他们开始在未来建立自己的身份”。通过这种方式，他们拒绝把学习看作文化“给定”的内化。

合法的外围参与得到了社团关系系统的支持，这些关系系统不仅限于新来者与老来者之间的关系，还包括与外部社区和其他新来者的关系。实践社团中的关系并不一定会促进学习，正如莱夫和温格在他们的分析中所证明的那样，超市行业中的社会关系抵制超市切肉工学徒的学习，对徒弟的剥削妨碍了徒弟的外围参与。

（三）学徒制

莱夫和温格（Lave & Wenger，1991）[161]还分析了尤卡坦助产士、利比里亚裁缝、海军舵手的合法外围参与。这些案例引出了关于学徒学习结构的一些非常重要的观点，比如观察到学徒不是简单地按照子任务的顺序进行技术性工作。学徒制并不局限于封建形式的学徒制，而是涉及学习是社团实践不可分割的一部分的情况。

能够以一种合法的外围方式参与，意味着新来者有广泛的成熟实践平台……学徒对正在进行活动的贡献在实践中获得价值……在实践中，人们有机会了解自己的努力有多好或有多差，因此外围组织的合法参与为自我评价提供了直接基础。学徒时期典型的测试、赞扬或指责的稀疏性来自学徒作为参与者的合法性……更深刻的参与对社团和学习者的价值感在于成为社团的一部分。

本章小结

①学习学派强调建立企业内部虚拟的知识群体。企业可以依据目标推动各种相关的学习型虚拟团队，利用企业内部网络、视频会议和群组软件来连接这些知识工作者，形成一个知识网，让知识得以互动共享。知识管理的学习学派有两个支分领域，一是组织学习，二是学习型组织。

②组织学习领域是组织学习和知识管理这两个新兴的、模糊的理论和实践领域相结合而产生的。一个组织的学习能力，以及知识迅速转化成行动的能力，是最终的竞争优势。

③一些企业本身具有创造、组织和转移知识的能力，展示了从组织内部和外部使用学习的综合能力，圣吉将其命名为“学习型组织”，其有效性与其如何出色地执行这一综合任务有关。

④学习与知识管理的思想来源于四位著名学者及其研究：约翰·杜威对经验和社会学习视角的影响，迈克尔·波兰尼讨论组织知识的隐性与显性，伊迪丝·彭罗斯关于知识作为组织资源的重要性，以及弗里德里希·哈耶克的经济学观点。

⑤杜威把“经验”和“历程”作为其哲学的两个基本概念，他的知识观自然落在工具主义的解释上。他反对传统的“旁观者”知识观。杜威在批判传统学校教育的基础上，提出了“做中学”的基本原则。

⑥波兰尼将隐性知识定义为人们无意识做的事情，大多数时候人们都

意识不到它的存在。技能和能力形式的知识通常是通过培训和与环境的相互作用获得的，波兰尼认为它是无法表达甚至是不知道的东西。

⑦哈耶克在《知识在社会中的运用》一文中指出，经济体系要解决的不是边际平衡的问题，而是应变的问题，是怎么处理存在于不同的人的大脑里面的、各种各样的知识的问题，怎么解决奖惩的问题。他指出，解决这些根本问题的最好办法就是价格。

⑧阿吉里斯认为学习和反馈在决策过程中的潜在作用很大程度上被忽略了。基于单循环学习的行动理论被认为是最普遍的行动模式。为了提供反馈和更有效的决策，双环学习模型被提出。

⑨单环学习模型假设，在任何情况下，人类的行为都代表着人们能找到的与他们的支配价值或变量一致的最满意的解决方案，如实现他人定义的目标、获胜、抑制负面情绪和强调理性。单环学习模型还假设，人类学会了将行为策略与他们的支配价值或变量联系起来，主要策略是单方面控制相关环境和任务，单方面保护自己和群体。

⑩双环学习模型中的每一个重要行动都是根据它帮助参与者产生有效和有用的信息（包括相关感受）的程度来评估的，并解决问题，使问题在不降低解决问题的效率水平的情况下仍然得到解决。

⑪马克·史密斯和玛乔丽·莱尔斯对组织学习和知识管理的文献提供了两种分类方法：一种是发展性的，发展性分类包括经典性、基础性和普及性的区分；另一种是结构性的。

⑫情境学习是由莱夫和温格于 1990 年前后提出的一种学习方式。情境学习理论所依赖的哲学基础是“情境理性”的知识观。

⑬莱夫和温格的方法与专注于孤立个体获取知识和专注于源自学校实践的学习效率和技术的学习观点形成了鲜明对比。在他们看来，重要的是理论的焦点不在于学习本身。相反，他们的理论起点是位于社团实践中的学习，学习被视为实践社团成员的一种特征。

第七章

战略学派思想

▲

CHAPTER 7

第一节 思想纲要

一、主体思想

（一）界定

战略学派，或称知识型战略学派（Knowledge-based Strategy，KBS），是把知识管理视为竞争战略的一个维度，以知识和知识创造为基础的战略。该学派的基本假设是对知识的生产、消费和管理所需要的战略有一个整体的看法。这种假设源于知识本身可以是“有争议的”这一事实，其生产也被认为不同于以前的经济产品。以知识和知识资本为基础的战略思想可以被看作公司战略的精髓。当前环境下的知识生产也不同于传统方法，而是侧重于应用语境、生产场所数量的增长等特点。

战略学派从战略管理的理论研究出发，主要关注不同的组织面对不同的战略目标。从广义上讲，一方面战略研究一直围绕着寻求和保持竞争优势的核心概念展开。从 20 世纪 80 年代中期开始，无论来自哪个学派的学者都对战略管理的各个方面非常关注，对管理的研究和争论都是基于战略这个核心问题。另一方面，战略研究也注意到一些理论缺陷，比如思维方式的线性化而非三维化，既忽视了人的主动性，也忽视了环境变化的混沌性和不可预测性。这还需要进一步追溯知识管理的源头，探索知识管理的最终目的，即知识创造是知识管理的最终目的。

知识已经被认为是有价值的战略资产，可以提供专有的竞争优势。更重要的是企业可以通过知识管理战略来区分自己。没有持续的知识创造，企业注定会表现不佳。然而，目前还不清楚这些策略是如何影响知识创造的。从概念上讲，阿赫加尔、哈萨扎德和耶茨（Akhgar，Hassazadeh & Yates，2011）[162]将知识管理战略定义为“一个反映了思想、愿景、想法、见解、学习过程、经验、目标、专业知识、价值观、认知等复杂矩阵的可评估框架的术语”。阿赫加尔和莫萨哈尼确定的知识管理部署认识论方法的关键成功因素之一是知识管理战略的制订。蔡炳谷和李海硕（Byounggu Choi & Heeseok Lee，2002）[163]认为，知识型战略可分为以人为本和以系统为本两种，并提出了一个模型来说明策略与其创建过程之间的联系。研究发现，人的战略对社会化更有可能有效，制度战略对组合更有可能有效。此外，调查结果还建议管理者应针对企业的特点调整知识管理策略。

尽管人们对知识管理的战略视角越来越感兴趣，但仍然缺乏指导知识管理战略实施的程序和方法。大多数组织可以被描述为知识管理的启动者。为了改进这些知识管理计划，并将其与商业战略联系起来，迈尔和雷穆斯（Maier & Remus，2003）[164]将知识管理区分为以人为本和以技术为本，建议采用面向过程的知识管理方法作为弥合以人为本和以技术为导向的知识管理之间差距的一步。这个方法有四个层面：战略、知识管理组织和过程、主题和内容、工具和系统。

（二）支分领域

战略学派本质上关注的是增强意识，认识到知识是一种资源，从而有可能创造价值。这就是为什么包含知识的企业使命和目的陈述的修辞是重要的。这也是为什么对于无形的知识和知识资本概念进行操作化定义，然后衡量构建知识能力的进展是重要的。一旦“知识作为战略”驱动知识管理活动，IT 的潜在贡献是多方面的，人们可以期待网络、系统、工具和知识库的混合。

战略学派有两个支分领域。一是战略流程领域，这个领域的研究可以看作“知识管理 + 流程 + 战略”的某种组合，侧重于知识管理战略的步骤、流程、过程。二是组织知识创造，知识管理的价值并不取决于知识或信息技术，而取决于组织成员对知识的使用。这两个支分领域当中，战略流程领域是知识战略学派的核心，组织知识创造可以看作知识战略学派的一种重要的特殊表现形式。

哈吉和金斯顿（Haggie & Kingston，2004）[165] 认为：“一个似乎已经达成共识的事实是，不同的情况需要不同的知识管理战略。”明确的知识管理战略是需要的，以确保任何知识管理系统的关键成功因素得以适当发展。这种策略也为识别知识管理对业务流程、人力资源、组织扩展价值链、企业数据模型和任何期望的产品或服务开发的影响提供了基础。这些论证为人们提供了一种必然的需求，即穷尽参考体系结构来实现必要的元素，并描述它们之间的关系。

在当前的知识管理市场中，缺乏一种基于良好基础的端到端的整体知识管理战略方法是显而易见的。然而，知识已成为有价值的战略资产，可以提供专有的竞争优势。对于企业来说，通过知识管理战略来区分自己更重要。

（三）管理实践

1. 基于知识型战略的实践：联合利华公司

联合利华公司的企业目标声明中的关键句子证明了一些知识管理举措的合理性。“我们深深扎根于当地文化和全球市场，这是我们无与伦比的遗产，也是我们未来发展的基础。我们将把我们丰富的知识和国际专业知识用于服务本地消费者——一个真正的跨国公司。”这些知识管理举措包括在业务单位的知识管理研讨会，以帮助执行团队检查，当他们制订业务战略时，如何更好地利用产品、过程、客户和研究知识来获得竞争优势；记录并整理企业对某些食品科学的了解，以发现新产品开发的思路；完全不同的企业拥有共同的科技主线，相互访问交流思想和经验；在知识管理领域识别新的信息系统机会。知识被视为价值创造和价值实现的源泉，而不仅是一种支持和加强商业战略制订的商品或过程。

2. 基于知识差异化战略的实践：巴克曼实验室

在巴克曼实验室，知识被视为差异化的源泉，也是特殊化学品业务的必要条件。巴克曼实验室是一个知识密集型企业，如果不了解化学品如何应用于客户的问题，公司就不会长期成功。巴克曼选择竞争地点的基础是它对如何将其化学品应用于客户的加工厂问题的卓越知识。巴克曼的愿景导致了全球网络的发展，巴克曼在其中将技术专家与现场工作人员联系起来，建立以客户为中心的知识库，并投资于全球在线会议能力。据报道，收入的 2.5% 被投资于知识管理（Zack，1999）[166]。

3. 基于知识资本战略的实践：斯堪的亚公司和克拉丽卡公司

瑞典斯堪的亚公司将知识资本定位为公司的核心能力。前首席执行官比约恩·沃拉斯（Bjorn Wolrath）表示："在创造真正可持续的收益方面，知识资本至少与我们的金融资本同等重要。"同样，加拿大保险和金融服务克拉丽卡公司（Clarica）也开展了知识资本开发计划，并将其置于公司战略部门。这两家公司都开发了概念模型来阐明和解释知识资本的目的和特征。两国都投资于互补的知识管理举措，以发展人力能力，并获取和分享学习和知识。

斯堪的亚公司以开发其市场价值计划或智力资产负债表而闻名，通过它们促进对无形和智力资产如何与财务和有形资产一样促进价值创造的理解。斯堪的亚公司还开发了导航仪（Navigator），这是平衡计分卡的衍生产品，以帮助管理者可视化并实施智力资本创造。以上工具的设计并不像传统意义上的管理会计或财务控制系统那样多，而是作为信息系统，为关于战略选择、资源分配和绩效改进的讨论提供信息。它们最初都是由斯堪的亚公司的保险和金融业务（AFS）部门设计和实施的，该部门基于首席执行官简·卡拉伦迪（Jan Cararendi）所说的“智能组织”和“教学和学习组织”的战略，经历了10年的转型。换句话说，就像竞争战略的制订一样，知识管理的战略方法很可能被概念化，并在业务单位或公司的层面上得到推广。其目标是通过系统、过程和人员来构建、培育和充分利用知识资产，并将其转化为以知识为基础的产品或服务的价值。这就是为什么么斯堪的亚和克拉丽卡等公司开发的价值创造模型强调结构资本、人力资本、组织资本、客户资本、知识资本，以及为什么它们把知识管理视为一个关键的整合理念。

这些战略变革计划所采取的行动是多种多样的。例如，斯堪的亚拥有基于知识的系统、知识网络、知识咖啡馆、未来中心、与中介机构的知识共享协议，以及能力发展计划。但学派之所以成为一个学派，是因为知识或知识资本被视为关键资源。该公司选择在知识上竞争。在许多方面，企业被定义为知识企业，知识创造和使用驱动竞争战略，而不仅仅是支持它。

二、战略流程领域

战略流程领域研究的奠基者是托马斯·斯图尔特（Thomas Stewart）。

（一）主要内容

1. 斯图尔特的知识资本结构：HSC结构

斯图尔特提出知识资本结构三因子：一是人力资本，如才智、技能、知识等；二是结构资本，如方法、软件、系统等；三是客户资本，如与客户、供应商之间的关系等。斯图尔特认为每个公司都可以有这三个资本，但大多数公司只使用了其中一个，如一家饭店成功的原因就是拥有一个高级厨师这样的人力资本。斯图尔特写道：“知识已经成为我们制造、经营、购买和销售产品的主要成分。因此，管理知识——发现并增长知识资本，储存、销售、分享知识资本——已经成为个人、企业和国家最重要的经济任务（Stewart，1997）[167]。”

斯图尔特的知识资本三因子结构如图 7-1 所示。

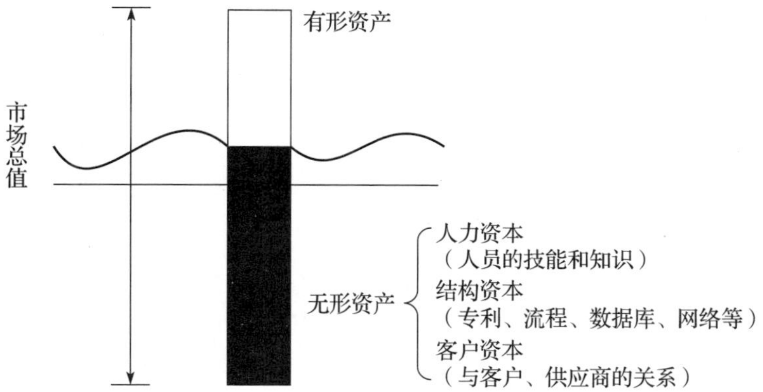

图 7-1 斯图尔特的知识资本三因子结构

资料来源：Stewart（1997）

2. 战略过程

斯图尔特强调拥有清晰、正确战略的重要性。他是这样描述的：“一个糟糕的战略就像在飞机下降时踩油门，一个好的战略就像驾驶飞机更好地逆风行驶。”斯图尔特的知识资本战略管理过程主要分为四个阶段。

（1）识别和评估组织内的知识

斯图尔特从运用知识的角度分析了一些企业。人们可能会把戴尔的成功归因于它通过直销节省了成本。然而，更重要的是，戴尔拥有竞争对手所不知道的、准确而独特的实时供求信息，能够直接清晰地了解市场，从而利用其成本和知识来创造竞争优势。这种知识的数量和质量可以用知识密集度和盈利能力的比较来表示。

知识密集度与营利性的比较矩阵如图 7-2 所示，此图可用于比较一个行业内的公司、两个相互竞争的公司或一个公司内不同的业务单元。一般来说，知识密集度越高，盈利能力越强。知识密集度可以表示为研发费用占比、知识员工占比、专利数量占比、新产品收入占总销售的比例。盈利能力可以用经济增加值、净资产收益率等来表示。从知识资本的角度来看，公司的收入应该主要来自知识或知识资本，而不是其他资源。

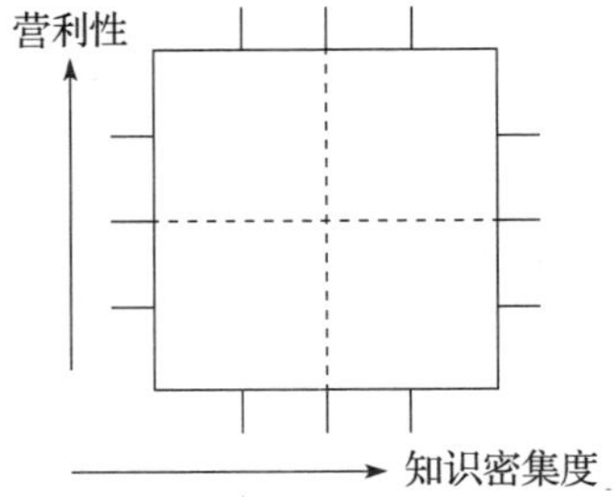

图 7-2　知识密集度与营利性的比较矩阵

资料来源：Stewart（2003）

斯图尔特编制的知识资本测量方法如表 7-1 所示。

表 7-1　斯图尔特编制的知识资本测量方法

人力资本	结构资本	顾客资本
员工的平均工作年限 员工的平均学历 高等学历所占比例 员工工资、福利待遇 信息技术能力 员工平均培训时间 员工的建议渠道 员工流失率 创新评价方法 新员工的融洽度	行政费用 知识获得途径 企业最佳实践 次品率 生产率提高的来源是新机器还是新观念 信息技术的投资 库存 / 周转率 品牌	市场占有率 客户满意度 客户忠诚度 对客户的坚忍度 毛利 折扣中老客户比例 数据库 与客户的合作 数据交换

资料来源：Stewart（2003）

（2）寻找知识资本

知识资本可能是最佳实践或编写代码的能力，知识资本的寻找可以分为三个步骤。一是分析知识资本的结构，即以人为本的人力资本、以过程为导向的结构资本和以顾客为导向的客户资本。二是分析知识资本的防御性和独特性。三是分析公司所处的行业。可以使用价值链方法。

（3）制订战略

基于知识资本的战略有四种形式。第一，知识密集型战略，用以销售具有较高知识水平的产品或服务。例如，巴赫曼实验室的大部分销售额来自通过电脑创造性地将化学家与客户联系起来的新产品。第二，知识资产战略，即利用知识资本提高实物资产或金融资产的利润。例如，在石油危机期间，雪佛龙利用其能源效率项目（Energy Efficiency Program）从设备中收集数据，分析节约每千瓦时电力的最佳方法，然后在整个公司分享这些数据，从而将公司的成本从每年94亿美元降低到74亿美元。第三，知识资本战略的创造。这是3M长期有效的战略。第四，重复运用知识的策略。如埃森哲将其开发的代码出售给各种各样的客户。

（4）提高知识型员工的工作效率

德鲁克认为，要提高知识型员工的工作效率，需要回答三个问题。第一，我们应该做什么？第二，完成工作需要哪些知识基础？第三，如何建立、维护和管理这个基金会。斯图尔特认为，技术只是知识管理的增强者。知识管理包括很多东西，最重要的是要知道管理什么知识。为此，组织需要回答四个基本问题：第一，这是什么组织？第二，小组需要知道什么？第三，你是一个根据客户要求制订标准的人还是一个定制者？第四，知识的本质是什么？斯图尔特在其著作《软资产》中提出：在企业拥有的所有资产中，“软”资产是最重要的资产，如技能、能力、专业经验、文化、忠诚等，这些都是知识资产，它们决定着企业能否成功。

（二）研究评述

斯图尔特较早地提出了许多关于知识资本的重要理论，引发了众多学者和企业管理者对知识资本的思考，特别是他的知识资本战略理论更是为企业实践指明了方向，具有方法论的意义。斯图尔特用钥匙与芯片来比喻传统经济与知识经济的区别。包括数据、解释和思想在内的知识被储存进芯片，芯片本身并不重要，重要的是芯片里的信息和知识。与传统经济相比，知识经济有三个支柱。其一，知识是生产中最重要的因素，可以生产、购买和出售。即使是日常使用的牙膏也是用了几百万美元的研发费用和数十亿美元的营销费用生产、销售的。其二，知识资本比金融资产、物质资本更重要。所谓知识资本，就是能够用来创造财富的脑力、知识和人际关系，以及其载体。其三，要使用知识资本，需要新的观念、新的策略。

未来的组织将是基于知识的，将主要由专家组成，通过来自同事、客户和总部的有组织反馈来指导和约束自己的绩效。一个大型的、成功的以信息为基础的组织将是一个没有任何中层管理的组织。斯图尔特认为，知识工作者的崛起是工作从“手工到脑力”提升的结果，从血汗工厂的工作发展到知识工作。他补充说，在新经济时代，衡量绩效的方法发生了根本性的变化：衡量专业人员的标准是他们提供结果的能力，而不是执行任务的能力。这一观点得到了德鲁克的支持，他断言，企业需要将自己转变为“知识专家组织”。

知识专家作为团队成员一起工作，以实现一个共同的目标。这些专家不需要被告知如何做他们的工作，他们也应该承担“信息责任”。例如，在医院里，医疗保健专业人员（如医生、护理人员和营养学家）通过一个复杂的报告系统和信息中心（在护士站）密切工作，护理病人和伤者，使其恢复健康。斯图尔特认为人力资本是公司最重要的资产，大型企业争相寻找留住最优秀员工的方法（例如慷慨的股票期权、巨额奖金）就是一个迹象。然而，他也认为，人力资本本身并不能产生影响，它需要结构资本来“管理知识”。结构资本在知识资本中的作用是“对共享知识和经验的持续循环和创造利用”。它的目的有两方面：其一，编纂和保存可以转让的知识，特别是通过文件或存储在数据库中；其二，促进人们与其数据、专家和专门知识来源的即时联系。

三、组织知识创造

（一）定义

组织知识创造是一种人性化、动态性和社会性的战略研究方法，它以知识创造理论和实践智慧为基础。

组织知识创造与其他战略学派的不同之处在于，它把知识作为战略的驱动因素。野中郁次郎和竹内弘高将知识定义为一种动态的、人类和社会的过程，以证明个人对真理的信仰。这个知识的定义与古希腊人对知识的定义不同，古希腊人认为知识是客观的、绝对的、与环境无关的。根据知识学派的思维，战略是由一个主观的、互动的过程创造和执行的，是由人类驱动，基于其信念和“此时此刻”的判断在特定背景下采取的行动。

“公司为什么不同？”这使组织知识创造有别于其他思想流派。公司的不同不仅因为它们有不同的活动系统或不同的资源，还因为它们对未来的设想不同。更准确地说，它们之所以不同，是因为运营公司的人对公司的未来有自己的愿景并与其他公司的愿景不同。从这个意义上讲，组织知识创造认为，战略就是创造未来。这一观点与德鲁克（Drucker，1993）[168]的观点相呼应，即我们不能预测未来，但我们可以创造未来。创造未来需要不断地创新。根据熊彼特（Schumpeter，1982）[169]的观点，创新的本质特征即它是一种新的组合，扰乱了现有的静态平衡。用哈耶克

（Hayek，1978）[170]的话来说就是，市场竞争是对不存在均衡的特定时间和空间环境的新知识的发现过程。组织知识创造秉承奥地利学派的思想，认识到战略的一个重要特征是在社会背景下解读现状，不断创造未来。

（二）SECI 模型

野中郁次郎强调了隐性知识的重要性。他系统地论述了隐性知识和显性知识的区别，为人们利用知识创新提供了有效的途径。“知识创新不是简单地处理客观信息，而是挖掘员工头脑中潜在的想法、直觉和灵感。”野中郁次郎也对西方管理者和组织理论家提出了一些质疑，并提出了作为知识创新共享环境的“场域”概念。

波兰尼对隐性知识和显性知识的划分是野中郁次郎提出 SECI 知识转换模式的前提，野中郁次郎的知识管理模型是以知识创造的通用模型为基础的。在野中郁次郎 SECI 知识转换模型中，有四种不同的知识转换模式。

S：共同化（Socialization），即从隐性知识到隐性知识的间接方式，是通过观察、模仿、实践和参与正式和非正式社团和团体来分享隐性知识的技术。这一过程基本上被创建一个物理或虚拟空间所取代，在这个空间中特定的社团可以在社会层面上进行互动。就是通过个体分享体验等途径把隐性知识转化为隐性知识的共同化过程，如本田公司的头脑风暴营和松下公司自动面包机的研发。

E：表出化（Externalization），即从隐性知识到显性知识的间接到直接方式，是将隐性知识表达为显式概念的技术。由于隐性知识的高度内在化，这一过程是知识共享和创新的关键。即通过比喻、类比等方法把隐性知识转化为显性知识的表出化过程，如本田公司开发“本田城市”时使用“人最大化、机器最小化”的球形类比和佳能公司探讨复印机墨盒的感光桶材料。

C：联结化（Combination），即从显性知识到显性知识的直接方式，是将概念集成到知识系统中的技术。一些例子或案例将以审查报告、趋势分析、简要执行摘要或组织内容的新数据库的形式进行综合。即从多个来源获得明确的知识，利用多种平台（包括虚拟平台），创造系统知识，通过文化或网络等途径把显性知识转化为显性知识的联结化过程，如卡夫食品公司的微观促销和朝日公司的舒波乐啤酒研发。

I：内在化（Internalization），是将显性知识转化为隐性知识的技术。即把显性知识转化为隐性知识的内在化过程，通过使用文件、手册或口述历史来整合显性知识的过程，尤指产生操作性知识的过程，如松下公司的"做中学"和GE公司的答复中心。

知识创造理论的基石是隐性知识和显性知识的二分法。组织知识是由个人和企业通过法规和流程，创建和维护的一组有组织的数据和信息，它本质上与人的行为有关，是公司无形资产的一部分。这种持续而复杂的互动是一种互惠过程，基于一种充满互惠期望的心理契约，这种心理契约规定了人们和组织之间的贸易和接触条件。一方面，组织提供奖励，另一方面，员工提供贡献，概念化的伙伴愿意投入他们的资源，以达到他们的目标，并获得共同的利益。当隐性知识被共享时，有助于创新的创造理念、企业价值的增加和可持续竞争优势的发展[171]。

SECI模型如图7-3所示。

图7-3　SECI模型

资料来源：Nonaka和Takeichi（1995）

（三）组织知识创造的本质

知识创造是创新的动力，这是野中郁次郎和竹内弘高《知识创造公司》的中心思想。在这本书出版之前，人们对企业如何创造新知识知之甚少，只是把更多的钱花在研发上。这本书提出的SECI理论说明了新知识的创造过程。“战略的核心是人”“战略是一个动态的过程”“战略是一个社会历程”这三句话可以帮助我们理解组织知识创造的本质。

1. 战略的核心是人

与物质资源和信息相比，知识最突出的特点在于它是人类互动的产物，知识是人们在与他人和环境的互动中创造出来的。因此，要理解知识，首先要理解人，理解知识产生的互动过程。波兰尼认为，人类通过个体的、主动的、主观的经验塑造和整合获得新知识（他称之为隐性认知）。默契的力量可以用一个比喻来说明，当我们在自行车上时，我们可以立即合成车把、踏板上的力、身体和自行车的角度、肌肉反应和前面的视野。然而，主流的企业理论往往忽视人的主体性。这种对人为因素的忽视导致了管理理论将人视为一种资源，就像土地和资本一样，而没有考虑管理过程中人类本能和情感的重要性，也没有考虑管理过程中的情境。组织知识创造理论认为，好的战略源于隐性知识。在SECI模型中，知识的两个维度——隐性和显性——通过人类的创造性活动相互作用和交换。存在于个人中的知识，通过这种互动过程被放大为组织知识。组织知识是由组织中不同人的不同观点的综合而产生的。高层管理人员、中层管理人员和一线员工都在创造新知识方面发挥了作用。高层管理人员创造愿景或梦想，并不断寻找“理想”；一线员工沉浸在“现实”的日常细节中；中层管理者充当高层理想和一线混乱现实之间的桥梁，并通过一种被称为“中上下”管理的过程来解决这种矛盾。

知识是在一个被称为“Ba”的环境中创造出来的，Ba 可以理解为地点、空间或领域，指的是人类相互交往的语境。Ba 的参与者分享他们的主观看法，建立“此时此地”的关系，并尝试创造新的意义。他们将自己与他人联系起来，并试图在主观上理解彼此的观点和价值观。从本质上说，Ba 是一个共享的动态情境，成员来来往往，关系不断变化，情境也随着时间而变化。Ba 可以是正式的，也可以是非正式的。一个正式的 Ba 可能采取面对面的设置和虚拟的设置（如视频会议、社交网络系统等）的形式。非正式的 Ba 可能出现在酒吧，在那里陌生人随意地谈论他们当前的关注或问题，有时引发见解或解决方案。要创造新的知识，就要不断地把各种各样的 Ba 联系起来，把创造出来的知识联系起来、超越界限。在这方面，组织离不开战略，它们是相互联系的。知识型战略的想法是，必须在组织中嵌入战略。

2. 战略是一个动态过程

个体之间的互动超越了他们的界限，实现了他们对未来的愿景，因此，他们改变了自己和他人，改变了组织和环境。组织知识创造的特点是积极创造变化，而不是消极应对变化。它基于这样一种信念，即企业可以在被环境塑造的同时塑造环境。知识型战略要创造的未来不会仅是现在的延伸。一切都将处于持续的“流动”中，包括行业边界和资源需求。在这样一个世界里，我们需要各级管理者在做出判断时知道所有事情都是前后相关的，在做出决定时知道所有事情都在变化，在采取行动时知道所有事情都依赖于及时地这样做。橄榄球是个很好的比喻，在比赛中，橄榄球不以任何确定的或有组织的方式移动；橄榄球的移动是不可预测的，球员必须当场做出判断（“此时此地”）。组织知识创造不仅灵活，而且认为现实世界充满了对立和矛盾。

组织知识创造这一动态过程由三个发展阶段组成：引起反作用的命题，矛盾或否定命题的反命题，通过综合的方式得到解决。然而，随着时间的推移，综合最终变成命题，这迫使另一轮命题–反命题–综合的解决开始。这个连续的过程可以想象成一个螺旋。“螺旋”的概念被用来描述知识型战略在不同层次上的动态本质。在认识论层面，隐性知识和显性知识通过 SECI 螺旋的动态互动创造了新知识。在本体论层次上，在个人层次上开发的知识转化为在团体、组织和社区层次上的知识。知识型战略真正的动态本质可以被描述为随着时间的推移，这两个螺旋的综合，其中隐性和显性知识之间的互动被放大，随着它上升到本体论的水平。这一动态过程推动了创新。

3. 战略是一个社会历程

企业在日常运营的基础上提出和回答“我们为什么会存在?”组织知识创造认为，企业的存在是为了改善人类的生存条件，创造更美好的未来。一个公司创造更美好的未来，不仅要为股东实现利润最大化，还要为员工、客户、供应商和其他利益相关者以及整个社会（包括环境）的共同利益服务。组织知识创造认为，应该对未来的发展方向和未来社会的变化有自己的愿景。这个愿景不应该仅是现在的延伸，而应更接近实现梦想或理想的飞跃。当高层管理人员全身心地为公司创造一个独特的愿景时，当他们反复与公司内外的人分享他们的愿景时，愿景就有了意义。

在公司内部，使用正式的学徒制度有助于与各级员工分享他们的经验、背景和时间。故事和隐喻的使用也有助于表达难以表达的愿景的本质。“什么是好的?”实践智慧（Phronesis）可以解释为人类从实践经验中获得的一种高阶隐性知识，它使人类能够在价值、美学和伦理的指导下，根据特定的环境和情况做出审慎的判断和及时的行动。

亚里士多德确定了另外两种形式的知识：认识论和技术。相对于认识论（普遍有效的科学知识或“知道为什么”）和技术（基于技能的技术

“诀窍”），实践是为了共同利益的“知道应该做什么”。将实践融入战略，允许公司在目的论（目的）层面创造另一个螺旋。实践通过指导企业做对企业和社会有益、正确和公正的事情，将隐性知识和显性知识的合成螺旋式上升。这样做可以将战略从客观的、分析的和利润驱动的东西提升到类似于来自高层的召唤的东西。以知识为基础的战略为传统的战略学派注入了新的思路。

第二节 思想渊源

一、卡普兰和诺顿：平衡计分卡

（一）主要内容

平衡计分卡（Balanced Score Card，BSC）是一个概念框架，它将组织的愿景转化为一组分布在四个维度的绩效指标：财务维度，包括营业收入、资本使用回报率和经济增加值等指标；客户维度，包括客户满意度、保留率和目标细分市场份额等指标；内部业务流程维度，包括成本、吞吐量和质量等指标；学习和成长维度，包括员工满意度、保留率和技能组合等指标。

平衡计分卡由卡普兰和诺顿（Kaplan & Norton）提出，是一种判断和管理系统，使企业能够明确其愿景和战略，并将其转化为行动。平衡计分卡对内部业务流程和外部结果提供反馈，以持续改进战略绩效和结果。平衡计分卡不仅是一种管理手段，也体现了一种管理思想：只有量化的指标才是可以考核的，必须将要考核的指标进行量化；组织愿景的达成要考核多方面的指标，不仅是财务要素，还应包括客户、业务流程、学习与成长。

平衡计分卡方法打破了传统的只注重财务指标的业绩管理方法。平衡计分卡方法认为，传统的财务会计模式只能衡量过去发生的事情（落后的结果因素），但无法评估组织前瞻性的投资（领先的驱动因素）。在工业时代，注重财务指标的管理方法还是有效的。但在信息社会里，传统的业绩管理方法并不全面，组织必须通过在客户、供应商、员工、组织流程、技术和革新等方面的投资，获得持续发展的动力。正是基于这样的认识，平衡计分卡方法认为，组织应从四个角度审视自身业绩：创新与学习角度、内部流程角度、顾客角度、财务角度。

通过平衡记分卡，企业可以监控其当前的业绩（财务、客户满意度和业务流程结果），以及其改进流程、激励和教育员工、增强信息系统的努力。

平衡计分卡方法如图 7-4 所示。

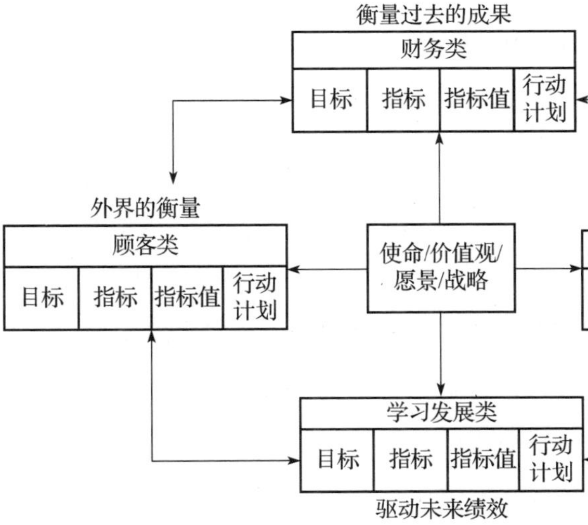

图 7-4 平衡计分卡方法

资料来源：Kaplan 和 Norton（1992）

（二）研究评述

平衡计分卡反映了财务、非财务衡量方法之间的平衡，长期目标与短期目标之间的平衡，外部和内部的平衡，结果和过程的平衡，管理业绩和经营业绩的平衡等方面，所以能反映组织综合经营状况，使业绩评价趋于平衡和完善，有利于组织长期发展。平衡计分卡既适用于盈利和非盈利企业，也适用于私营和公共部门公司，它提供了许多重要的优点，包括将抽象目标转换为可以持续监控的行动项目。此外，平衡计分卡方法提供了当前情景的客观度量，并有助于启动所需的变更，以从公司的当前状态转移到期望的未来状态。

虽然平衡计分卡是衡量绩效最全面、最有效的框架之一，但它仍然不能为知识管理提供明确的连接。值得注意的是，平衡计分卡的学习和成长成分——衡量创新和员工发展等方面——已经导致一些知识管理学者将平衡计分卡归类为知识资本测量工具。

二、里斯和特劳特：定位理论

（一）定义与分类

里斯和特劳特（Ries & Trout，1981）[172]认为，定位是你对未来的潜在顾客的心智所下的功夫，也就是把产品定位在你未来潜在顾客的心中。从中可以看出，市场定位就是对现有产品进行的一种创造性试验。

市场定位（Positioning）是从20世纪60年代到70年代初的市场细分、定位目标和市场结构演变而来的。里斯和特劳特通过他们的研究使这个词得到普及，后来被营销战略家采用。

从技术上，定位可以指向产品、服务、品牌、公司、机构、想法甚至是一个人。两种截然不同又相互关联的观点集中于品牌（产品或服务）定位和战略（市场）（DiMingo，1988）定位[173]。定位可以是公司提供的品牌（产品或服务），也可以是公司的整体战略地位。前者被称为品牌定位，定义为设计公司的产品和形象，以在目标市场中占据一个独特的位置的行为；后者被称为战略（市场）定位，定义为一个公司相对于其竞争者的竞争市场地位。战略定位为品牌定位的发展确定了基本方向，品牌定位可以基于各种品牌联想。迄今为止的研究已经提供了各种空间图形和数学建模技术来定位目标市场中的最佳品牌位置。

（二）品牌定位

科特勒（Kotler，2003）[174]将品牌定位定义为“设计公司的产品和形象，以在目标市场中占据一个独特的位置的行为。”定位的最终结果是成功地创造一个以顾客为中心的价值主张，一个使目标顾客应该购买产品的令人信服的理由。“原则上，企业可以通过无数个品牌联想来定位自己的品牌。”富克斯和迪亚曼托普洛斯（Fuchs & Diamantopoulos，2010）[175]将定位基础分为五类：具体属性（如汽车的马力和空调）、抽象属性（如风格、运动和快速加速）、直接（功能）效益（如成本降低、易用性）、间接（体验或象征）利益（如让司机感觉更年轻）和替代定位（旨在创造关于品牌外部方面的消费者联想，如用户形象）。从本质上讲，品牌（产品或服务）定位的目的是将品牌定位于目标客户相对于竞争对手的“感知空间”。不同的知觉映射技术被用来操作两个品牌之间的知觉距离。基翁（Keon，1983）[176]采用四种分析方法来评估或识别一个品牌在市场中的定位：多维尺度、因子分析、判别分析和多属性组成模型（在这一类别中常用联合分析）。每种方法都有优缺点，没有一种方法在所有定位情况下都优于其他方法。

（三）战略定位

战略（市场）定位指企业在竞争对手面前的市场地位。关于这两种“对立”的定位战略观点的相关性的辩论在20世纪90年代一直在进行：市场导向观点认为，通过保持与市场机会、行业结构、市场情报和独特要约交付相关的勤奋，才能实现卓越的市场绩效；基于资源的观点认为，强劲的市场表现主要是通过关注历史上开发的资源和资产的利用来实现的。

这场辩论产生了一种观点，在某种程度上调和了这两种方法。

三、蒂斯等人：动态能力理论

（一）定义

动态能力（Dynamic Capabilities）指企业整合、构建和重新配置内部和外部资源以应对和塑造快速变化的业务环境的能力。在动态能力的早期版本中，协调和整合、学习、重构，这三个过程被认为是动态能力的核心。协调和整合程序涉及整合资源，如新产品开发过程；学习是实践和实验的结果，它使任务得以有效执行；重构指转换，而转换又需要重新组合现有资源（Teece et al.，1997）[107]。后来，“资产编配”被标识为包含并参与所有三个流程的元流程。并不是所有的业务流程和业务模型都支持动态能力——只有那些产生增值差异化的业务流程和业务模型才构成真正的动态能力。这些流程通常是非常独特的、特定于公司的，可以被认为是“签名流程”或“签名业务模型”（Teece，2007）[177]，是来自公司的组织传统，因此竞争者很难模仿。过去的活动也可能导致某些不可逆转的投资，这些投资形成了组织的传统。

企业能力指企业按照常规或例行的方式进行一系列活动，以使特定的一组任务得以完成，并使产品和服务能够在与环境相反的情况下生产和交付并产生利润的能力。普通能力包括完成任务所必需的管理、操作或治理相关能力。动态能力是一种更高层次的能力，它使企业能够指导其活动，生产更高需求的商品或服务。动态能力使公司能够整合、构建和重新配置内部和外部资源，以应对和塑造快速变化的业务环境。

（二）动态能力的提出

动态能力框架是在 20 世纪 90 年代蒂斯等学者撰写的一系列文章中形

成的（Teece et al.，1990；1994）[178][179]，作为战略管理领域的潜在总体范式，它含蓄地提出了一个新理论在企业层面的竞争优势。

当把动态能力框架与通过市场进行资源配置的经济理论并列时，才能得到最好的评价。支持市场优点的最能言善辩的学者之一是哈耶克，他强调了价格体系在协调全球不同经济活动方面惊人的力量。然而，哈耶克没有注意到，管理在公司内部和联盟伙伴中同样也实现了复杂的资源协调。但后者是一种完全不同的协调，因为它涉及特殊的、非交易，也因此是非定价资产的开发和安排。因此，对企业来说，这种管理协调或“协调”功能就像价格对市场的作用一样，因为它们都有助于实现协调。然而，这种类比并不完全正确。市场协调是通过定价资产实现的，而管理协调是通过未定价资产实现的。这两种类型的协调都有一定程度的自洽性：第一种是通过常规实现的，管理者通常会做出高度复杂的资源分配决策；第二种是价格系统产生信号，引起生产者和消费者的反应。当然，第一个资源配置过程和哈耶克观察到的价格和市场的过程一样重要。

动态能力框架的思想起源可以追溯到熊彼特，他提出了通过创新和企业家精神实现经济增长的理论。还有钱德勒，他仔细记录了大公司能力的发展。理查森（Richardson，1972）[180]似乎走得最远，他把知识、经验和技能称为“能力”，尽管一个组织的能力也可能依赖于工厂和设备的所有权和使用权。他指出，组织“倾向于专门从事其能力能提供一些比较优势的活动”。在现代战略的语言中，称之为竞争优势。从战略的角度来看，动态能力框架的近因部分可以在企业资源基础的观点中找到。

（三）流程、程序和能力

一种能力，无论是普通的还是动态的，都可以被用来产生结果。能力与组织的意图、动机或战略无关，尽管战略可能涉及其中。能力产生于组织的历史，并在一定程度上受到管理决策的影响；这些决策创建、塑造和部署能力。能力和资源一样，不受特定目的或产品的限制。例如，制造小型紧凑内燃机的能力可以体现在汽车、船用舷外发动机或割草机的制造中。这很接近彭罗斯的“可替换性”概念。强大的动态能力本身不太可能带来竞争优势。

第三节 思想贡献

战略学派的思想贡献包括克罗格和罗斯的认识论模型；艾利丹尼森公司的知识定位模型；汉森、诺瑞亚和铁梅的编码化战略和个性化战略、格兰特的知识集成机制等。

一、克罗格和罗斯：认识论模型

（一）主体内容

克罗格和罗斯（Krogh & Roos，1995）[181]在《知识、能力与战略的一个视角》一文中对人事管理的研究明显影响源于企业能力概念的理论发展。竞争力对企业的绩效和生存至关重要，因为它可能提供发展竞争优势的最佳基础，这是很难模仿的。战略管理文献从企业应对战略问题的能力来讨论企业绩效，包括威胁、机会和利益相关者的需求。在这个意义上，能力，综合战略问题（任务）和管理技能以及其他部分的管理知识储备，有特定的战略价值。

1. 企业的知识体系

克罗格和罗斯对不同层次的知识研究进行了归纳。在人类学、社会心理学和社会学著作中（Goodenough，1956；Karl，1969）[182][183]，知识被视为一种社会产品——社会系统成员为了在该系统中发挥作用需要理解的东西。认知心理学的著作，强调知觉和表征知识及思维过程（Herbert，

1997；Anderson，1995）[184][185]，关注个体决策者的知识。由于发展能力概念的分析单元主要是企业及其资源和社会过程，微观层次的知识（个人）概念需要与宏观层次的知识（企业）概念相结合。建构知识理论认为，群体、企业或个人内部的知识依赖于认知主体通过社会或认知过程传播知识。在不同的公司和集团中，关于"真实"的知识总是值得怀疑的。有学者认为，区分构建的现实和构建的知识是没有意义的。两者相互交织，在实证分析中很难区分。因此，要将构建知识理论应用于企业的正式分析中，就必须解决分析的主题和层次问题，简而言之，就是"谁知道什么"。客观主义方向描述了一个主体（个人或群体）关于"真实世界"的知识，不受个人解释的偏见影响，可以通过书面文本或演讲等方式转移给他人。主观层面的知识存量与个人息息相关，允许个人观察、理解和在日常生活中行动。主观知识可能与时间和环境有关，因为个体通过面对新的事件不断获得新的经验。然而，个人也有一种或多或少固定的主观知识，这就是舒茨和勒克曼（Schutz & Luckman，1985）[186]所称的"习惯性知识"。特殊的习惯知识、技能，是"身体运动的习惯功能"。技能是能力概念的核心，因为解决一项任务需要各种形式的身体运动（如写作）。一个人可能对木工有很好的"理论"理解，但建造一座房子还需要另一种知识，如使用锤子的技能。个人的知识存量既包括主观成分，也包括社会成分。为了明确区分主观知识和社会知识，哈贝马斯（Habermas，1984）[187]提出主观知识不为其他个体所共享。然而，要使知识存量在社会层面上进化，个人必须与他人分享主观知识。舒茨和勒克曼称这个过程为"客观化"。

2. 能力配置

克罗格和罗斯认为，公司可以被理解为各种能力的组合。以知识（包括技能）和任务这两个维度作为起点，可以构建如图 7-5 所示的矩阵，称为企业的能力配置。一个公司有一系列复杂程度不同的任务，这些任务由公司的个别成员或通过各种合作安排来完成，任务被分配给一个小组或部门。在许多情况下，企业的任务是复杂的，因此合作安排是令人满意的解决方案的必要条件。主观水平的能力要求通过使用主观知识来识别、观察、分析和理解任务，个体使用特定的技能来解决它。在社会层面，一个任务是通过使用社会知识来完成的，在群体、部门或企业层面上共享，或者它可能是公开的。任务可以通过使用团队、公司或公司社团中普遍可用的技能来实际解决。能力配置提供了一个公司的快照，它显示了在任务解决中使用的各种形式的知识和技能，以及它们位于哪里。但是这个矩阵还有一个更重要的功能，就是它为讨论企业能力的创造和发展以及企业如何维持或与其他企业分享这些能力提供了基础。

任务		主观知识	社会知识			
			群体	部门	公司	公众
高复杂性						
低复杂性						

图 7-5　能力的配置

在关注与能力相关的战略问题之前，首先要注意如图 7-6 所示的能力的演变。能力通过任务执行和知识获取之间的相互作用而发展。当人们解决任务时，个体可能会逐渐获得关于任务的知识（属于个体、群体等）。如果任务是重复的，知识获取可能会逐渐降低任务执行者的任务复杂性。此外，一个人的任务知识和如何解决任务可以传达给其他企业成员。知识可以通过各种客观化的方式传达，并且，它必须在公司的语境中是合法的。社会性的知识进入其他个体的知识储备中，并可能有助于他们自己（或团队）的任务解决过程。在重复任务的情况下（如相同的任务分配给几个人），新兴的社会知识可能会降低任务执行者的任务复杂性。在这一点上，一个新的问题出现了：互动或社会环境是否在企业能力演化为特定配置过程中发挥了作用。克罗格和罗斯认为是这样的。

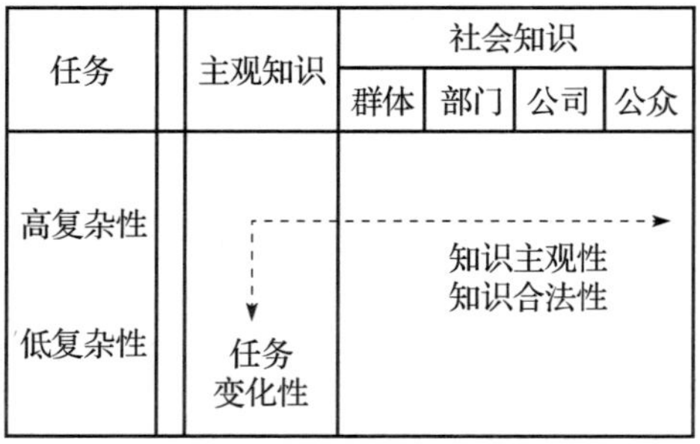

图 7-6 能力的演变

克罗格和罗斯举例说，ITT 工业集团的前负责人哈罗德·吉宁（Harold Geneen）发现，如果有人在纽约用电传向他提出要求，与在欧洲的他面对面交谈，他的反应是不同的。“在纽约，我可能会看到一个请求，然后说‘不’。但在欧洲，我对看到的同样问题的答案可能是肯定的。”当知识通过个人互动而不是信息系统传递给吉宁时，他的知识显然发生了变化。为了抓住社会语境的作用，提出三种能力进化的一般语境：第一，协同进化语境，也可以称为“向学习者学习”；第二，差异化语境；第三，分离语境。在协同进化情境中，企业成员 A 观察企业成员 B 的任务解决过程，包括尝试和错误。B 可以通过语言、身体动作或使用和产生工具和标记来传达直接经验、更稳定的知识和技能。在差异化语境中，知识从企业成员传递到企业成员仍然是通过个人互动的过程，但通过的是时间的差异化，A 不再观察 B 的任务和任务解决过程，包括试错。在分离语境中，企业成员在能力演化过程中存在时间和空间上的差异，知识是通过书籍、图画、照片、传真、工具、标记、录音磁带等形式传递的，在它们随后的使用中，它们在空间和时间上都与它们的来源分离。

3. 能力与战略

克罗格和罗斯指出，能力发展与竞争优势是密切相关的，人事经理需要积极参与战略的形成，应从战略的角度看待专门的知识发展、管理培训、人员配备、内部就业市场、工作轮换和职业发展等问题。企业的知识基础应该为竞争战略的发展提供前提，而不是让人力资源管理简单地遵循战略法令。

克罗格和罗斯认为，以能力为基础的观点将支持应急战略，从作为行动模式的流的意义上来说，可能是对企业“基层”级别的威胁和机会的反应。应急战略可能表明在传递一些主观知识方面的当地能力，例如，一名工人在生产过程中开发和分享一项商业上可行的创新，将使知识进一步传播，因此，应急战略的演变，必须从企业的合法化过程的角度进行分析。能力基础的观点还表明，正式的计划系统是企业重要的能力。此外，如果这些系统向需要的地方彻底传播社会知识，它们可能是可持续竞争优势的来源。例如，将有关行业变化的知识从企业规划者传授给部门主管。从这点可以看出，这种系统在本地使用时很难被模仿。战略规划系统可以根据企业的能力提供合法性和客观化手段，它与执行规划的特殊技能有关。按照能力本位的观点，人事管理理论和研究也应该补充一个更精确的模仿语境的大纲。基于能力的观点意味着，企业内部的合作和竞争必须在模仿的背景下进行研究，当涉及围绕保护专有能力的某些机会和威胁时，每一种都有自己的意义。未来的工作应该确定企业在这种环境下的合作和/或竞争模式，然后继续研究竞争力是如何在两家企业的二元结构中共同发展或以不同的速度发展的。每个企业的合法化过程、任务解决过程的相互访问、企业成员之间的个人互动、传递知识的可用手段，以及任务复杂性和可变性都应该在这些调查中发挥重要作用。企业内部合作与竞争二元理论的出现必须注意这些背景因素。

（二）研究评述

克罗格和罗斯的组织认识论模型是第一个精确区分个人知识和社会知识的模型。该模型分析了以下几个方面：这些知识为什么以及如何到达公司的员工手中；知识为什么以及如何到达组织；知识对工人和组织意味着什么；组织知识管理的障碍是什么。在克罗格和罗斯的组织模式中，知识既存在于人们的头脑中，也存在于他们之间的联系中。该模型从五个角度考察了知识管理的本质：工作人员、沟通和联系、组织结构与布局、会员和会员之间的网络、人力资源管理。

克罗格和罗斯强调，虽然能力是潜在的、可持续竞争优势的观点，但战略管理文献并没有对能力的本质进行彻底的研究。克罗格和罗斯运用知识社会学的理论将企业的资源基础视角提升为竞争力的连贯视角，讨论了可持续竞争优势的含义，通过关注不同的社会环境中模仿能力的过程，提出了企业基于能力的新兴视角，对管理研究和理论建设具有重要意义。

二、艾利丹尼森公司战略定位模型

（一）“三乘三”矩阵定位

艾利丹尼森公司（Avery Dennison Corp oration，AVY）① 将研发与知识资本相结合的战略的第一步是明确企业的市场。为此，公司通过菲利普·劳塞尔（Philip Roussel）的“三乘三”矩阵[188][189]了解哪些技术领先于竞争对手，以及领先的时间。多年来，艾利丹尼森一直使用这个矩阵来预测新产品或新工艺的效益。

---

① 艾利丹尼森公司从事压敏材料和门票、标牌、标签及其他转换产品的生产。

“三乘三”矩阵定位如图 7-7 所示。

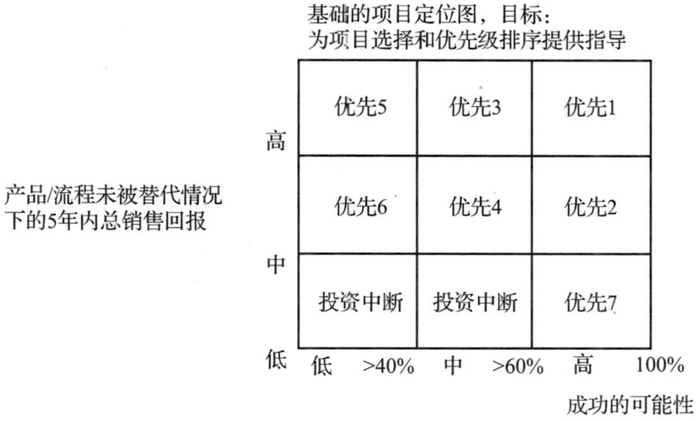

图 7-7　“三乘三”矩阵定位

资料来源：罗里·莫里森和保罗·杰姆瑞德（2006）

（二）知识资本雷达图

为了使无形信息可见，艾利丹尼森使用雷达地图来比较不同类型知识资本的价值。雷达图清晰地描述了每个研发项目的四个关键因素所表达的隐性知识资本：战略契合度、销售收入、现有风险和所需能力。每个关键元素有 5 至 7 个指标，每个指标都给出了艾利丹尼森所需的特定知识资本。其中，人力资本主要帮助企业选择哪些员工具备项目所需的能力，以及这些员工加入项目的可能性。管理者对每个指标从 1 到 5 进行权衡打分，对项目的可行性和风险进行评价，然后根据所有项目的得分进行评价和选择。如图 7-8 所示。

（三）追踪项目进展的漏斗图

艾利丹尼森还有一个漏斗图，它与雷达图一起跟踪项目的进展。此图在一个平面上清楚地显示了每个项目的流程的各个阶段。如图 7-9 所示。

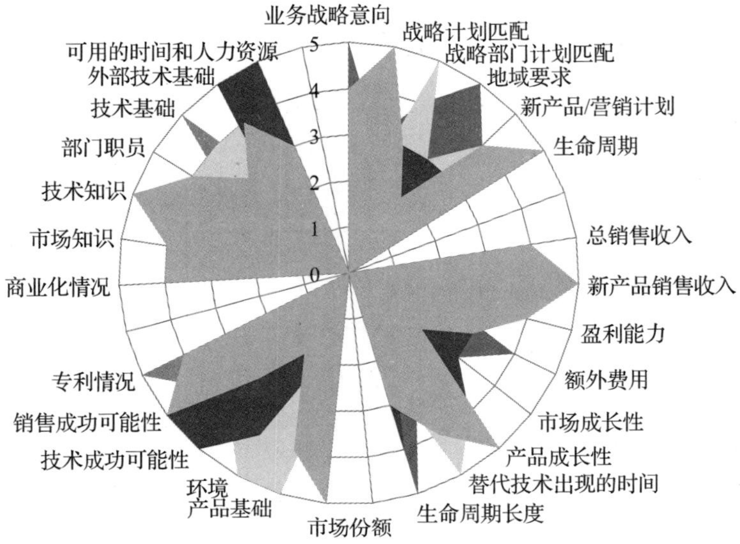

图 7-8　艾利丹尼森的项目雷达图

资料来源：罗里・莫里森和保罗・杰姆瑞德（2006）

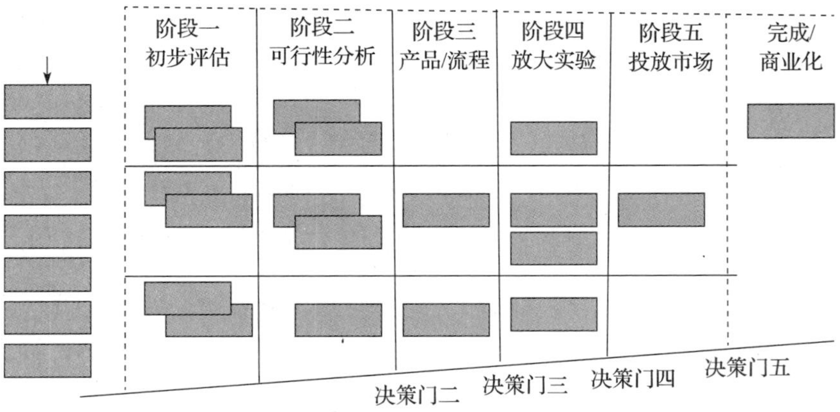

图 7-9　艾利丹尼森的项目漏斗图

资料来源：罗里・莫里森和保罗・杰姆瑞德（2006）

艾利丹尼森成立于 1935 年，分别在 1974 年、2015 年和 2016 年进入《财富》500 强。根据新浪财经的数据，2021 年 7 月 4 日，艾利丹尼森的净资产为 15.82 亿美元，总市值为 174.23 亿美元，是净资产的 11 倍。艾利丹尼森的成功归功于其研发战略和知识资本战略的有机结合。

三、汉森、诺瑞亚和铁梅：编码化战略和个性化战略

汉森、诺瑞亚和铁梅（Hansen，Nohria & Tierney，1999）[39]研究了一些管理咨询公司、医疗保健提供商和计算机制造商的知识管理实践，他们发现了两种完全不同的知识管理战略：编码化战略和个性化战略。

（一）编码化战略

编码化战略（Codification Strategy）即在那些销售满足共同需求的相对标准化产品的公司中，知识被仔细地编码并存储在数据库中，组织中的任何人都可以一次又一次地访问和使用它。这种方法的真正本质是开发一个知识核心，一个智能引擎，可以把不同位置和不同数据库中的信息转换为答案——知识，以便在企业的任何地方、任何时间使用。

在组织中编码、存储和传输知识的概念并不新鲜。培训和员工发展计划、组织政策、惯例、程序、报告和手册已经在这方面发挥了多年的作用。组织和管理实践变得更加注重知识。例如，基准测试、知识审计、最佳实践转移和员工发展指向了组织知识和无形资产的重要性的实现。一些大型咨询公司，如安达信和安永，已经采取了编码化战略，开发了详细的方法来编纂、存储和重用知识。知识被从开发它的人那里提取出来，独立于那个人，并为各种目的重新使用它。

（二）个性化战略

与安达信和安永等不同，贝恩、波士顿咨询集团和麦肯锡等强调个性化战略，它们关注个体之间的对话，而不是数据库中的知识对象。那些还

没有被整理成文或者无法整理成文的知识会在头脑风暴会议和一对一的对话中被转移。咨询顾问通过对需要解决的问题反复思考，共同得出更深刻的见解，这就是个性化战略（Personalization Strategy），即在为独特问题提供高度定制化解决方案的公司中，知识主要通过人与人之间的接触来分享。

例如，贝恩伦敦办事处合伙人马西娅·布兰科（Marcia Blenko）不得不为一家英国大型金融机构考虑一个棘手的策略问题。客户希望贝恩通过提供新产品和服务来帮助其扩张。这项任务要求在地理和产品线方面的专业知识，对行业的广泛理解，以及大量的创造性思维。在贝恩公司工作了12年的布兰科认识几个与此相关的合伙人。她给他们留了语音留言，并查看了贝恩公司的“人际搜索”数据库，寻找更多的联系人。最终，她找到了为金融服务机构制订增长战略的9位合伙人和几位经理。她在欧洲会见了他们中的一些人，与来自新加坡和悉尼的其他人进行了视频讨论，然后迅速前往波士顿参加一个有关金融服务实践的会议。这些人中的一部分成为该项目的持续顾问，其中一位亚洲经理进入团队全职工作。在接下来的4个月里，布兰科和她的团队定期通过会议、电话和电子邮件向专家进行咨询。在制订独特的增长战略的过程中，团队利用了全球同事的经验网络。

为了使个性化战略发挥作用，像贝恩这样的公司在建立人际网络方面投入了大量资金。知识的分享不仅是面对面的，而且可通过电话、电子邮件和视频会议进行。麦肯锡通过许多方式培养人脉：在各个办公室之间调动人员；支持要求咨询顾问及时回复同事电话的文化；通过创建专家目录、在公司内部使用“咨询总监”来支持项目团队。这些公司也开发了电子文件系统，但该系统的目的不是提供知识对象，相反，顾问浏览文档是为了了解特定领域的最新情况，并找出谁在某个主题上完成了工作，然后直接接触这些人。

（三）专注与辅助

作为一种“硬”方法的编码化战略侧重在电子存储库中捕获和存储知识，使其可用于检索，由于其性质，倾向于追求显性知识。该方法采用“个人文档”战略，通过投资建立健全数据库和奖励，为基于IT的知识管理系统做出贡献的员工寻求重用知识。相比之下，作为一种“软”方法的个性化战略则侧重通过面对面的社会互动活动来传递知识，如实践社团和讲故事。这种方法采用了一种“人对人”的战略，旨在分享知识和培育创新，因此被认为更适合传播传统知识。

汉森、诺瑞亚和铁梅最初观察咨询公司如何管理知识时，发现这些公司都使用了编码和个性化的方法。然而深入挖掘时发现，专注于其中一种策略，将另一种作为辅助表现得会更为出色，这些公司并没有试图同等程度地使用这两种方法。正如一些咨询公司发现的那样，强调错误的战略或试图同时采取这两种策略，可能会迅速破坏企业。

这两种策略并非咨询行业所独有，在分析电脑公司和医疗保健提供商时，发现这两种策略同样起作用。在知识管理领域中，几乎所有的企业都面临着编码化和人性化的选择。通过更好地了解这两种战略，首席执行官将能够就知识管理及其投资做出更可靠的决定。陶氏化学公司定义了自己的知识管理战略，利用知识资本来提高能力，为业务增加价值。陶氏采用知识价值链模型，从思想、专有技术和其他无形知识资产开始，通过专利转化为可衡量的有形知识资产。西门子将其知识核心能力与组织目标和核心产品联系起来，专注于通过研发、开发知识，使用群件将知识转化为行动。

不同的战略，应有不同的驱动力。一家公司的知识管理战略应该反映其竞争战略，即它如何为客户创造价值，这个价值如何支持一个经济模式，公司的人如何看待经济和价值。一家公司对知识管理战略的选择不是武断的，必须由公司的竞争战略驱动。知识管理不应该孤立于人力资源或

IT 等职能部门。当首席执行官和其他总经理积极选择其中一种方法作为主要战略时，对公司和客户都是最有益的。

四、格兰特：知识集成机制

罗伯特·格兰特最有原创和独立性的贡献是对资源本位企业观的研究。格兰特（Grant，1996）[190]确定了三种主要的知识集成机制来创建组织能力：指令、组织惯例和创建独立的任务团队。

1. 指令

指令指通过专家转换形成的一套特定的规则、标准和程序，可将隐性知识转化为显性知识和整合知识，以便与非专业人员进行有效沟通。例如危险废物处置指令或飞机安全检查和维护指令。

2. 组织惯例

组织惯例指任务绩效和协调模式、交互协议和流程规范，组织惯例允许个人应用和集成其专业知识。

随着时间的推移，组织已经学习并编写了大量的规则和惯例，因此选择哪个规则来激活特定的选择场景本身就是一个问题。对于特定情况的性质和需求的共享含义和理解可以用来指导规则激活。虽然应用现有知识存在挑战，但信息技术可以对知识应用产生积极的影响。信息技术可以通过促进组织指示的捕获、更新和可访问性来增强知识集成和应用。信息技术还可以通过编码和自动化组织惯例来提高知识集成和应用的速度。

3. 创建独立的任务团队

在任务的不确定性和复杂性阻碍了指令和组织惯例规范的情况下，由具备先决知识和专业知识的个人组成的团队创建并解决问题。技术可以通过将知识嵌入组织常规来支持知识应用。受文化限制的过程可以嵌入信息技术中，以便系统本身成为组织规范的例子。

本章小结

①战略学派，或称知识型战略学派，是把知识管理视为竞争战略的一个维度，以知识和知识创造为基础的战略。该学派的基本假设是对知识的生产、消费和管理所需要的战略有一个整体的看法。

②战略学派有两个支分领域。一是战略流程领域。这个领域的研究可以看作“知识管理+流程+战略”的某种组合，侧重于知识管理战略的步骤、流程、过程。二是组织知识创造。知识管理的价值并不取决于知识或信息技术，而取决于组织成员对知识的使用。

③战略流程领域的奠基者是托马斯·斯图尔特。斯图尔特提出知识资本结构三因子：一是人力资本，如才智、技能、知识等；二是结构资本，如方法、软件、系统等；三是客户资本，如与客户、供应商之间的关系等。

④组织知识创造是一种人性化、动态性和社会性的战略研究方法，它以知识创造理论和实践智慧为基础。

⑤组织知识创造与其他战略学派的不同之处在于，它把知识作为战略的驱动因素。野中郁次郎和竹内弘高将知识定义为一种动态的、人类和社会的过程，以证明个人对真理的信仰。

⑥平衡计分卡由卡普兰和诺顿提出，是一种判断和管理系统，使企业能够明确其愿景和战略，并将其转化为行动。平衡计分卡对内部业务流程和外部结果提供反馈，以持续改进战略绩效和结果。

⑦平衡计分卡是一个概念框架，它将组织的愿景转化为一组分布在四个维度的绩效指标：财务维度，包括营业收入、资本使用回报率和经济增加值等指标；客户维度，包括客户满意度、保留率和目标细分市场份额等指标；内部业务流程维度，包括成本、吞吐量和质量等指标；学习和成长维度，包括员工满意度、保留率和技能组合等指标。

⑧里斯和特劳特认为，定位是你对未来的潜在顾客的心智所下的功夫，也就是把产品定位在你未来潜在顾客的心中。定位可以是公司提供的品牌（产品或服务），也可以是公司的整体战略地位。前者被称为品牌定位，定义为设计公司的产品和形象，以在目标市场中占据一个独特的位置的行为；后者被称为战略（市场）定位，定义为一个公司相对于其竞争者的竞争市场地位。战略定位为品牌定位的发展确定了基本方向，品牌定位可以基于各种品牌联想。

⑨动态能力指企业整合、构建和重新配置内部和外部资源以应对和塑造快速变化的业务环境的能力。在动态能力的早期版本中，协调和整合、学习、重构，这三个过程被认为是动态能力的核心。

⑩克罗格和罗斯的组织认识论模型是第一个精确区分个人知识和社会知识的模型。该模型从五个角度考察了知识管理的本质：工作人员、沟通和联系、组织结构与布局、会员和会员之间的网络、人力资源管理。

⑪艾利丹尼森公司通过菲利普·劳塞尔的“三乘三”矩阵了解哪些技术领先于竞争对手，以及领先的时间。艾利丹尼森一直使用这个矩阵来预测新产品或新工艺的效益。艾利丹尼森使用雷达图来比较不同类型知识资本的价值。

⑫汉森、诺瑞亚和铁梅发现了两种完全不同的知识管理战略：编码化战略和个性化战略。

⑬格兰特确定了三种主要的知识集成机制来创建组织能力：指令、组织惯例和创建独立的任务团队。

第八章

前沿命题、研究热点与未来展望

▲

CHAPTER 8

第一节　前沿命题

云计算、大数据、物联网和人工智能的交叉和融合，以及知识经济、数字世界对当今整体市场的各行各业都至关重要，正在从根本上改变21世纪商业和政治的运作方式。本节从方法、变革和员工等三个层面提出知识管理的三个前沿命题。

一、方法命题：大数据分析协同知识管理

（一）大数据的特点与知识管理

"大数据"一词最早出现于1997年，指的是一种以较大的流速率（Velocity）管理和分析来自各种异构来源（Variety）的大型数据集（Volume）的范式。大数据分析（Big Data Analytics，BDA）是一个快速发展的领域。大数据与知识管理之间有相当大的协同作用：两者都有通过获取和应用知识来改进决策、促进创新、获得竞争优势和经济成功的目标；两者都在一个信息泛滥的世界里运作，看不到尽头。

大数据的特点体现在三个主要方面：数量、品种和速度，被称为大数据的三个"V"：Volume、Variety和Velocity。这三个"V"本质上是定义性的，提供了一种方法来识别一个人是在处理大数据还是更传统的数据。Volum（数量），指能够捕捉、存储和访问的业务数据量。目前大部分组织已经不堪重负，积累至TB级甚至PB级的巨量数据，其中一些需要

进行组织、保存和分析。Variety（品种），全球 80% 的数据是半结构化的，传感器、智能设备和社交媒体都在生成此类数据，网站日志、社交媒体论坛、音频、视频、点击流、电子邮件、文件、传感器系统等也是如此。Velocity（速度），速度就是需要实时的数据分析，为获得竞争优势，意味着你的竞争对手可能会提前你几分钟甚至几秒钟识别趋势或机会。还有就是对时间敏感的处理过程，例如捕捉信息欺诈，因为它会时刻流进你的企业。

在这三个特点中，知识管理认为最有趣的是 Variety（品种），也就是原始数据的来源范围和格式。从技术上讲，各种各样的来源和格式为对象和实体之间进行正确连接提出了挑战。技术上的挑战和有关数据的准确性（Veracity）和有效性（Validity），也就是真实性的问题，引发了是否可以从这些数据可靠地开发知识的问题。

（二）大数据分析与知识管理

知识管理关注的是识别、捕获和管理知识，而大数据分析关注的是获取大量我们可能称之为“世俗知识”或原始的、通常是非结构化的数据（如来自社交网站和网络的数据），并对其进行预测性分析。这两个领域都有一个基本观点，即知识是改进决策、获得竞争优势、促进创新和经济成功的基本支撑因素。

大数据分析在知识管理环境中可以也应该扮演重要角色。IBM 深度问答项目（DeepQA）开发的华生系统（Watson），就是将非常先进的大数据分析技术应用于深度知识开发的一个很好的例子。华生系统被设计成使用自然语言来分析大量的文献数据，以帮助人类活动。华生系统已经被开发用于吸收大量关于癌症诊断的医学文章和研究论文的成果，以帮助医生更有效地诊断和治疗癌症。大数据分析的另一个非常成功的项目，从技术角度来看，是由美国零售巨头塔吉特（Target）开发的分析功能，能够根据购买模式识别怀孕中期的孕妇，从而对其发送特别优惠。但由于顾客感觉自己被网络跟踪，塔吉特的声誉受到了一些损害。

大数据分析在知识管理中也提出了一种更具语义驱动的数据分析方法，这导致了对该领域的一些局限性的讨论。根据一篇引人注目的文章——《一位人类学家走进一家酒吧》（Madsbjerg & Rasmussen，2014）[191]，尽管许多公司在进行市场调查，例如大数据分析所做的市场调查，"……这些图片还远远不够完整，而且往往具有误导性"。文章认为，问题在于人不是"一串 0 和 1"，他们是人，混乱而非理性。为了理解是什么驱动着人类行为（如在进行一项特定的购买时），需要研究人们做什么，如何做，以及会产生什么效果。从常识的角度来看，"数据"不是知识，但通过正确的干预，它可以产生已知的或可操作的知识。

曾任美国怀尔实验室（Wyle）首席技术官的比尔·佩洛维兹（Bill Perlowitz）提出了更深入的见解：数据分析需要数据驱动。佩洛维兹解释说，在大数据分析中，传统假设驱动的科学方法受到人类想象力的限制，一种选择是收集数据并分析它所告诉我们的信息。换句话说，价值已经存在于数据中，但为了将其转化为可操作的知识，需要开发新的、更好的利用这些知识的方法，然后将数据中的值与 10 个"V"① 相关联，并且不受数据之间的关系或连接等先见之明的限制。相反，要有开放的心态，并准备好让数据说话。

知识管理专家大卫·斯诺登（David Snowden，2002）[192] 提出了发展这一观点的见解：知识转移和管理的核心是内容和情境。抽象的标准及其成本取决于给定群体中是否存在共享理解（历史、语言、文化），而情境指的是在给定的系统（社会规范）中可观察模式的可用性。这一观点得到

① 10 个"V"即 Volume（数量）、Velocity（速度）、Variety（多样性，来源 / 格式）、Variability（可变性，时间）、Value（值，对谁）、Veracity（准确性，真相）、Validity（有效性，适用）、Volatility（波动性、时间）、Verbosity（冗余，文本）、Verification（验证，信任）。

了学者的支持，“……在其潜力和实现之间仍有很大差距”的时候，这些知识管理领域的观点能否告知大数据分析呢？

知识管理对知识的社会和现象学的理解可能会成为桥梁，从这个角度来看，推动大数据分析的应该是知识管理，而不是信息管理。更社会化的知识构建的一种特殊表现是话语或语义方法，该方法关注人们如何在话语中构建身份、性别、团队成员等，爱德华兹和波特（Edwards & Potter，1992）[193]的“话语心理学”介绍了这一方法。话语心理学分析可能揭示所谓的大数据集合，特别是非结构化的多样性。这对知识管理实践有什么影响？首先，尽管使用了术语“数据”，但将大数据分析和大数据视为知识来源是常识性的。它可以是组织内部的知识来源，也可以从外部收集。其次，对文本集合的模式和多样性的调查将揭示数据的子集，在它们的时间位置、物理位置和活动类别的情境中描述。一项跨数据集的分析和比较将揭示人们关注什么是重要的和相关的——不是他们说了什么，而是他们做了什么，以及这有什么后果。在某种程度上，话语心理学可以被看作“意义制造”及其现象学实践的子集。最重要的是，这种以语义为重点的分析方法将揭示模式和连接，而这些正是预测的关键。

（三）大数据与知识获取

大数据时代出现了信息过载现象，信息洪流开始像海啸一样泛滥。海量的数据流使营销人员识别营销的“谁”和“什么”很有挑战性。知识经济非常擅长生成数据，但分析数据的能力较差，试图减轻这种不断增加的信息负担的一种方法是应用知识管理实践。

知识管理的传统方法开启了“知识创造”“知识创新”“知识共享和转移”“知识再利用”，在较小程度上开启了“知识应用”。所有这些方法的基本要求是“知识获取”，其目的是将知识编纂、存储，在需要时使其可用，并将其作为一种杠杆，促使新想法、解决方案和产品等出现。因此，在知识经济中，能够有效地获取知识的人将能够创造和维持竞争优势，那些没有这样做的公司将很难维持其竞争地位。知识经济中的竞争压力越来越大，部分原因来自动荡时代的膨胀以及快速变化的技术和社会。

知识获取是一个复杂的领域，吸引了许多相互竞争的、往往截然不同的理论，如连贯模式、信息空间（I-Space）和社会学习循环（SLC）、学习型组织等。比如，在公司边界之外获取知识的不同策略，在很大程度上依赖于社交关系，而制订外部知识获取策略的一个复杂因素在于，企业在预测未来对知识和技能的需求时面临的困难。知识的获取和应用被认为是企业经济和竞争成功的关键。大数据分析这个新兴领域很可能为知识管理项目提供有益的经验教训。

（四）大数据与知识管理的互动

大数据是一个相对较新的概念，它在知识管理研究中为企业提供了获取有关客户主观偏好的广泛信息的手段。然而，要理解大数据，并将其转化为能够持续带来附加值的有价值的知识，需要批判性思维等核心能力。这种分析大数据的过程推动了商业智能向知识的转化，从而有助于避免战略风险，找到聪明有效的商业解决方案。

对知识管理来说，大数据分析既是威胁也是机遇。大数据分析可能把知识管理推回到黑暗时代，其特征是单纯关注技术和相关性；但另一方面，大数据分析也在努力解决知识管理几十年来面临的许多问题和困境，特别是技术在现象学和人类社会学视角下的前景。

人们对海量数据的实时决策和可操作的见解有着巨大的需求。然而，在大数据创造价值的过程中，存在着数据异构性、不一致性和不完整性、规模性、时效性、隐私性和安全性、可视化和协作性等研究挑战，传统的数据管理和分析系统不足以存储、处理和分析这种大数据。尽管关于大数据的论述集中在分析上，但在这个方向上还没有出现重大创新和贡献。为了应对这些挑战并从大数据中获得最大效益，我们需要有效的数据管理、分析、学习和预测技术、提取有用知识的优化技术、实时分类和基于证据的决策。此外，还需要开发利用大数据潜力解决不同应用领域问题的手段和方法。这些挑战需要学术界和产业界共同应对。

二、变革命题：数字化转型重塑知识管理

（一）什么是数字化转型

尽管新技术层出不穷，但没有人敢忽视数字化转型给知识管理带来的机会与挑战。什么是数字化转型（Digital Transformation）？有些学者把它描述为数字技术应用到组织各个方面的力量，“与数字技术可能给公司的商业模式、产品或组织结构带来的变化有关的转型”（Hess et al., 2016）[194]“由数字技术触发的组织变革”（Nadkarni et al.，2021）[195]。

数字化转型有许多不同的名称，也许最熟悉的是“第四次工业革命”。过去的革命发生在创新技术如蒸汽机、电力、计算机、互联网等被大规模采用并扩散到整个生态系统的时候，“第四次工业革命”正在接近一个类似的临界点——云计算、大数据、物联网和人工智能的聚合，以驱动网络效应并创造指数级变化。也有人将数字化转型称为“第二次机器时代”。麻省理工学院的埃里克·布林约尔松（Erik Brynjolfsson）和安德鲁·麦卡菲（Andrew McAfee）认为，这个机器时代的关键在于，长期以来一直擅长执行指令的计算机现在能够学习，这种能力将对世界产生巨大影响。计算机将诊断疾病、驾驶汽车、预测供应链的中断、照顾老人、与人们交谈。第一次工业革命使人类掌握了机械动力，在数字化转型时代，我们将掌握精神力量。这把我们带回到间断的平衡，经济稳定时期会在几乎没有预警的情况下突然中断，从根本上改变格局，其中的一个显著

区别是它发生的速度。柯达（Kodak）、无线电器材（Radio Shack）、通用汽车（GM）、玩具反斗城（Toys R Us）、西尔斯（Sears）和通用电气（GE）等曾经的标志性公司已经被迅速颠覆。数字化转型将进一步加快颠覆的步伐（Siebel，2019）[196]。由于其颠覆性的力量，数字化转型正迅速成为企业界关注的焦点——从董事会、行业会议到年度报告。专注于数字化转型的领导者明白，为了生存，他们的公司将不得不经历一场根本性的变革，他们正在积极主动地应对这种变化。

（二）数字技术

在数字化转型时代，技术变革的速度正以不成比例的速度加快，每年都有新的数字化能力推出。物联网、大数据、云计算和移动技术等应用的技术能力大大加快了整体变革的步伐。数字化转型是知识管理研究的一个热点话题。以技术或以行动者为中心的研究占据了这场辩论的中心舞台，33% 的论文以技术为中心，34% 的论文以行动者为中心，33% 的论文同时涵盖技术和行动者。在这两个维度中，研究主题的文献分布相当不均衡。

兰佐拉和安德森（Lanzolla & Anderson，2008）[197]代表了以技术为中心的一面，强调数字技术的扩散是转型的促成因素。这些数字技术包括大数据、移动技术、云计算或基于搜索的应用。云计算和在线平台已经彻底改变了将创新想法转变为业务的过程和速度。在数字化转型时代，创新的想法可以在几天内实现，公司也可以在一夜之间建立起来。此外，脸书、谷歌或亚马逊这样的纯数字公司大幅提高了产品上市的速度。随着硬件、软件和连通性的不断改进，这些公司为一系列产品发布定下了紧锣密鼓的节奏。在数字化转型的市场中，产品开发和发布速度的控制越来越多地转移到“创新生态系统”，即拥有互补产品和服务的参与者网络。

（三）行动者在促进数字化转型过程中的作用

数字化的可能性需要与技术熟练的员工和高管一起，以显示其变革的力量。因此，数字化转型既需要技术，也需要人。以行动者为中心的一面强调了行动者在促进数字化转型过程中的作用。比如在新的数字市场中，消费者的行为与以前不同，传统的营销技术可能不再适用。数字化转型时代，在实际购买之前，有无数的选择可以轻松地收集有关产品和服务的信息。例如，通过平台和社交媒体，用户分享产品反馈、上传家庭视频剪辑或发布博客，客户购买决定越来越受到在线客户对客户互动的影响。从这个意义上说，首先，数字技术也正在改变公司的客户端运营和客户参与战略；其次，数字技术越来越减少了卖家和买家之间的信息不对称。信息无处不在，通过移动技术即时获取数据深刻地改变了长期建立的卖家－客户关系。

（四）技术与行动者

在以技术为中心的维度，理解数字技术对消费者层面和市场环境的影响是非常活跃的研究流。相比之下，了解数字化转型时代的变化速度及其对现有企业的直接影响，还没有得到足够的研究。在以行动者为中心的方面，在数字环境中，领导力和能力是一个非常重要的关注点，相比之下，公司文化和工作环境得到的认可较少。

同时，数字化转型文献相当多样化，这巩固了数字化转型作为一个多样化和广泛的研究领域的本质，同时再次表明了它的新兴性质。此外，理论基础在一定程度上存在差异，不同的理论被一些学者应用来捕捉数字化转型的背景，如定位观点、配置理论、资源基础视图、动态能力、组织学习理论、网络视图或业务流程再造。为了增加理论的多样性，使用其他理论角度将会很有趣，与不同研究领域的交流将扩大该领域的研究范围。

（五）未来研究

考虑到数字技术的复杂性和爆炸式发展速度，传统的 IT 培训可能不再有效，在数字化面前的普通工人和精通数字技术的员工之间存在着不断扩大技能差距的威胁。由此带来的问题是：面对数字化转型，在职者如何、何时以及为什么能够或不能缓解日益增长的技能差距和员工差距？如何将不同员工的不同知识和经验整合到数字化转型的环境中去？在职者如何以及何时能够或不能在他们的组织内整合"旧的"和"新的"能力？在转型时期，在职者需要同时发展多种、往往不一致的能力，在这种情况下，企业如何确保在数字化转型时期不失去重点，同时掌握双元性的挑战？因此，未来的研究应该考虑促进或阻碍这种整合所需的机制。一方面，公司需要开发新的能力来不断地改造其业务；另一方面，必须利用现有的知识和技能来维持现有的运营。

三、员工命题：多任务执行者的困境

（一）"世界上最伟大的一心多用者"

2013 年 11 月 2 日，以研究人类与科技互动方式而闻名的斯坦福大学传播学教授克利福德·纳斯（Clifford Nass）于一次徒步旅行结束时摔倒而去世，时年 55 岁。消息传出，许多人分享了纳斯在他们生活中的重要性，比如希肯（Fishkin）。

与他自己的研究结果相反，纳斯可以同时做很多事情，他是世界上最伟大的一心多用者。

纳斯不仅改变了通信领域，也改变了社会科学和工程的更大领域。他在多任务处理方面的工作——说明了许多与普遍使用媒体相关的认知缺陷——有望改变思维模式。

纳斯的研究吸引了人们的关注，挑战了人们可以使用数字设备进行“多任务处理”的概念——打电话、观看 YouTube 视频、查看电子邮件。2009 年，纳斯和另外两名斯坦福大学的研究人员发现，那些经常被电子信息轮番轰炸的人不会集中注意力，不会控制记忆力，也不会从一份工作切换到另一份工作，就像那些喜欢一次完成一项任务的人一样。纳斯在接受《斯坦福报告》采访时提到了这项研究中的多任务处理者，认为“他们喜欢不相关的东西”“每件事都使他们分心”[198]。在 2013 年 5 月的斯坦福 TEDx 大会上，纳斯谈到了一项研究，该研究表明，与花更多时间与朋友面对面交流的同龄人相比，花大量时间看视频和使用数字设备进行多任务处理的十几岁女孩在社交和情感发展方面往往不太成功。他在 TEDx① 演讲的结尾说：“这个故事的寓意非常清楚：我们必须让面对面的时间变得神圣，我们必须把那句我们过去经常听到、现在却再也听不到的谚语带回来，‘我跟你说话的时候请看着我。’”纳斯的研究表明，即使最聪明的人也会由于不愿或者不能一次专注于一件事而受到负面影响。他说：“一心多用的人办不明白事，而且他们越是分心，结果就越糟。”“根本问题是没有人擅长多任务处理。我们根本无法同时处理各种各样的刺激，我们可能不这么认为。但是你是否经常听到别人在提醒我们注意别的事情呢？‘我昨天告诉过你了’‘你一定是错过了’，或者‘你在那封邮件里留下了一些重要的东西’，这些都是有用的指示。”

（二）多任务处理

多任务处理指一个人可以同时将注意力分散在多个任务或活动上，比

---

① TED 是一个非营利性的组织，创办目的旨在传播由独特的思想来改变生活态度，进而改变世界。TED 专门邀请站在各个领域前沿的创新者和实践家做 18 分钟以内的演讲。在这些演讲者中，已经包括比尔·盖茨、美国政治人物及环境学家阿尔·戈尔、英国生物学家珍·古道尔、美国作家伊丽莎白·吉尔伯特等。基于传播有价值想法的初衷，TED 创办了 TEDx，其形式与 TED 基本一致，邀请一些有趣、想法奇特的人来做 18 分钟以内的演讲。

如一边开车一边打电话。多任务处理会因为人的情境切换而浪费时间，也会因为注意力不足而容易出错。如果一个人精通两项任务，就有可能在两项任务之间迅速转移注意力，并出色地完成任务。

在计算机术语中，我们更擅长串行处理而不是并行处理。科技作家尼古拉斯·卡尔（Nicholas Carr）解释了为什么我们的大脑只能成功处理几个相互竞争的信息：多任务处理者“很容易被不相干的事情所迷惑”，因为“任何事情都会让他们分心”，他们在重要任务上的智力表现就会下降。有时，沉迷于数码刺激的人是最后一个知道自己功能受损的人。

人们常误以为“忙”就意味着“全身心投入”，我们把忙碌当作一种荣誉。但更接近事实的结论是，我们在生活中设置的干扰因素越多，我们就越无法摆脱这种让完成重要任务变得复杂的自我诱发的噪音。做一个简单的实验。一边阅读你的电子邮件或一系列短信，一边听别人解释如何到达城市另一边的一个地址（不允许使用 GPS 设备）。一个积极和专心的倾听者可能正确地找到方向，或者问问题，直到他们有了他们需要的思维地图。间隔时间的听者更有可能迷路，他们经常在行驶的汽车上打电话，以获得新的方向，从而分散了他们的注意力。这让事情变得更糟了，分心驾驶是多任务处理的一种形式，每年造成更多事故。

美国生产力与质量中心（American Productivity and Quality Center，APQC）的卡拉·欧戴尔（Carla O’Dell）和辛迪·休伯特（Cindy Hubert）认为，如果我们没有任何选择并且将要雇用多重任务执行者时，那么为了更好地完成工作，我们需要创造什么样的知识管理平台或流程呢？我们必须使内容和信息适合员工的时间和专注力的时限。对于知识管理来说，含义如下：①假定员工是在多重任务状态中的。②这种多重任务情形没有让员工更好地履行职责或者关注他们所看到的一切。③在知识管理中，我们不应当设计打破员工现有状态的任何方法。④即使是碎片的信息或知识的保留都是至关重要的，我们不能假定员工在他们需要这些的时候就能想起来，它们必须出现在教育契机中。当时间紧迫时，人们通常会尝试一次做更多的事情。但是多任务处理牺牲了时间和准确性，导致任务更长，错误更多。

一般认为，多重任务执行者可能擅长三件事：①过滤，忽视使人分心的和不相干的信息，同时专注于相关联的事物。②转换，迅速并走最少弯路在各种任务之间进行转换。③组织记忆，在信息从短期记忆向长期记忆转化过程中，确保重要事实可以被保留下来。

如果你对精益制造业技术很熟悉，就会知道准备时间是不会产生增值的。然而当你转换正在工作的内容时，就会有准备时间。惠普公司的调查显示，员工在被打断后可能需要花费15分钟的时间来重新集中注意力。事实上，你并没有在执行多重任务。相反，你在不同工作之间转换，每一次转换回来都要耗费启动时间。如果你在返回原有工作前就能够立刻将当前工作的相关信息从脑海中抛开，那你可能会缩短启动时间。这些发现是显而易见的：我们原以为专心沉浸于数字化技术时可以用更少的时间来做更多的事情，实际上，我们工作得更慢，吸收信息更缺乏效率，而且我们分析推理的能力还会受到阻碍。

第二节　研究热点

一、国外研究热点

本研究截至 2021 年 5 月 15 日，以“Knowledge Management”作为关键词，限定学术期刊文献（Academic Journals）排除，通过在史蒂芬斯数据库（EBSCOhost）检索，共发现 17193 篇文献。通过梳理，本研究将“主要”① 主题词归纳为研究内容、研究方法、研究对象等三类研究热点。

（一）内容层面的研究热点

从研究内容上看，有 28 个主题词所含文献量超过 50 篇，共有 4426 篇文献，占总篇数的 25.74%。篇数最多的主题词是“知识转移（Knowledge Transfer)”，包括 644 篇文献，占 3.75%。排在第二位的是“知识管理研究（Knowledge Management Research)”，包括 531 篇文献，占 3.09%。排在第三位的是“知识理论（Theory of Knowledge)”，包括 483 篇文献，占 2.81%。如表 8-1 所示。

① 此处的“主要”指史蒂芬斯数据库（EBSCOhost）根据篇数从多到少摘要列出的主题词，所列出的最少的主题词是“科研管理（Research Management)”，有 48 篇文献。也就是说，低于 48 篇文献的主题词没有列出。

表 8-1　研究内容主题词文献篇数及比例

排名	英文主题词	对应中文主题词	篇数	占比（%）
1	Knowledge Transfer	知识转移	644	3.75
2	Knowledge Management Research	知识管理研究	531	3.09
3	Theory of Knowledge	知识理论	483	2.81
4	Tacit Knowledge	隐性知识	265	1.54
5	Knowledge Base	知识库	207	1.20
6	Methodology	方法	205	1.19
7	Knowledge Acquisition（Expert Systems）	知识获取（专家系统）	156	0.91
8	Communities of Practice	实践社区	147	0.85
9	Performance	绩效	138	0.80
10	Creative Ability	创新能力	130	0.76
11	Ontology	本体	121	0.70
12	Computer Network Resources	计算机网络资源	120	0.70
13	Social Capital	社会资本	116	0.67
14	Motivation（Psychology）	动机（心理学）	111	0.65
15	Social Interaction	社会互动	107	0.62
16	Electronic Information Resources	电子信息资源	96	0.56
17	Social Media	社交媒体	95	0.55
18	Research Methodology	研究方法	92	0.54
19	Sustainability	可持续性	79	0.46
20	Virtual Communities	虚拟社区	79	0.46
21	Theory	理论	73	0.42
22	Trust	信任	71	0.41
23	Content Analysis	内容分析	66	0.38
24	Competition	竞争	61	0.35
25	Cognition	认知	60	0.35
26	Machine Learning	机器学习	59	0.34
27	Web 2.0	web 2.0	58	0.34
28	Semantic Web	语义网	56	0.33
合计			4426	25.74

（二）方法层面的研究热点

从研究方法上看，有 8 个相关度较高的主题，每个主题所含文献量超过 50 篇，这 8 个主题共有 1047 篇文献，占总篇数的 6.09%。篇数最多的主题词是“结构方程建模（Structural Equation Modeling）”，包括 283 篇文献，占 1.65%。排在第二位的主题词是“案例研究（Case Studies）”，包括 212 篇文献，占 1.23%。排在第三位的主题词是“文献评论（Literature Reviews）”，包括 152 篇文献，占 0.88%。如表 8-2 所示。

表 8-2　研究方法主题词文献篇数及比例

排名	英文主题词	对应中文主题词	篇数	占比（%）
1	Structural Equation Modeling	结构方程建模	283	1.65
2	Case Studies	案例研究	212	1.23
3	Literature Reviews	文献评论	152	0.88
4	Surveys	调查	121	0.70
5	Acquisition of Data	数据采集	98	0.57
6	Comparative Studies	比较研究	63	0.37
7	Factor Analysis	因子分析	62	0.36
8	Metadata	元数据	56	0.33
合计			1047	6.09

（三）对象层面的研究热点

从研究对象上看，超过 50 篇文献的主题词有 15 个，共有 1452 篇文献，占总篇数的 8.45%。篇数最多的主题词是“学习（Learning）”，包括 430 篇文献，占 2.50%。排在第二位的主题词是“教育（Education）”，包括 157 篇文献，占 0.91%。排在第三位的主题词是“高等教育（Higher

Education)”，包括 106 篇文献，占 0.62%。如表 8-3 所示。

表 8-3 研究对象主题词文献篇数及比例

排名	英文主题词	对应中文主题词	篇数	占比（%）
1	Learning	学习	430	2.50
2	Education	教育	157	0.91
3	Higher Education	高等教育	106	0.62
4	Online Social Networks	在线社交网络	80	0.47
5	Blogs	博客	78	0.45
6	Developing Countries	发展中国家	75	0.44
7	Psychology	心理学	69	0.40
8	Social Sciences	社会科学	68	0.40
9	Periodicals	期刊	65	0.38
10	Social Aspects	社会层面	60	0.35
11	Social Groups	社会群体	57	0.33
12	Organizational Behavior Research	组织行为研究	57	0.33
13	Bibliometrics	文献计量学	50	0.29
14	Knowledge Management & Economics	知识管理与经济学	50	0.29
15	Construction Projects	建设项目	50	0.29
合计			1452	8.45

二、国内研究热点

本研究采用中国知网数据库（CNKI）所收录的国内学者发表的知识管理期刊文献，以“知识管理”及与其相近的“知识资本”“智力资本”为关键词分别进行检索，从 1989 年 1 月 1 日开始截至 2021 年 5 月 16 日，三个关键词分别检索到 16308、4746、5668 篇文献。

总体而言，国内对知识管理的研究从1989年第一篇相关文献发表开始，1999年年文献量超过100篇，2008年年文献量达到最高1316篇，此后逐年减少，但总量依然很大，2020年年文献量为273篇。如表8-4、图8-1所示。

表8-4　国内知识管理文献篇数

年份	知识管理	知识资本	智力资本	年份	知识管理	知识资本	智力资本
1989	1	0	0	2006	1183	251	280
1990	2	1	2	2007	1271	274	296
1991	0	1	1	2008	1316	232	273
1992	0	0	0	2009	1186	273	310
1993	0	1	0	2010	1215	215	307
1994	2	0	1	2011	1038	246	321
1995	0	1	3	2012	965	234	295
1996	1	1	2	2013	849	244	298
1997	0	8	15	2014	743	243	345
1998	24	43	70	2015	645	247	321
1999	107	96	84	2016	570	212	263
2000	218	154	144	2017	400	242	319
2001	371	155	125	2018	370	213	279
2002	489	134	126	2019	314	223	279
2003	699	174	176	2020	273	173	203
2004	871	192	226	2021	60	45	51
2005	1125	218	253	合计	16308	4746	5668

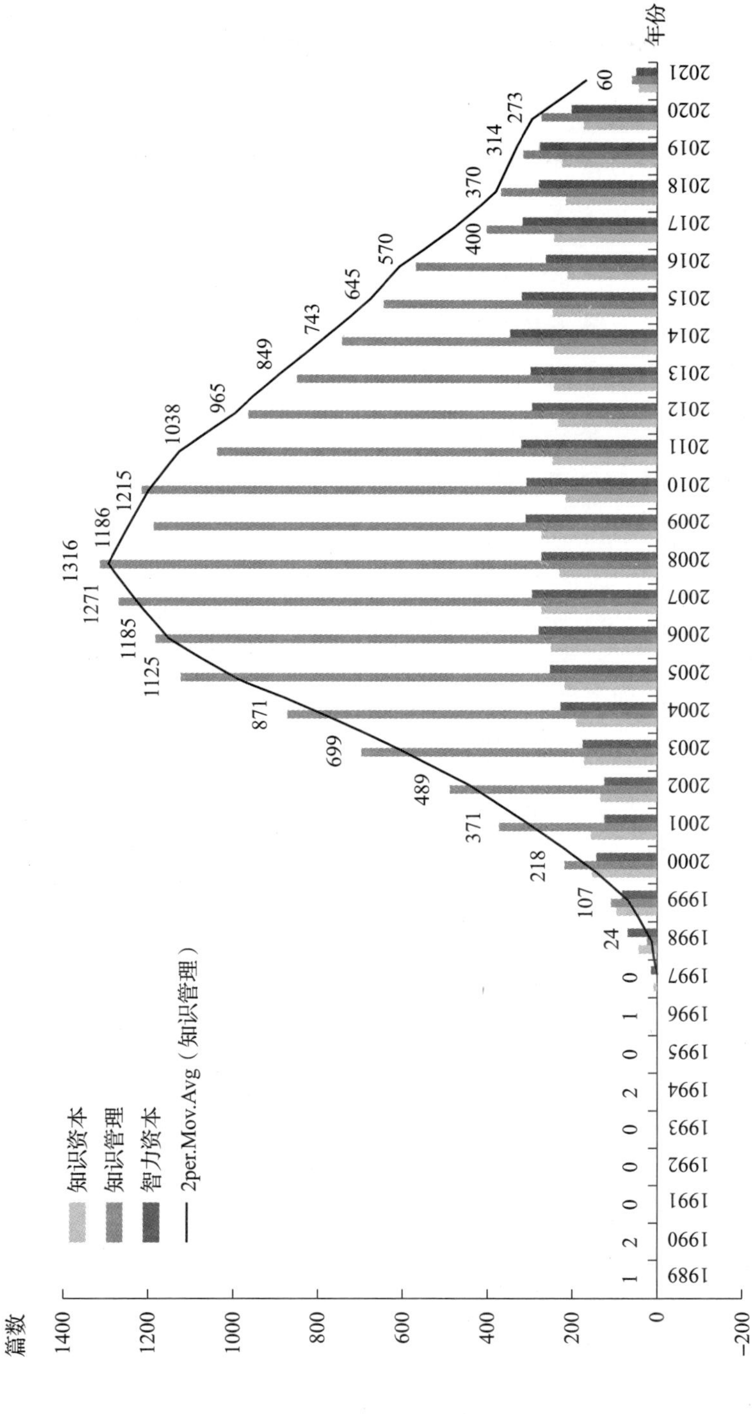

图 8-1　国内知识管理文献量

（一）内容层面的研究热点

国内知识管理研究结构包括知识管理主体、知识本体、知识管理流程、知识管理服务客体等层面，研究脉络涉及企业知识管理绩效、企业知识链、企业知识管理流程、企业知识缺口等方向，研究热点逐步向更贴合企业实践，更符合中国现实情境的方向纵深演化。

在研究内容上，主要体现为把国外的知识管理理论加以模仿、创新，以适应国内实际状况。同时，也出现了一些新的研究领域，如重大突发事件的频繁发生，使学术界更加重视应急管理的创新研究，将知识管理引入应急管理，开创了应急知识管理的新领域。

（二）主题层面的研究热点

从研究主题上来看，与知识管理相关的主题很多，文献量超过 100 篇的就有 31 个，排在前 10 位的依次是：知识管理（11300 篇）、图书馆（1259 篇）、企业知识管理（700 篇）、基于知识（686 篇）、知识管理研究（582 篇）、图书馆知识管理（514 篇）、知识管理系统（478 篇）、高校图书馆（398 篇）、知识共享（342 篇）、隐性知识（294 篇）。如表 8-5 所示。

表 8-5　知识管理的研究主题

序号	主题	篇数	占比（%）	序号	主题	篇数	占比（%）
1	知识管理	11300	69.29	8	高校图书馆	398	2.44
2	图书馆	1259	7.72	9	知识共享	342	2.10
3	企业知识管理	700	4.29	10	隐性知识	294	1.80
4	基于知识	686	4.21	11	核心竞争力	210	1.29
5	知识管理研究	582	3.57	12	知识服务	185	1.13
6	图书馆知识管理	514	3.15	13	知识经济	177	1.09
7	知识管理系统	478	2.93	14	图书馆管理	141	0.86

续表

序号	主题	篇数	占比（%）	序号	主题	篇数	占比（%）
15	数字图书馆	141	0.86	24	策略研究	116	0.71
16	高校图书馆知识管理	140	0.86	25	知识管理体系	112	0.69
17	企业核心竞争力	139	0.85	26	知识地图	110	0.67
18	构建研究	138	0.85	27	知识转移	107	0.66
19	人力资源管理	132	0.81	28	个人知识管理	107	0.66
20	知识经济时代	131	0.80	29	技术创新	106	0.65
21	信息管理	130	0.80	30	管理视角	103	0.63
22	档案管理	123	0.75	31	绩效评价	101	0.62
23	竞争情报	117	0.72		合计	19319*	118.46

说明：因为这 31 个主题文献互有重合，所以此表的文献总量 19319 篇超过了表 8-4 中“知识管理”合计总数 16308 篇，合计占比 118.46% 也超过了 100%。

三、具体领域的研究热点

知识管理具体领域的研究热点主要有如下三点：①国家层面：比较研究与对发展中国家的知识管理研究热点。②部门层面：公共部门的组织学习研究热点。③知识管理活动层面：知识共享影响的研究热点。

（一）国家层面：比较研究与对发展中国家的知识管理研究热点

1. 知识管理比较研究热点

（1）国外的知识管理比较研究

国外知识管理的比较文献多集中于知识管理的某个主题。萨希布扎达、拉蒂夫、徐燕等人（Sahibzada，Latif，Xu et al.，2021）[199] 以 248 名巴基斯坦高等教育机构人员为样本，运用模糊集定性比较分析（fsQCA）方法，以知识为基础，探讨了内部营销、知识管理过程与知识型员工满意度之间的关系，研究了提高知识型员工满意度的配置路径。郑路、乌尔里希、森德拉－加西亚等人（Zheng，Ulaus，Sendra-Garcia et al.，2021）[200]对来自253家中国制造业上市公司的数据，采用知识管理和开放式创新生态系统的双重视角，探索高/低创新绩效的等价组合，通过模糊集定性比较分析（fsQCA）方法提出了6个影响因素。哈托诺、道莱和阿里尼（Hartono，Daulay & Arini，2020）[201]在440家公司中选取了87家，并邀请印度尼西亚的PBO/ICT公司进行了一项实证研究。张超和王晓炯（Zhang & Wang，2019）[202]采用数据包络分析法重点比较了发达经济体和新兴经济体，发达国家和新兴国家的经济发展水平。

（2）国内的知识管理比较研究

国内关于知识管理的国内外比较研究的文献较少，且主要集中于图书情报领域。李伟超、郭俊和李经钰（2021）[203]通过对iConference会议的分析，对国内图书情报领域的研究热点、主题进行了比较。黄少如（2019）[204]以CNKI和Ebsco数据库中主题为“知识管理”“图书馆”的国内外期刊论文为研究对象，对发文量、载文期刊及分布进行了统计对比，使用Bibexcel和Pajek软件对文章关键词词频进行了定量统计与定性分析，揭示了图书馆知识管理模式下的馆员角色转型、知识服务、开放式创新管理、全域性应用与人工智能等发展的研究趋势。此外，李海峰（2020）[205]以Web of Science数据库中人工智能教育的相关文献为分析对象，采用结构话题模型分析方法，对话题结构、话题内容，以及话题时序变化等进行了模型估计和比较分析。

2. 对发展中国家的知识管理研究

虽然对知识管理进行理论化和提出有效框架的尝试仍在进行中，但对于存在于不同背景下的不同类型的知识的研究还很缺乏。知识管理的概念化，就像大多数管理概念一样，主要是西方的，而且似乎没有过多关注知识管理在非西方或发展中国家可能有什么不同，在这些经济体中，知识可能以非常不同的方式被概念化。发展中国家的管理者在进行知识管理系统时面临着不同的文化复杂性（Strohschneider，2002）[206]，正如大卫和费伊（David & Fahey，2000）[207]所指出的那样，文化塑造了以创造、分享和使用知识为核心的行为。

在发展中国家开展的很多知识管理研究都是实证研究，旨在实施或验证已有的知识管理概念，很少的研究调查了发展中国家的知识管理情况。因此，有必要批判性地分析发展中国家文化、社会和经济背景如何与组织及其知识管理系统相互作用。

（二）部门层面：公共部门的组织学习研究热点

在过去30年里，组织学习和知识转移领域的文献呈指数级增长，推动了“学习视角”的出现。该领域充满活力，并有望继续作为学术理论化、实证调查和方法论发展的焦点。正如海伦·施普顿（Helen Shipton，2006）[208]所指出的，组织学习研究领域已经变得“多样化和碎片化，跨学科边界之间几乎没有重叠的证据”。

1. 学习与知识转移

在公共部门组织中考虑学习和知识转移有重要的原因。第一，公共部门组织具有足够的重要性，值得组织和管理研究者的关注。第二，几十年来，公共部门组织经历了重大改革，推动了创造和共享组织知识的需求，但在关于组织学习和知识的文献中，它们的代表性仍然不足。第三，关于组织学习和知识的文献经常涉及语境分析，但倾向于关注内部语境，而缺少更多地关注组织独特的外部语境。第四，关注公共部门组织中影响学习和知识的具体特征可能有助于在所有类型的组织中扩展关于该领域的知识。

多年来，公共部门组织改革的规模已经足以产生需要管理学者关注和采取行动的重大问题。尽管20世纪90年代以来，组织学习和知识领域的文献有了显著的增长，但对公共部门组织的关注相对较少，它们存在于特定的背景下，值得考虑。对公共部门组织的探索提供了更广泛的组织背景，在其中发展对知识创造和学习的理解，有助于阐明私营组织的特点。当然，公共部门和私营部门的内部及其相互间在背景和过程上存在很大的差异，这样“公共性”或许应该被视为一个维度而不是一个二分法，另一方面，它们可能有不同的目标、目的、结构和利益相关者，这值得注意。

公共部门组织为国家、区域和地方各级私营部门的效率创造必要的条件和基础设施，对于国家竞争力至关重要。它们在领导和管理地方社区以及管理国家、市场和社会之间复杂的相互关系方面发挥着至关重要的作用。公共部门组织通常是跨越组织边界的专业社区，这些社区有特定的背景，并日益通过新的组织形式开展工作，如网络和伙伴关系，旨在增加组织内部和组织间的协作和伙伴关系安排。专业界限可能给知识共享带来实际困难，导致知识碎片化和对来自当地来源的知识的偏好。

2. 知识和知识创造的性质

组织和管理理论的应用和组织研究的设计需要被语境化，并考虑与特定的制度背景直接相关的社会、经济和政治因素。公共服务的管理与私营组织的管理通常是不同的，因为它在复杂的政策和政治环境下运作，受到高度的审查和问责。公共服务的目的不是创造利润，而是实现“公共价值”，并对公民产生影响，以及平衡利益相关者的利益。公共部门和私营部门的观念、实践和组织之间存在不同的关系。如果不同部门的目的、驱动因素、催化剂和关键行动者不同，那么知识和知识创造的性质也可能不同。

私营部门和公共部门都必须对快速变化的时期做出反应，以满足顾客或公民的需求，但与私营部门开发新产品和服务的市场驱动的知识压力相比，政府政策和业绩压力是公共部门变革的重要催化剂（Hartley & Benington，2006；Kelman，2005）[209][210]。各国政府寻求在领导、管理、组织和结构方面进行根本性变革，使私营部门、公共部门和公民社会之间的边界和相互依赖性发生变化。公共部门的管理者已经采用了一些来自私营部门的企业家和客户导向，公共服务精神在两个部门都有所增强，但总体而言，有证据表明部门之间持续存在差异（Poole，Mansfield & Gould-Williams，2006）[211]。

公共服务组织受到学习和创新的压力，这些压力来自用户的期望，其他政府层级和广泛的利益相关者，以及复杂的组织间结构的创建。此外，分享知识是改善公共服务的核心，因为目的是增加公共领域的价值。这意味着好的想法和实践在理论上并不局限于一个组织或伙伴关系，而是需要在服务和各级政府之间转移。

组织内部和组织之间的学习被认为是改善公共服务进程的核心，例如，公共服务部门的两个最大部分：保健服务和当地政府。然而，尽管有这些工作，公共服务组织创造、转让、分享和应用知识的手段却很少受到关注。

3. 知识吸收与知识创造

在私营组织中，知识吸收和它对“企业”的优势之间的关系已经确立，政府改革公共组织的政策举措在很大程度上未能促进知识创造。英国政府推动公共服务的“现代化”，促进了关于绩效、评估和改进的大量研究（Gray，Hartley & Broadbent，2005）[212]。

公共部门文献表明，公共组织中的新的治理和服务提供结构推动知识创造，与私人联盟、网络和合资企业不同。拉什曼（Rashman）等人认为，外部环境因素和内部环境因素的特定组合可能导致特定部门的学习驱动因素、目标、需求、结构、系统、实践和结果的变化。

总之，公共部门组织构成了研究组织学习和知识管理的一个重要、独特的背景。

（三）知识管理活动层面：知识共享影响的研究热点

1. 研究背景

知识共享是组织运作中最基本的活动之一。企业的知识基础观突出了知识的战略重要性。仅知识资源的存在并不能保证成功，为了发展可持续的竞争优势，组织员工必须在实践中分享和应用知识。以往的研究强调了知识共享的好处，包括降低成本、缩短产品开发周期、提高客户满意度，以及提高创新和性能能力。在过去的几十年里，对知识共享不同方面的研究不断增加。知识管理最重要的目的之一是系统地影响知识的交流、应用和创造，从而创造价值。因此，组织中知识管理政策的成功取决于员工之间的知识共享及其结果（Hislop，2013）[213]。

由于知识共享的复杂性，它受到许多个人、组织和背景因素的影响，主要的研究重点一直是识别抑制或支持知识共享的因素。因此，对知识共享研究的批评之一是，它过于关注知识共享的推动因素，如技术、组织文化、奖励等，而相对较少关注知识共享的价值实现。21 世纪初以来，人们对知识共享成果的兴趣大增。对知识共享的效果已经进行了大量的实证研究，这一研究流在确立知识管理的价值方面发挥了重要作用。然而，关于组织中知识共享的价值，还有很多需要学习和理解的地方。为此，有学者呼吁对知识共享的影响进行更多地研究（Henttonen，Kianto & Ritala，2016）[214]。以往的研究从个人、团队和组织等三个层面考察了知识共享的结果。

2. 个体层面的知识共享影响

在个体层面，知识共享有个人绩效、学习和创造，以及心理效应等三种类型的影响。个体绩效实证结果表明，知识共享对员工绩效具有正向影响。最普遍的发现是，通过知识共享、集体知识和专家意见的利用提高了任务完成、问题解决和决策的效率，从而提高了员工的绩效。然而，知识共享提高性能的概念并非普遍存在。以往的研究表明，许多情境因素会影响知识共享的绩效结果。例如，辱骂式的监督风格和缺乏管理支持会降低知识共享对员工绩效的积极影响。敌意行为限制了员工的自律资源，影响了员工对知识的吸收和利用能力。除了情境之外，个人特征，如教育水平、自我效能感和个人抱负也会影响员工是否以及在多大程度上体验知识共享带来的绩效提升。

3. 团队层面的知识共享影响

知识共享也会产生团队层面的后果。文献表明，知识共享影响团队绩效、创造力和氛围。团队成员之间的知识共享是团队创造力和学习的重要因素。知识共享提高了团队的创意产生和吸收能力，从而激发了团队的创造力。知识共享有一些超越常规工作的影响，例如，它对团队氛围有积极的贡献。作为一项互动密集的活动，它能加强社交，建立信任，鼓励互惠，并有助于实现和欣赏多样性。

4. 组织层面的知识共享影响

在知识共享的影响方面，组织层面的知识影响是研究最多的主题。在组织层面，员工之间的知识共享影响组织绩效、学习和业务流程效率。很少有人研究高层管理人员的知识共享对组织绩效的影响，大多数的知识共享研究都是在中低层管理的背景下进行的。

知识共享在实证研究中的主要影响如表 8-6 所示。

表 8-6　知识共享在实证研究中的主要影响

<table>
<tr><th>影响层面</th><th>影响类型</th><th>主要影响</th><th>影响性质</th><th>实证研究（举例）</th></tr>
<tr><td rowspan="9">个体</td><td rowspan="2">绩效</td><td>任务完成效率</td><td>正向</td><td>Masa’deh，Obeidat 和 Tarhini（2016）</td></tr>
<tr><td>解决问题的效率</td><td>正向</td><td>Kang，Kim 和 Chang（2008）</td></tr>
<tr><td rowspan="4">学习和创造</td><td>创新的工作行为</td><td>正向</td><td>Radaelli 等（2014）</td></tr>
<tr><td>创造性、流畅性和原创性</td><td>正向</td><td>Carmeli，Gelbard 和 Palmon（2013）</td></tr>
<tr><td>知识创造</td><td>正向</td><td>Park，Song 和 Lim（2014）</td></tr>
<tr><td>实现的吸收能力</td><td>正向</td><td>Kang 和 Lee（2017）</td></tr>
<tr><td rowspan="3">心理效应</td><td>工作满意度</td><td>正向</td><td>Zhu（2016）</td></tr>
<tr><td>生活满意度</td><td>正向</td><td>Jian 和 Hu（2016）</td></tr>
<tr><td>离职意愿</td><td>负向</td><td>Reychav 和 Weisberg（2009）</td></tr>
</table>

续表

影响层面	影响类型	主要影响	影响性质	实证研究（举例）
团队	绩效	工作效率	正向	Liu 等（2011）
		销售业绩	正向	Song 等（2015）
		问题解决	正向	Cummings（2004）
	创造性	创造性解决方案和新想法	正向	Cheung 等（2016）
		吸收能力	正向	Lee，Lee 和 Park（2014）
	氛围	信任	正向	Alsharo，Gregg 和 Ramirez（2017）
		社会化	正向	Radaelli 等（2014）
		态度多样性	正向	Lauring 和 Selmer（2011）
组织	绩效	财务业绩（收入、投资回报）	正向	Collins 和 Smith（2006）；Wang 等（2012）
		新产品的绩效	正向	McCurtain 等（2010）
	创新	构思能力	正向	Saenz 等（2012）
		组织吸收能力	正向	Kumar 和 Rose（2012）；Liao 等（2007）
		创业导向和企业创业精神	正向	De Clercq 等（2015）；Mustafa 等（2016）
	业务流程效率	业务流程的战略一致性	正向	Pai（2006）；Kearns 和 Lederer（2003）
		项目管理能力	正向	Li，Shiue 和 Chen（2016）
		流程改进（错误预防、标准化和文档化）	正向	Law 和 Ngai（2008）
		组织有效性	正向	Noor 等（2015）

资料来源：Ahmad 和 Karim（2019）

第三节 未来展望

知识管理未来的趋势是设计一个“综合的”“整体的”知识管理系统，它将处理所有知识管理过程，并将使用编纂和个性化的混合。关于知识认识论的辩论显示了知识管理的多面性，虽然一些学者仍然将知识视为一种无形的存在而关注哲学方面的问题。越来越多的研究视角正在出现，采取更多的思想、理论和方法，并关注管理实践焦点，试图开发一些知识管理工具，以便现实的商业应用。在这些视角、理论和思想中，知识价值链具有鲜明的特色，在一定程度上可以涵盖知识管理的全过程。因此，本书基于理论者和实践者的研究，构建了一个知识价值链，并对未来发展提出研究方向。

一、知识价值链框架

（一）知识价值链的理论基础

知识价值链概念植根于价值链思想。价值链（Value Chain）最初由迈克尔·波特（Michael Porter，1985）于 1985 提出，主要强调垂直一体化公司单个企业的竞争优势，如图 8-2 所示。随着国际外包业务的开展，波特于 1998 年进一步提出了价值体系（Value System）的概念，将研究视角扩展到不同的公司之间，这与后来出现的全球价值链（Global Value Chain）概念有一定的共通之处。之后，寇伽特（Kogut）也提出了价值链的概念，他的观点比波特更能反映价值链的垂直分离和全球空间再配置之间的关系。2001 年，格里芬在分析全球范围内国际分工与产业联系问题时，提出了全球价值链概念。全球价值链概念提供了一种基于网络、用来分析国际性生产的地理和组织特征的分析方法，揭示了全球产业的动态性特征。价值链应用广泛，逐渐被知识管理所青睐，形成了众多的知识价值链。

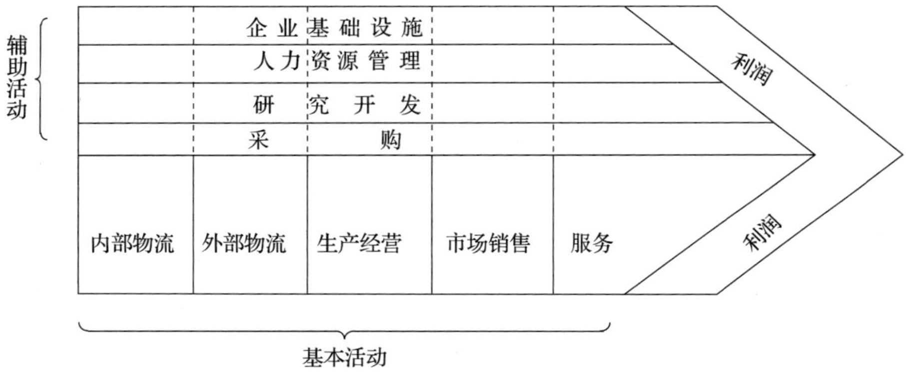

图 8-2　波特价值链

资料来源：Porter（1985）

（二）知识价值链的构建

虽然知识可以被描述为头脑中的信念、过程或对象，但大多数研究者将知识管理视为一个过程。这根植于将组织视为知识系统和将知识视为竞争性资源的观点。由于组织的存在意味着与组成组织的个体之间的社会互动，因此知识管理也包括一个互动过程的知识价值链，将个体知识连接起来创造社会知识。

对知识价值链的分析揭示了未来开发更有效知识管理工具应遵循的九个主要研究方向，它们已经在“人员”（例如，如何发挥员工的知识资本）、“技术”（例如，如何支持组织的知识管理系统）、“文化”（例如，如何照顾良好的工作场所)、“知识识别”(例如，如何支持知识的本体论)、“知识定位”（例如，如何及时找到高质量的知识)、“知识吸收”（例如，如何适应获得的知识)、“知识创造”(例如，显性知识和隐性知识之间的转换方式是什么)、“知识评估”(例如，如何衡量知识管理工作的绩效）和“知识共享”（例如，如何在员工、团队、组织、组织之间共享知识)。结合波特价值链和知识管理关注的关键主题，本书构建的知识价值链（Knowledge Value Chain，KVC)，如图 8-3 所示。

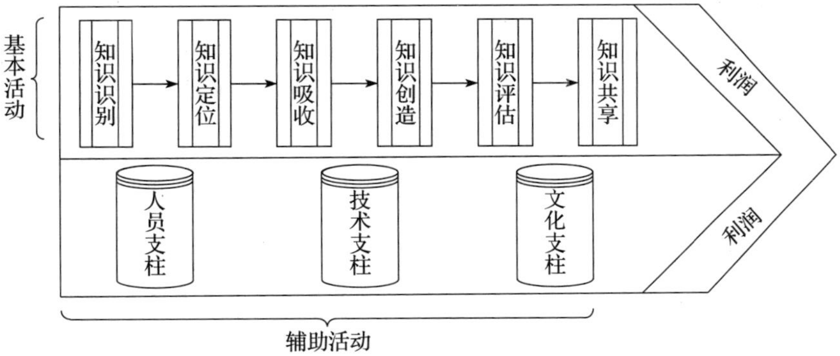

图 8-3 知识价值链

从概念和管理的角度来看，“知识识别”“知识定位”“知识吸收”“知识创造”“知识评估”“知识共享”等活动可以被描述为知识管理节点循环研究问题的来源，推动供应链朝着正确的方向发展，以获得竞争优势，这是知识管理的基本活动。“人员支柱”“技术支柱”“文化支柱”是所有知识管理研究中最基本的问题，它们构成了价值链中的辅助活动。因此，本书所构建的知识管理知识价值链模型旨在整合当前知识管理学术辩论的不同流派，并试图作为一个整体的理论框架，以指导未来的研究和管理思维。

本书主要研究方向及相关的研究问题如表 8-7 所示。

表 8-7 主要研究方向及相关的研究问题

	研究方向	相关的研究问题
六大基础活动	知识识别	个人如何决定需要什么知识以及在哪里找到知识 如何有效地对知识进行编撰，又有多少细节 如何识别组织内的核心知识
	知识定位	如何重新应用个人的远程知识 如何区分有价值和无价值的知识 如何制订系统的例行程序来获取知识 在编码和存储中需要考虑多少情境 如何减少知识超载 如何通过在任何需要的地方放置最适当的知识，使智能行为最大化
	知识吸收	需要什么样的工具来支持显性和隐性知识的修改 如何保存修改记录 语境在理解知识中的作用是什么 如何衡量个人对知识的信任
	知识创造	显性知识和隐性知识相互之间的转换方式是什么 在什么组织层次上进行
	知识评估	如何衡量创造的知识数量与获取和使用的知识数量的比例 最高管理层在提高知识质量方面的作用 哪种知识管理过程对竞争优势贡献最大 如何衡量已实施的知识管理过程的绩效结果
	知识共享	什么激励方式促使员工共享 如何进行知识转移
三大辅助活动	人员支柱	什么是知识工人 如何激励知识工人
	技术支柱	有哪些知识管理技术和工具 如何用最有效的方法和技术处理知识，使任务绩效最大化
	文化支柱	如何分配知识管理带来的盈余 什么样的组织结构适合知识管理 如何处理知识的流量和流失 怎样的激励机制才能减少知识产权的冲突 如何衡量知识的价值 哪种类型的工作场所最适合知识创造

二、知识价值链的六大基本活动

（一）知识识别（Knowledge Awareness）

野中郁次郎等人[216]的 ART 系统（行动－反思－触发，Action-Reflection-Trigger）认为，知识的建立应以识别其他个体的知识需求为第一阶段。知识管理应用的个体层面涉及触发认知加工的因素。胡贝尔（Huber，1991）[17]也指出组织记忆的主要问题之一是，想要寻找信息的成员往往没有意识到其他成员处理的信息的存在。由此引发的问题是如何制订组织和技术战略，以产生对需要和已知知识的认识。

在所有的个人之间分享所有的知识将是低效的，甚至是不可能的。即使准确的知识需要传递给接收者，对于接收者正确解释仍然有许多潜在的障碍。认知心理学家得出结论，在不同的信息处理负荷下，人类处理的信息量实际上遵循倒 U 形曲线（Taylor，1984）[217]。正如许多决策研究中指出的，决策者经常面临交易，当有时间压力时，决策者倾向于接受更容易获得的低质量信息。

（二）知识定位（Knowledge Location）

Co-location 的意思是共享地点。共享工作场所意味着面对面的接触和对行动的频繁反应的可能性很高。在一个协同工作的环境中，人们彼此见面相对容易，而且经常是有目的的，并且喜欢面对面的交流。在这种互动的交流过程中，个体可以相对容易地理解彼此的行动和背景。通过共同的语境，共同定位意味着共同的语言（口头和非口头），并达到高水平的理解。

组织中知识管理的目标之一是提供对知识的快速访问。由此，对知识定位的一个挑战是，个人很少意识到他们正在寻找的知识的存在。无论共同地点和现代地理分布的组织，以及横向组织，都有类似的问题。其中一个解决方案是建立一个工具来扩展个人网络。通过定位知识领域并跟踪知识对给定问题的效用，可以实现解决问题的方法。

（三）知识吸收（Knowledge Absorption）

知识吸收是组织学习的核心活动，对企业创新、竞争力和生存具有重要意义。知识吸收是识别存在于组织内部或外部的潜在的有用知识，并吸收这些知识将其应用于有用目的的过程。虽然知识吸收通常是经过深思熟虑的，并指向创新或生产活动，但它也可以包括导致非正式或间接吸收知识的广泛行动。知识吸收可以发生在不同的层次（如个人、团体、组织），并由一系列机制（如联合研究、社会关系、流动、联盟和收购）促进。

虽然许多研究强调了组织机制在促进知识吸收中的重要性，但也有一些研究强调了个体机制在知识吸收中的重要作用。研究的一个主要领域是关于工程师、科学家和其他专家在跨组织转移知识方面的流动性作用。几项研究表明，招聘和员工流动可以成为跨组织获得知识的成功机制，特别是在高科技行业。

总之，知识吸收对许多组织来说是一项至关重要的活动。然而，由于组织的性质和知识的特点，有效获取知识的能力存在挑战。组织应该关注组织和个人层面的机制的发展，在国内和国际满足对知识的需求，并促进以知识为基础的经济成功。

（四）知识创造（Knowledge Creation）

现有的知识创造研究大多集中在知识的来源和状态上。现在需要进行超越源头和状态的研究，以考虑促进知识创造的条件。描述性研究已经确定文化是创造和分享知识的主要催化剂，或者说是主要障碍。知识友好型的组织文化被认为是组织知识管理计划成功的最重要条件之一。

一些人认为，社区中的紧密联系限制了知识创造，因为在紧密联系的网络中，个人不太可能遇到新的想法，因为他们往往拥有相似的信息。这种观点认为，需要通过弱联系让个人接触新思想，从而引发新的知识创造。在设计方面，鼓励知识的创造、存储 / 检索和转移可以做很多事情。不同组织子单元之间的远距离、非正式、自发的接触可能是知识创造的重要机制。另一种观点认为，实践社团中的紧密联系更好地服务于知识创造，因为共享一种共同的语言，将能更轻松地公开讨论思想和挑战他人的思想。此外，这样的社区发展了一种共享的理解或集体知识基础，知识由此产生。

（五）知识评估（Knowledge Evaluation）

目前大多数公司进行知识管理是为了促进更好的决策、增加利润和降低成本。人们普遍认为，知识管理给企业带来了竞争优势，其中最重要的管理问题之一是哪个过程对竞争优势贡献最大，例如，知识的安全或快速的知识创造。还有一个关注点是如何度量组织中实现的知识管理过程的绩效结果。这些关注是关于知识管理工作如何与组织战略相一致并支持组织战略的程度。

（六）知识共享（Knowledge Sharing）

知识共享是一个复杂的过程，不仅包括简单的知识交流。个人、团队和组织的特征可以塑造知识共享过程的承诺、条件和环境，并因此影响其结果。一些研究探讨了外部因素在知识共享结果中的作用。然而，个人、团队和组织特征的互动潜力仍有待探索。艾哈迈德和卡里姆（Ahmad & Karim，2019）[218]特别强调个人、团队和组织层面特征的重要性。

在未来的研究中，需要对知识共享结果进行多层次分析。知识共享是一种跨边界操作的多层次现象，并嵌套在组织的不同层面中。有可能知识共享可以提高个人绩效，但不能提高团队绩效，反之亦然。此外，在知识共享方面，员工可以采取战术性的方式，因为他们可以专注于交换专业知识和专门知识，这有助于实现他们的个人目标，而不是团队目标。多层次分析有助于探索知识共享价值从一个层次向另一个层次传递和实现的必要条件和机制。

三、知识价值链的三大支柱性活动

（一）人员支柱

知识价值链中的“人员”包括三类角色：知识工人、知识管理人员和领导。

1. 知识工人

知识工人不再是一个未来社会的概念。传统的职业道路已经消失，雇主们越来越多地寻找灵活的劳动力，这些人能够在不同的时间扮演不同的角色，并能够学习新的技能和流程。“终身学习”和“学习型组织”也是反映政府和组织关注的常用短语。

以往假定人是经济人、原子和个人的代理人，他们独自做出理性的决定，当新情况出现时，他们会根据自己的信念、价值观和目的进行情境判断并采取行动。事实上，人类不是简单地通过分析现状来做出行为决定从而最大化自己的幸福。人类也应用直觉判断，基于经验积累的隐性知识。动态能力的感知阶段可以通过使用机器和数字技术工具来丰富。人的维度是动态能力有效培养和运行的核心，人是创新的根本源泉。不局限于动态能力的范围，任何有效的管理实践和学术研究都需要追求“中观”基础，以综合主观与客观、个人与组织，最重要的是艺术与科学。

2. 知识管理人员

创新和知识创造是组织中每个人的责任，这是野中郁次郎反复强调的观点。他尖锐地批评了美国的重组策略，比如在 20 世纪 80 年代和 90 年代非常流行的减债策略，即采纳汤姆·彼得斯的建议，去掉中层管理的“枯木”，使组织更具创造力和灵活性。对于野中郁次郎来说，这无异于剥开组织的心脏：中层管理者不仅在创造知识方面发挥着至关重要的作用，而且在将组织凝聚在一起并通过各个单位和团队传播知识方面也发挥着重要作用。野中郁次郎指出，要创造知识，最好的管理风格既不是自上而下的，也不是自下而上的，而是“中层－上层－下层”，中层管理者在高层管理的理想和下层混乱的现实之间架起了一座沟通、协调的桥梁。

3. 领导

在一般企业中，看门人——好奇的高级管理人员、管理科学家和其他先进方法的推动者，可能普遍意识到知识管理方法和机会。在未来十年内，大多数企业将探索知识管理并实施知识管理方法。我们不应期望这些组织在至少十年之后才能全面实施知识管理实践。然而，我们确实期望他们最终会采用不同程度的知识管理实践来保持竞争力。

（二）技术支柱

无论企业将自己视为一个学习型组织、一个利用其知识资产的组织、一个以知识为基础的企业、一个创新和创造性的公司，还是仅仅是一个利用信息和通信技术的发展发挥最佳作用的组织，信息和知识都是支撑其成功的基础。同样，教育的发展——计算机辅助学习、获取电子资源、虚拟校园、远程学习，都以信息作为一种基本资源。电子购物、智能卡、病人信息服务，所有这些都是基于信息的使用。回顾讨论 IT 在组织知识管理活动中的应用的文献，揭示了三种常见的应用：编码和共享最佳实践、创建企业知识目录、创建知识网络。

技术使用的爆炸式增长也带来了担忧。盲目使用 IT 技术——计算显性知识的工具，会阻碍人类感知自己何时开始主导与同事、客户和竞争对手的互动，以及决策过程的能力。

我们可以预期知识管理技术在未来一段时间内通常将以“技术推动”的方式提供，可以期待用户组织以“需求拉动”的方式寻求知识管理产品和服务。

（三）文化支柱

在许多组织中，可能需要重大的文化转变来改变员工的态度和行为，以便他们愿意并始终如一地分享他们的知识和见解。如果是，文化变革必须在知识管理计划成功实施之前发生吗？或者知识管理计划能促进文化变革吗？什么样的文化能促进知识创造？研究可以检查不同的组织文化和知识创造之间的关系。组织设计，特别是实践社团和共享知识创造空间的建立，也被认为是知识创造的重要催化剂。例如，在 3M 公司，员工可以留出 15% 的工作时间来从事个人研究。随着对知识数据库的开放访问的整合，生产、营销、分销和产品设计之间的协调得到了改进（Graham & Pizzo，1998）[219]。凯尼格（Koenig，1992）[220]在研究制药行业研发生产率与信息环境关系的基础时还发现，生产率较高公司的信息环境与生产率较低公司的信息环境存在显著差异。生产力越高的公司，其特征是更开放和更容易获得内部和外部的信息，以及不引人注目的管理结构。这一领域的潜在问题是知识的缄默性。

总之，经过三十多年的发展（1986—2021），知识管理已逐渐得到国内外更多学者和企业的接受，取得了一些成绩，并且已经发展成为一门独立的学科。但真正深入知识管理内在时，会发现某些方面还不成熟，灰色地带仍然存在，尚有很多潜力可以挖掘，需要理论家和实践家不断探讨，迎接更多的机遇和挑战。

本章小结

①云计算、大数据、物联网和人工智能的交叉和融合，以及知识经济、数字世界对当今整体市场的各行各业都至关重要，正在从根本上改变21世纪商业和政治的运作方式。

②可以从方法、变革和员工等三个层面提出知识管理的三个前沿命题。即，方法命题：大数据分析协同知识管理；变革命题：数字化转型重塑知识管理；员工命题：多任务执行者的困境。

③大数据的特点体现在三个主要方面：数量、品种和速度，被称为大数据的三个“V”：Volume、Variety和Velocity。

④数字化转型被描述为数字技术应用到组织各个方面的力量，“与数字技术可能给公司的商业模式、产品或组织结构带来的变化有关的转型”。

⑤多任务处理指一个人可以同时将注意力分散在多个任务或活动上，比如一边开车一边打电话。多任务处理会因为人的情境切换而浪费时间，也会因为注意力不足而容易出错。如果一个人精通两项任务，就有可能在两项任务之间迅速转移注意力，并出色地完成任务。

⑥知识管理国外研究热点集中于研究内容、研究方法、研究对象等方面。从研究内容上看，篇数前三多的主题词是“知识转移”和“知识管理研究”“知识理论”。从研究方法上看，篇数前三多的主题词是“结构方程建模”“案例研究”和“文献评论”。从研究对象上看，篇数前三多的主题

词是“学习”“教育”和“高等教育”。

⑦国内知识管理研究结构包括知识管理主体、知识本体、知识管理流程、知识管理服务客体等层面，研究脉络涉及企业知识管理绩效、企业知识链、企业知识管理流程、企业知识缺口等方向，研究热点逐步向更贴合企业实践，更符合中国现实情境的方向纵深演化。在研究内容上，主要体现为把国外的知识管理理论加以模仿、创新，以适应国内实际状况。

⑧知识管理具体领域的研究热点包括三个层面：国家层面，比较研究与对发展中国家的知识管理研究热点；部门层面，公共部门的组织学习研究热点；知识管理活动层面，知识共享影响的研究热点。

⑨对知识价值链的分析揭示了未来开发更有效知识管理工具应遵循的九个主要研究方向，包括“人员”“技术”“文化”“知识识别”“知识定位”“知识吸收”“知识创造”“知识评估”和“知识共享”。

参考文献

［1］Michael Polanyi. The Tacit Dimension［M］. New York：Doubleday，1966.

［2］Fuat Oğuz，Ayşe Elif Şengün. Mystery of the Unknown：Revisiting Tacit Knowledge in the Organizational Literature［J］. Journal of Knowledge Management，2011，15（3）：445-461.

［3］柏拉图. 柏拉图全集［M］. 王晓朝，译. 北京：人民出版社，2018.

［4］柏拉图. 理想国［M］. 顾寿观，译. 长沙：岳麓书社，2010.

［5］Barnes Jonathan. Aristotle［M］. Oxford: Oxford University Press，1982.

［6］笛卡尔. 第一哲学沉思集［M］. 庞景仁，译. 北京：商务印书馆，1986.

［7］Locke J. An Essay Concerning Human Understanding［M］. 北京：中国人民大学出版社，2004.

［8］Russell B. A History of Western Philosophy［M］. London：Unwin Hynan，1961.

［9］阿肖克·贾夏帕拉. 知识管理：一种集成方法［M］. 2版. 安小米，等译. 北京：中国人民大学出版社，2013.

［10］黑格尔. 哲学史讲演录：近代哲学（第四卷）［M］. 贺麟，等译. 上海：商务印书馆，2013.

［11］盖梯尔，张晓玲. 有理由的真信念就是知识吗?［J］. 哲学译丛，1998（4）：77-78.

［12］Petra Schubert，David-michael Lincke，Beat Schmid. A Global Knowledge Medium as a Virtual Community：The NetAcademy Concept［EB/OL］. 1998 The Fourth Americas Conference on Information Systems，2016.

［13］Bohn Roger E. Measuring and Managing Technological Knowledge［J］. IEEE Engineering Management Review，1997，25（4）：77-88.

［14］Abrahamson Eric，Eisenman M. Why Management Scholars Must Intervene

Strategically in the Management Knowledge Market [J]. Human Relations, 2001 (54): 67-75.

[15] Dretske Fred. Knowledge and the Flow of Information [M]. Stanford : CLSI Publications, 1981.

[16] Rolf Blumentritt, Ron Johnston. Towards a Strategy for Knowledge Management [J]. Technology Analysis & Strategic Management, 1999, 11 (3): 287-300.

[17] Huber George P. Organizational Learning : The Contributing Processes and the Literatures [J]. Organization Science, 1991, 2 (1): 88-115.

[18] Watson Richard T. Data Management : Databases and Organizations [M]. 2nd ed. New York: John Wiley & Sons, 1999.

[19] Davenport Thomas H, Prusak Laurence. Working Knowledge: How Organizations Manage What They Know [M]. New York: Harvard Business Press, 2000.

[20] Zack Michael H. Managing Codified Knowledge [J]. Sloan Management Review, 1999, 40 (4): 45-58.

[21] Kock Ned, McQueen Robert. Knowledge and Information Communication in Organizations: an Analysis of Core, Support and Improvement Processes [J]. Knowledge and Process Management, 1998, 5 (1): 29-40.

[22] Arthur Anderson Business Consultant. The Knowledge Management Assessment Tool : External Benchmarking Version [M]. Houston : The American Productivity and Quality Center, 1999.

[23] Tuomi Nokia. Data is More than Knowledge : Implications of the Reversed Knowledge Hierarchy for Knowledge Management and Organizational Memory [EB/OL]. The 32nd Annual Hawaii International Conference on Systems Sciences, 1999.

[24] Ikujiro Nonaka, Hirotaka Takeuchi. The Knowledge-Creating Company : How Japanese Companies Create the Dynamics of Innovation [J]. Journal of International Business Studies, 1996, 29 (4): 5651-5661.

[25] 王英. 钱学森科学分类与科技体系思想述评 [J]. 淮阴师范学院学报（哲学社会科学版），2000，22（2）：6-11.

[26] 洛林・安德森. 学习、教学和评估的分类学：布卢姆教育目标分类 [M]. 皮连生，译. 上海：华东师范大学出版社，2007.

[27] 让·皮亚杰. 智力心理学[M]. 严和来，译. 上海：商务印书馆，2015.

[28] 温迪·布克威茨，鲁思·威廉斯. 知识管理[M]. 杨南该，译. 北京：中国人民大学出版社，2005.

[29] Quintas Paul，Lefrere Paul，Geoff Jones. Knowledge Management：A Strategic Agenda [J]. Long Range Planning，1997，30（3）：385-391.

[30] 卡拉·欧戴尔，辛迪·休伯特. 知识管理如何改变商业模式[M]. 胡瀚涛，郭玉锦，译. 北京：机械工业出版社，2016.

[31] 范松璐. 我不喜欢“知识管理”的说法——彼得·圣吉访谈[J]. 中欧商业评论，2011（2）：30-33.

[32] 李振文. 管理心理学[M]. 武汉：华中理工大学出版社，2002.

[33] 卡尔·马克思，弗里德里希·恩格斯. 马克思恩格斯全集（第45卷）[M]. 中共中央马克思恩格斯列宁斯大林著作编译局，译. 北京：人民出版社，2003.

[34] 钱存训. 中国书籍、纸墨及印刷史论文集[M]. 香港：香港中文大学出版社，1992.

[35] 陈翔华. 中国书籍及有关印刷史研究的重要收获——钱存训教授《中国书籍、纸墨及印刷史论文集》读后[J]. 中国图书馆学报，1993（2）：34-37+94.

[36] Lerner F. The Story of Libraries：From the Invention of Writing to the Computer Age [J]. Journal of Documentation，2002，18（4）：578-590.

[37] 王振今. 老子全解与中华精神建设[M]. 哈尔滨：黑龙江人民出版社，1997.

[38] OECD. The Knowledge-based Economy [C]. Paris：OECD，1996（4）：24-26.

[39] Morten T Hansen，Nitin Nohria，Thomas Tierney. What's Your Strategy for Managing Knowledge [J]. Harvard Business Review，1999，77（2）：106-116+187.

[40] World Bank. World Development Report：Knowledge for Development [M]. New York：Oxford Press，1998.

[41] Wiig Karl M. Knowledge Management：Where did It Come From and Where Will It Go? [J]. Expert Systems with Applications，1997，13（1）：1-14.

[42] Taylor F W. The Principles of Scientific Management [J]. History of Economic Thought Books，1911（1）.

[43] Wilson Tom D. The Nonsense of Knowledge Management [J]. Information Research，2002，8（1）：144.

[44] Prusak Laurence. Where did Knowledge Management Come From? [J]. Knowledge

Directions，1999，1（1）：90-96.
[45] Wendi Bukowitz，Ruth Williams. Knowledge Management Fieldbook [M]. New York：Pearson Education Limited，1999.
[46] Foy Shaun P. Knowledge Management in Industry [C]. Jay Liebowit. Knowledge Management Handbook [M]. New York：CRC Press，1999.
[47] Ponzi L J，Koenig Michael E. Knowledge Management：Another Management Fad? [J]. Information Research an International Electronic Journal，2002，8（1）：145.
[48] Hazlett Shirley Ann，Rodney Mcadam，Séamus Gallagher. Theory Building in Knowledge Management：In Search of Paradigms [J]. Journal of Management Inquiry，2005，14（1）：31-42.
[49] 德鲁克，等. 知识管理:《哈佛商业评论》精粹译丛 [M]. 杨开峰，译. 北京：中国人民大学出版社，2004.
[50] Peters Thomas J，Robert Waterman H Jr. In Search of Excellence：Lessons From America's Best-run Companies [M]. New York：Harpercollins，2004.
[51] 汤姆·彼得斯，罗伯特·沃特曼. 追求卓越——美国企业成功的秘诀 [M]. 胡玮珊，译. 北京：中信出版社，2012.
[52] Davis M. Semantic Wave 2008：Industry Roadmap to Web 3.0 [EB/OL]. http://project10x.com，2008.
[53] 德康. 为什么新老干部都必须学习马克思主义理论？干部学习马克思主义理论和学习专业知识、管理知识是什么关系？[J]. 上海党校学报，1985（9）：11-13.
[54] 文建新. 建立个人“工作数据库”[J]. 中氮肥，1986（3）：91.
[55] Charles Kellogg，李北星. 从数据管理到知识管理 [J]. 计算机科学，1987（5）：61-69.
[56] OECD. 以知识为基础的经济 [M]. 杨宏进，薛澜，译. 北京：机械工业出版社，1997.
[57] 国务院关于印发《中国制造 2025》的通知 [Z]. 2015-5-8.
[58] 国务院关于积极推进“互联网 +”行动的指导意见 [Z]. 2015-7-4.
[59] 国务院关于印发新一代人工智能发展规划的通知 [Z]. 2017-7-8.
[60] Michael Earl. Knowledge Management Strategies：Toward a Taxonomy [J]. Journal of Management Information Systems，2001，18（1）：215-233.

[61] Minsoo Shin, Tony Holden, Ruth A Schmidt. From Knowledge Theory to Management Practice: Towards an Integrated Approach [J]. Information Processing and Management, 2001, 37 (2): 335-355.
[62] 左美云. 国内外企业知识管理研究综述 [J]. 科学决策, 2000 (3): 31-37.
[63] 奉继承, 赵涛. 知识管理的系统分析与框架模型研究 [J]. 研究与发展管理, 2005 (6): 50-55.
[64] 陈建东. 知识管理理论流派初探 [J]. 中国科技论坛, 2007 (2): 94-97+100.
[65] 廖开际. 知识管理原理与应用 [M]. 北京: 清华大学出版社, 2010.
[66] Duffy Jan. The Tools and Technologies Needed for Knowledge Management [J]. Information Management Journal, 2001, 35 (1): 64-67.
[67] Gao F, Li M, Nakamori Y. Systems Thinking on Knowledge and Its Management: Systems Methodology for Knowledge Management [J]. Journal of Knowledge Management, 2002, 6 (1): 7-17.
[68] Earl, M J. Knowledge as Strategy: Reflections on Skandia International and Shorko Films [C]. Ciborra C, Jelassi T. Strategic Information Systems: A European Perspective [M]. New York: John Wiley & Sons, 1994.
[69] Wiig Karl. Expert Systems Interview [J]. Expert Systems, 1986, 3 (2): 114-116.
[70] 陈琴, 蒋合领. 我国知识管理研究学派、知识基础及热点的可视化分析 [J]. 情报杂志, 2016, 35 (2): 88-92+174.
[71] 魏奇锋, 徐霞, 杨力. 中外文知识管理研究可视化对比分析: 现状、热点与演化趋势 [J]. 科技管理研究, 2021, 41 (7): 132-139.
[72] 于良芝. 图书馆情报学概论 [M]. 北京: 国家图书馆出版社, 2016.
[73] Ludwig von Bertalanffy. General System Theory: Foundations, Development and Applications [M]. New York: George Braziller, 1968.
[74] 马克斯·博伊索特. 知识资产: 在信息经济中赢得竞争优势 [M]. 张群群, 陈北, 译. 上海: 上海人民出版社, 2005.
[75] Wenger E. Communities of Practice: Learning, Meaning and Identity [M]. Cambridge: Cambridge University Press, 1998.
[76] 埃蒂纳·温格, 理查德·麦克德马, 威廉姆·施奈德. 实践社团: 学习型组织知识管理指南 [M]. 边靖, 译. 北京: 机械工业出版社, 2003.
[77] Rheingold H. The Virtual Community: Homesteading on the Electronic Frontier [M].

Mass：Addison-Wesley，1993.

[78] Wulf W A. The Collaboratory Opportunity [J]. Science，1993（261）：854-855.

[79] National Research Council. National Collaboratories：Applying Information Technology for Scientific Research [M]. Washington：National Academy Press，1993.

[80] Mayo Elton. The Human Problems of an Industrial Civilization [M]. New York：Routledge，2003.

[81] Alfred R Radcliffe-Brown. On Social Structure [J]. Journal of the Royal Anthropological Institute of Great Britain and Ireland，1940，70（2）：188-204.

[82] Simmel George. Conflict and the Web of Group Affiliations [M]. New York：Free Press，1955.

[83] Barnes John A. Class and Committees in a Norwegian Island Parish [J]. Human Relations，1954（17）：39-58.

[84] Granovetter Mark S. The Strength of Weak Ties [J]. American Journal of Sociology，1973，78（6）：1360-1380.

[85] Granovetter Mark S. Economic Action and Social Structure：The Problem of Embeddedness [J]. American Journal of Sociology，1985，91（3）：481-510.

[86] Polanyi Karl C，Pearson Arensberg H. Trade and Market in the Early Empires [M]. New York：Free Press，1957.

[87] Burt Ronald S. Structure Holes：The Social Structure of Competition [M]. Cambridge：Cambridge University Press，1992.

[88] Bourdieu Pierre. The Forms of Capital [C]. Richardson J G. Handbook of Theory and Research for Sociology of Education [M]. New York：Greenwood Press，1986.

[89] 皮埃尔·布尔迪厄，华康德. 实践与反思：反思社会学导论 [M]. 李猛，译. 北京：中央文献出版社，1998.

[90] 詹姆斯·科尔曼. 社会理论的基础 [M]. 邓方，译. 北京：社会科学文献出版社，1999.

[91] Putnam Robert D. The Prosperous Community：Social Capital [J]. The American Prospect，1992，13（4）：65-78.

[92] 林南. 社会资本：关于社会结构与行动的理论 [M]. 张磊，译. 上海：上海人

民出版社，2005.
[93] Alejandro Portes. Social Capital：Its Origins and Applications in Modern Sociology [J]. Annual Review sociology，1998，24（1）：1-24.
[94] 托马斯·布朗，木子西. 社会资本理论综述 [J]. 马克思主义理论与现实，2000（2）：41-46.
[95] 法兰西斯·福山. 信任——社会道德与繁荣的创造 [M]. 李婉容，译. 呼和浩特：远方出版社，1998.
[96] Carla O'Dell，C Jackson Grayson Jr. If Only We Knew What We Know：The Transfer of Internal Knowledge and Best Practice [M]. New York：The Free Press，1998.
[97] Nancy Dixon. Common Knowledge：How Companies Thrive by Sharing What They Know [M]. New York：Harvard Business School Press，2000.
[98] Probst G，Raub S，Wissen Kai R. Management [M]. GmbH Norderstedt：Gabler Verlag，2003.
[99] McElroy Mark W. Integrating Complexity Theory，Knowledge Management and Organizational Learning [J]. Journal of Knowledge Management，2000，4（3）：195-203.
[100] Maryam Alavi，Leidner Dorothy E. Review：Knowledge Management and Knowledge Management Systems：Conceptual Foundations and Research Issues [J]. MIS Quarterly，2001，25（1）：107-136.
[101] Gannon A. Knowledge Management at Hewlett Packard [J]. Knowledge Management，1998，3（1）：14-17.
[102] Wernerfelt Birger. A Resource-based View of the Firm [J]. Strategic Management Journal，1984（2）：171-80.
[103] Rumelt R P. Toward a Strategic Theory of the Firm [C]. Lamb R. Competitive Strategic Management [M]. Englewood Cliffs：Prentice Hall，1984.
[104] Barney J. Firm Resources and Sustained Competitive Advantage [J]. Journal of Management，1991（17）：99-120.
[105] Amit R，Schoemaker P J H. Strategic Assets and Organizational Rent [J]. Strategic Management Journal，1993（14）：33-46.
[106] Peteraf M A. The Cornerstones of Competitive Advantage：A Resource-based

View [J]. Strategic Management Journal, 1993 (14): 179-191.

[107] Teece David J, Pisano Gary P, Amy Shuen. Dynamic Capabilities and Strategic Management [J]. Strategic Management Journal, 1997, 18 (7): 509-533.

[108] Amy Shuen. Web 2.0: A Strategy Guide: Business Thinking and Strategies Behind Successful Web 2.0 Implementations [M]. New York: O'Reilly Media, 2008.

[109] Wheeler Bradley C. NEBIC: A Dynamic Capabilities Theory for Assessing Net-enablement [J]. Information Systems Research, 2002, 13 (2): 125-146.

[110] Teece David J. A Dynamic Capabilities-based Entrepreneurial Theory of the Multinational Enterprise [J]. Journal of International Business Studies, 2014, 45 (1): 8-37.

[111] Harry Scarbrough H. BPR and the Knowledge-based View of the Firm [J]. Knowledge and Process Management, 1998, 5 (3): 192-200.

[112] Hammer M, Champy J. Reengineering the Corporation: A Manifesto for Business Revolution [M]. 2nd ed. London: Nicholas Brealey, 2001.

[113] Grint K. Reengineering History: Social Resonances and Business Process Reengineering [J]. Organization, 1994 (1): 179-201.

[114] Meyer Marc H, Zack Michael H. The Design and Development of Information Products [J]. Sloan Management Review, 1996, 37 (3): 43-59.

[115] Wendi Bukowitz, Ruth Williams. The Knowledge Management Fieldbook [M]. London: Prentice Hall, 2000.

[116] McElroy Mark W. The New Knowledge Management: Complexity, Learning, and Sustainable Innovation [M]. Burlington: KMCI Press, 2003.

[117] 岳高峰，朱虹，张艳琦，等. 知识管理良好实践指南——GB/T 23703 知识管理国家标准解读 [M]. 北京：电子工业出版社，2014.

[118] 安小米，等. 知识管理方法与技术 [M]. 南京：南京大学出版社，2012.

[119] 吴庆海，夏敬华. 知识化生存：知识管理方法论 [M]. 北京：世界图书出版公司，2005.

[120] Maier David J, Moseley James L. The Knowledge Management Assessment Tool (KMAT) [M]. London: Arthur Andersen KMAT Study, 1996.

[121] 孙立新. 员工知识资本的模式构建研究 [J]. 现代管理科学，2013，1 (4)：118-120.

［122］ 孙立新. 中国企业员工知识资本理论与管理研究［M］. 北京：中国社会科学出版社，2020.
［123］ 弗洛伊德，布洛伊尔. 歇斯底里症研究［M］. 金星明，译. 台北：米娜贝尔出版社，2000.
［124］ Satir V，Banmen J，Gerber J，et al. The Satir Model：Family Therapy and Beyond［M］. Palo Alto CA：Science and Behavior Books，1991.
［125］ Bontis Nick. Mining the Nation's Intellectual Capital：Knowledge Management in Government［M］. Toronto：University of Toronto Press，2007.
［126］ Bontis Nick. Intellectual Capital：An Exploratory Study that Develops Measures and Models［J］. Management Decision，1998，36（2）：63-76.
［127］ Sveiby Karl Erik. The New Organizational Wealth：Managing and Measuring Knowledge-based Assets［M］. San Francisco：Berrett-Koehler Publishers，1997.
［128］ Sveiby Karl Erik. Intellectual Capital：Thinking Ahead［J］. Australian CPA，1998，68（5）：18-21.
［129］ 卡尔·斯威比. 知识探戈：管理与测量知识资本的艺术［M］. 王鄂生，译. 北京：海洋出版社，2007.
［130］ Ante Public. VAIC ™ -An Accounting Tool for IC Management［J］. International Journal of Technology Management，2000，5（20）：702-714.
［131］ Edvinsson L. Developing Intellectual Capital at Skandia［J］. Long Range Planning，1997，30（3）：320-373.
［132］ Annie Brooking. Intellectual Capital：Core Asset for the Third Millennium Enterprise［J］. Long Range Planning，1996，30（3）：464-465.
［133］ Handy Charles. The Age of Unreason：New Thinking for a New World［M］. New York：Random House Business，2002.
［134］ Jashapara A. The Competitive Learning Organization：A Quest for the Holy Grail［J］. Management Decision，1993，31（8）：52-62.
［135］ Fiol M，Lyles M. Organizational Learning［J］. Academy of Management Review，1985，10（4）：803-813.
［136］ Levitt Barbara，March James G. Organizational Learning［J］. American Review of Sociology，1988（14）：319-340.
［137］ Argyris Chris. Double Loop Learning in Organizations［J］. New York：Harvard

Business Review, 1977（9-10）: 115-124.

[138] Stata Ray. Organizational Learning : The Key to Management Innovation [J]. Sloan Management Review, 1989（30）: 63-74.

[139] Easterby-Smith M, Burgoyne J, Araujo L. Organizational Learning and the Learning Organization : Developments in Theory and in Practice [M]. London : Sage, 1999.

[140] Tsoukas H, Vladimirou E. What is Organizational Knowledge? [J]. Journal of Management Studies, 2001（38）: 973-993.

[141] Lyndsay Rashman, Erin Withers, Jean Hartley. Organizational Learning and Knowledge in Public Service Organizations: A Systematic Review of the Literature [J]. International Journal of Management Reviews, 2010, 11（4）: 463-494.

[142] Ken Robinson, Lou Aronica. The Element : How Finding Your Passion Changes Everything [M]. London: Penguin, 2009.

[143] Chiva R, Alegre J. Organizational Learning and Organizational Knowledge-towards the Integration of Two Approaches [J]. Management Learning, 2005（36）: 49-68.

[144] Garvin David A. Building a Learning Organization [J]. Harvard Business Review, 1993（4）: 78-91.

[145] 彼得·圣吉. 第五项修炼：学习型组织的艺术与实践 [M]. 张成林，译. 北京：中信出版社，2009.

[146] 蔡元培. 杜威博士生日演说词 [C]. 叶圣陶. 文章例话 [M]. 北京：三联书店，1983.

[147] Dewey J. Democracy and Education : An Introduction to the Philosophy of Education [M]. London: Collier-Macmillan, 1916.

[148] Michael Polanyi. Personal Knowledge : Towards a Post-critical Philosophy [M]. Chicago: University of Chicago Press, 1958.

[149] Hayek Friedrich A. The Use of Knowledge in Society [J]. American Economic Review, 1945, 35（4）: 519-530.

[150] Argyris Chris, Schön Donald A. Theory in Practice : Increasing Professional Effectiveness [M]. San Francisco: Jossey-Bass, 1974.

[151] Argyris C. Personality and Organization [M]. New York: Harper Collins, 1957.

[152] Chris Argyris. Single-loop and Double-loop Models in Research on Decision Making [J]. Administrative Science Quarterly，1976，21（3）：363-375.
[153] Argyris C，Schön D. Organizational Learning II：Theory，Method and Practice Reading [M]. Mass：Addison Wesley，1996.
[154] Argyris C，Schön D. Organizational Learning：A Theory of Action Perspective Reading [M]. Mass：Addison Wesley，1978.
[155] Argyris C. Reasoning，Learning，and Action：Individual and Organizational [M]. San Francisco：Jossey-Bass，1982.
[156] Argyris C. Behind the Front Page：Organizational Self-renewal in Metropolition Newspapers [M]. San Francisco：Jossey Bass，1974.
[157] Argyris C. Overcoming Organizational Defenses. Facilitating Organizational Learning [M]. Boston：Allyn and Bacon，1990.
[158] Edmondson A，Moingeon B. Learning，Trust and Organizational Change [C]. Easterby-Smith M，Araujo L，Burgoyne J. Organizational Learning and the Learning Organization [M]. London：Sage，1999.
[159] Mark Easterby-Smith，Marjorie A Lyles. Handbook of Organizational Learning and Knowledge Management [M]. Oxford：Blackwell，2003.
[160] 尤尔根·哈贝马斯. 后形而上学思想 [M]. 曹卫东，等译. 南京：译林出版社，2001.
[161] Lave J，Wenger E. Situated Learning：Legitimate Peripheral Participation [J]. Cambridge：Cambridge University Press，1991.
[162] Babak Akhgar，Mohammad Hassazadeh，SimeonYates，et al. Knowledge Management Strategy [J]. Management Decision，2011，38（9）：601-606.
[163] Choi B，Lee H. Knowledge Management Strategy and its Link to Knowledge Creation Process [J]. Expert Systems with Applications，2002，23（3）：173-187.
[164] Ronald Maier，Ulrich Remus. Implementing Process-oriented Knowledge Management Strategies [J]. Journal of Knowledge Management，2003，7（4）：62-74.
[165] Knox Haggie，John Kingston. Choosing Your Knowledge Management Strategy [J]. Journal of Knowledge Management Practice，2004（6）：1-20.
[166] Zack M H. Developing a Knowledge Strategy [J]. California Management Review,

1999，41（3）：125-134.

［167］ Stewart Thomas A. Intellectual Capital：The New Wealth of Organizations［M］. New York：Doubleday / Currency，1997.

［168］ Drucker P F. Post-capitalist Society［M］. Oxford：Butterworth Heinemann，1993.

［169］ Schumpeter Joseph A. The Theory of Economic Development：An Inquiry into Profits，Capital，Credit，Interest，and The business Cycle［M］. New Brunswick：Transaction Publishers，1982.

［170］ Hayek Friedrich. New Studies in Philosophy，Politics，Economics，and the History of Ideas［M］. London：Routledge，1978.

［171］ Nonaka Ikujiro，Krogh Georg Von. Perspective-tacit Knowledge and Knowledge Conversion：Controversy and Advancement in Organizational Knowledge Creation Theory［J］. Organization Science，2009，20（3）：635-652.

［172］ Ries A，Trout J. Positioning：The Battle for Your Mind［J］. New York：McGraw-Hill，1981.

［173］ DiMingo E. The Fine Art of Positioning［J］. Journal of Business Strategy，1988（9）：34-38.

［174］ Kotler P. Marketing Management［M］. 11th ed. Englewood Cliffs：Prentice Hall，2003.

［175］ Fuchs C，Diamantopoulos A. Evaluating the Effectiveness of Brand-positioning Strategies from a Consumer Perspective［J］. European Journal of Marketing，2010（44）：1763-1786.

［176］ Keon J W. Product Positioning：Trinodal Mapping of Brand Images，Ad Images，and Consumer Preference［J］. Journal of Marketing Research，1983（20）：380-392.

［177］ Teece D J. Explicating Dynamic Capabilities：The Nature and Microfoundations of（Sustainable）Enterprise Performance［J］. Strategic Management Journal，2007（28）：1319-1350.

［178］ Teece D J，Pisano G，Shuen A. Firm Capabilities，Resources，and the Concept of Strategy［R］. Berkeley：Center for Research in Management，University of California，1990.

[179] Teece D J，Pisano G. The Dynamic Capabilities of Firms：An Introduction [J]. Industrial and Corporate Change，1994（3）：537-556.

[180] Richardson G B. The Organization of Industry [J]. The Economic Journal，1972（82）：883-896.

[181] Georg Von Krogh，Johan Roos. A Perspective on Knowledge，Competence and Strategy [J]. Personnel Review，1995，24（3）：56-77.

[182] Goodenough Ward H. Componential Analysis and the Study of Meaning [J]. Language，1956，32（1）：195.

[183] Karl E Weick. The Social Psychology of Organizing [M]. New York：Random House，1969.

[184] Herbert Alexander Simon. Administrative Behavior：A Study of Decision-making Processes in Administrative Organizations [M]. New York：Macmillan，1997.

[185] Anderson John R. The Architecture of Cognition [M]. Cambridge：Harvard University Press，1995.

[186] Alfred Schutz，Thomas Luckman. The Structures of the Life-world [M]. Evanston：Northwestern University Press，1985.

[187] Jurgen Habermas. The Theory of Communicative Action [M]. Boston：Beacon，1984.

[188] 菲利普·劳塞尔，等. 第三代研发：使研发成为真正的获得工具 [M]. 赵凤山，庞艳，胡杨，译. 北京：机械工业出版社，2004.

[189] 罗里·莫里森，保罗·杰姆瑞德. 艾利丹尼森公司的智力资产管理 [C]. 帕特里克·沙利文. 智力资本管理：企业价值萃取的核心能力 [M]. 陈劲，等译. 北京：知识产权出版社，2006.

[190] Grant Robert M. Toward a Knowledge-based Theory of the Firm [J]. Strategic Management Journa，1996，17（1）：109-22.

[191] Madsbjerg C，Rasmussen M. An Anthropologist Walks into a Bar... [J]. Harvard Business Review，2014（3）：1-10.

[192] Snowden D. Complex Acts of Knowing：Paradox and Descriptive Self-awareness [J]. The Journal of Knowledge Management，2002，6（2）：100-111.

[193] Edwards D，Potter J. Discursive Psychology [M]. London：Sage，1992.

[194] Hess T，Matt C，Benlian A，et al. Options for Formulating a Digital Transformation

Strategy [J]. MIS Quarterly Executive, 2016, 15 (2): 123-139.
[195] Nadkarni, Swen, Reinhard Prügl. Digital Transformation: A Review, Synthesis and Opportunities for Future Research [J]. Management Review Quarterly, 2021, 71 (2): 233-341.
[196] Siebel Thomas M. Digital Transformation: Survive and Thrive in an Era of Mass Extinction [M]. New York: Rosetta Books, 2019.
[197] Lanzolla G, Anderson J. Digital Transformation [J]. Business Strategy Review, 2008, 19 (2): 72-76.
[198] Kathleen Sullivan J. Professor Clifford I Nass, Expert on Human/Computer Interactions, Dead at 55 [N]. Stanford Report, 2013-11-4.
[199] Umar Farooq Sahibzada, Khawaja Fawad Latif, Yan Xu, et al. Catalyzing Knowledge Management Processes Towards Knowledge Worker Satisfaction: Fuzzy-set Qualitative Comparative Analysis [J]. Engineering Construction & Architectural Management, 2021, 28 (1): 2373-2400.
[200] Lu Zheng, Klaus Ulrich, Javier Sendra-García. Qualitative Comparative Analysis: Configurational Paths to Innovation Performance [J]. Journal of Business Research, 2021, 128 (5): 83-93.
[201] Budi Hartono, Yulisyah P Daulay, Hilya M Arini. Exploring Configurations of Knowledge Management Strategy in Information and Communication Technology Firms: A Qualitative Comparative Approach [J]. Engineering Management Journal, 2020, 11 (21): 1-22.
[202] Chao Zhang, Wang Xiaojiong. The Influence of ICT-Driven Innovation: A Comparative Study on National Innovation Efficiency between Developed and Emerging Countries [J]. Behaviour & Information Technology, 2019, 38(9): 876-886.
[203] 李伟超，郭俊，李经钰. 国内外图书情报学研究热点比较——基于 iConference 会议 [J]. 新世纪图书馆，2021 (3): 12-17.
[204] 黄少如. 国内外图书馆知识管理发展比较及趋势研究——基于 CNKI 与 Ebsco 数据库期刊论文的比较分析 [J]. 图书馆学刊，2019，41 (9): 123-127+132.
[205] 李海峰. 中美"人工智能 + 教育"研究的话题比较分析——兼论基于结构话题模型的文献主题数据挖掘方法探析 [J]. 情报杂志，2020，39 (12): 179-187.

[206] Stefan Strohschneider. Cultural Factors in Complex Decision Making [J]. Online Readings in Psychology and Culture, 2002, 4 (1): 1-14.

[207] David W, De Long, Liam Fahey. Diagnosing Cultural Barriers to Knowledge Management [J]. Academy of Management Perspectives, 2000, 14 (4): 113-127.

[208] Helen Shipton. Cohesion or Confusion? Towards a Typology for Organizational Learning Research [J]. International Journal of Management Reviews, 2006 (8): 233-252.

[209] Hartley J, Benington J. Copy and Paste, or Graft and Transplant? Knowledge Sharing Through Inter-organizational Networks [J]. Public Money and Management, 2006, 26 (2): 101-108.

[210] Kelman S. Public Management Needs Help [J]. Academy of Management Journal, 2005 (48): 967-969.

[211] Poole M, Mansfield R, Gould-Williams J. Public and Private Sector Managers over Twenty Years: A Test of the "Convergence Thesis" [J]. Public Administration, 2006 (84): 1051-1076.

[212] Gray A, Hartley J, Broadbent J. Editorial: The State of Public Management: Improvement and Innovation [J]. Public Money & Management, 2005, 25 (1): 7-9.

[213] Hislop D. Knowledge Management in Organizations: A Critical Introduction [M]. Oxford: Oxford University Press, 2013.

[214] Henttonen K, Kianto A, Ritala P. Knowledge Sharing and Individual Work Performance: An Empirical Study of a Public Sector Organisation [J]. Journal of Knowledge Management, 2016, 20 (4): 749-768.

[215] Porter Michael E. Competitive Advantage: Creating and Sustaining Superior Performance [M]. New York: Simon & Schuster, 1985.

[216] Nonaka I, Reinmoeller P, Senoo D. Management Focus: The "ART" of Knowledge Systems to Capitalize on Market Knowledge [J]. European Management Journal, 1988, 16 (6): 673-684.

[217] Taylor R N. Behavioral Decision Making [M]. Glenview: Scott and Foresman, 1984.

[218] Farhan Ahmad, Muhaimin Karim. Impacts of Knowledge Sharing: A Review and

Directions for Future Research [J]. Journal of Workplace Learning，2019，31 (3)：207-230.

[219] Graham K，Pizzo V. The Data Warehouse：A Knowledge Creating Resource? [C]. Hoadley E，Benbasat I. The Fourth Americas Conference on Information Systems [EB/OL]. Baltimore，MD，1998：582-584.

[220] Koenig M E D. The Information Environment and the Productivity of Research [C]. Collier H. Recent Advances in Chemical Information [M]. London：Royal Society of Chemistry，1992：133-143.

企业管理思想史系列

1.《管理思想史》
2.《组织管理思想史》
3.《知识管理思想史》
4.《人力资源管理思想史》
5.《营销管理思想史》
6.《战略管理思想史》
7.《财务管理思想史》
8.《创业管理思想史》
9.《商业模式思想史》
10.《供应链管理思想史》
11.《信息管理思想史》
12.《公司治理思想史》
13.《科技管理思想史》
14.《商业伦理思想史》
15.《企业管理思想史精读》
16.《协同管理思想史》
17.《质量管理思想史》
18.《电子商务思想史》
19.《组织行为学思想史》
20.《公共管理思想史》
21.《价值链管理思想史》
22.《企业管理前沿理论》
23.《运营管理思想史》
24.《生产管理思想史》
25.《旅游管理思想史》
26.《跨国公司经营管理思想史》
27.《项目管理思想史》
28.《投资管理思想史》
29.《创新管理思想史》
30.《公司金融思想史》
31.《物流管理思想史》
32.《风险管理思想史》
33.《成本管理思想史》
34.《内部控制思想史》
35.《企业文化思想史》
36.《管理决策思想史》
37.《系统管理思想史》
38.《国际贸易思想史》
39.《品牌管理思想史》
40.《数字管理思想史》
41.《服务管理思想史》
42.《人力资本管理思想史》

企业管理思想史系列

《管理思想史》

作者：蒋翠珍　曾国华
定价：98.00元

《组织管理思想史》

作者：李晓园　陈武
定价：98.00元

《知识管理思想史》

作者：孙立新
定价：98.00元

《人力资源管理思想史》

作者：万 金
定价：98.00元

《营销管理思想史》

作者：谌飞龙　王新刚　甄英鹏
定价：98.00元

《战略管理思想史》

作者：朱文兴
定价：98.00元

企业管理思想史系列

《财务管理思想史》

作者：陈 鹰　周 静
定价：98.00元

《创业管理思想史》

作者：刘 磊　许 菱
定价：98.00元

《商业模式思想史》

作者：余来文
定价：98.00元

《供应链管理思想史》

作者：舒 辉
定价：98.00元

《信息管理思想史》

作者：李 晶　郭同济
定价：98.00元

《公司治理思想史》

作者：刘元秀
定价：98.00元

丨企业管理思想史系列丨

《电子商务思想史》

作者：范春风
定价：98.00元

《组织行为学思想史》

作者：马孟丽
定价：98.00元

《公共管理思想史》

作者：陈丽琴
定价：98.00元

《公司金融思想史》

作者：邹 玲
定价：98.00元

《民营经济思想史》

作者：卢 锐
定价：98.00元